几类典型光催化材料的结构与性能

刘志锋　吴湘锋　王　惠　著

图书在版编目（CIP）数据

几类典型光催化材料的结构与性能 / 刘志锋，吴湘锋，王惠著．—北京：中国石化出版社，2020.11

ISBN 978-7-5114-6040-0

Ⅰ.①几… Ⅱ.①刘… ②吴… ③王… Ⅲ.①光催化-材料-研究 Ⅳ.①TB383

中国版本图书馆 CIP 数据核字（2020）第 227279 号

中国石化出版社出版发行

地址：北京市东城区安定门外大街 58 号

邮编：100011　电话：(010)57512500

发行部电话：(010)57512575

http://www.sinopec-press.com

E-mail:press@sinopec.com

北京柏力行彩印有限公司印刷

全国各地新华书店经销

*

710×1000 毫米 16 开本 9.75 印张 165 千字

2020 年 12 月第 1 版　2020 年 12 月第 1 次印刷

定价：58.00 元

前　言

近年来，环境污染问题已成为影响人类社会发展和生活质量的重要难题之一。大量的工业废水仅经过简单或未经处理就直接排放到环境中，严重危害人类的身心健康。太阳能具有取之不竭、洁净无污染的特点，是一种可再生能源，利用太阳能解决环境污染问题将是一种两全其美之策。当前，科研人员正在着手利用太阳能运用光催化技术处理工业废水中难降解物质。然而，以 TiO_2 半导体材料为代表的传统光催化剂可见光催化效率低，在实际污染物光催化降解处理的应用中受到很多限制。开发能够高效利用太阳光中的可见光甚至红外光，高效降解水体中的污染物，是当前光催化领域中的研究热点。一般来说，单一相半导体光催化剂光催化效率难以满足要求，构建复合半导体光催化剂体系，调控其微观结构则可扩展材料的光响应范围，增大比表面积及活性位点，改善光催化反应的动力学条件，提高量子效率和光稳定性，等等。

本书针对不同半导体光催化材料，对其复合方法、光催化效率和可能的催化机理进行了分析和讨论。全书共分 7 章，第 1 章主要讲述了光催化的基本概念和基本原理，第 2 章讲述了 Ag 基复合光催化剂的制备及其光催化性能，第 3 章讲述了 Sn 基复合光催化剂的制备及其光催化性能，第 4 章讲述了钙钛矿型铌/钛酸盐复合光催化剂的制备及其光催化性能，第 5 章讲述了 g-C_3N_4 基复合光催化剂的制备及其光催化性能，第 6 章讲述了分子筛负载金属氧化物及其光催化性能，第 7 章对光催化技术在环境污染治理领域的应用前景进行了展望。本书总结了课题组近年来在复合光催化材料体系构建方面的研究进展。全书的完成离不开课题组相关成员的辛勤劳动，在此向刘志超、崔婷、孙洋、李惠、王一谨、冯彦梅、张琛旭、苏俊章、张佳睿、贾云宁、付允宣、常天龙和刘旭涛等表示感谢。

由于作者水平有限且光催化技术发展很快，本书中难免存在一些不足和错误，恳请同行和读者批评指正。本书得到了国家星火计划项目(2013GA610004)、天津市自然科学基金项目(11JCYBJC27000)、河北省自然科学基金(E2019210251和B2019210331)以及河北省创新能力提升计划——京津冀协同创新共同体系建设专项(20543601D)的共同资助。

目　　录

第1章 绪 论

1.1 光催化技术发展历史

随着社会的快速发展，日益严重的环境污染问题对人类的可持续发展产生了重大影响。迄今已有的处理方法虽然在一定程度上可以达到降解目的，但仍存在弊端，会产生其他污染物。因此，寻求一种可以广泛应用于各种化学污染物并对其进行无害化处理的方法是环境治理的关键。光催化技术作为一种理想的新兴环境治理技术，为解决人类面临的环境问题提供了策略。

半导体光催化材料又名为“光触媒”，是一类可以促使在光照下加快化学反应进行的半导体材料，其优势在于利用可再生的太阳能实现环境和能源污染的治理。光催化技术在1972年被首次发现，Fujshim和Honda在研究电解水制氢时，利用二氧化钛(TiO_2)单晶作为电极并给以紫外光照射，最先实现了太阳能向化学能的转换。自此，研究者开始大量关注半导体光催化材料。1976年，Carey等为进一步探索TiO_2在降解有机物方面的性能，首次发现在对TiO_2加以紫外光照时可以降解多氯联苯氰化物，这一发现为进一步研究半导体光催化材料提供了重要的参考。TiO_2因其具有低成本、高稳定性、无毒和强氧化性等优点在该类材料中的研究最为广泛。20世纪末期，用于光催化体系的材料种类不断增多，例如BiOCl、CdS、WO_3、Nb_2O_5、$SnNb_2O_6$等，且各类材料也得到了更深入的研究，在治理环境污水、光催化制氢、降解无机及有机污染物、还原二氧化碳以及光催化有机合成等领域的潜力巨大。

1.2 光催化技术的基本原理

半导体光催化反应是一种利用光能并通过光催化材料表面的化学反应将光能转化为化学能的反应，半导体材料可以用作光催化剂，主要得益于其特殊的能带结构。半导体的能带包括价带(VB)、导带(CB)和禁带，一般价带能级的最外层充满电子，导带能级为空电子层，处于VB和CB之间不连续的区域称之为禁带。一般半导体材料的禁带宽度越小，对可见光越敏感，而太阳光中可见光的占比约为43%，所以将太阳能更多地转化为化学能可以大大节约能源。

用电子空穴理论解释半导体材料光催化降解过程，主要包括半导体材料激发、光生电子空穴对产生、迁移及表面捕获过程：

(1) 光照激发半导体光催化材料使其获得能量，当半导体光催化材料收到的光能($h\nu$)大于半导体材料的禁带宽度(E_g)时，半导体光催化材料价带(VB)上的电子(e^-)可以得到能量激发迁移到导带(CB)位置生成光生电子，相应地会在价带位置上形成光生空穴(h^+)，生成光生电子与光生空穴对。

(2) 由于半导体禁带的不连续性，光激发下迁移的光生电子(e^-)与光生空穴(h^+)，会在内部电场的作用下扩散到半导体的表面而不是立刻消失。较强氧化性的光生空穴(h^+)与催化剂颗粒表面吸附物或溶剂中存在的电子(e^-)，发生氧化反应将其氧化，一般生成水和二氧化碳。具有强还原性的光生电子(e^-)，可以与催化剂颗粒表面的电子受体发生还原反应，从而使有机污染物逐渐被降解为小分子。

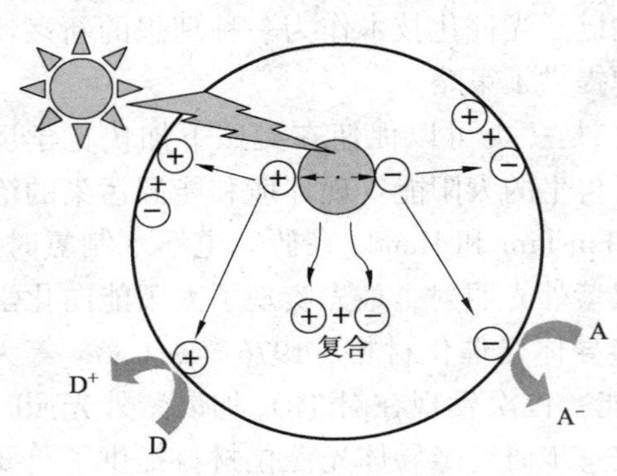

图 1-1　光激发电子与空穴的迁移过程

图 1-1 为半导体光催化反应过程中光激发电子(e^-)与光生空穴(h^+)的几种可能的迁移过程示意图。由图可以看出，部分光生电子与光生空穴还未迁移至反应物表面时就已经复合；部分未发生复合的光生电子与光生空穴可迁移到反应物表面与半导体材料吸附的电子受体和电子给体分别结合，进而发生氧化还原反应，将有机污染物彻底降解。由此可以看出，在降解反应中，复合的光生电子与光生空穴不可以参与。因此，必须降低光生电子空穴对的复合效率，才可得到高效的光催化剂。

光催化降解有机污染物原理如图 1-1 所示，在光照过程中，半导体吸收能量激发产生电子(e^-)与空穴(h^+)对并发生分离迁移，催化剂表面吸附的氧气分子与光生电子(e^-)反应，生成超氧自由基($\cdot O^{2-}$)；而光生空穴(h^+)则与半导体表面吸附的 H_2O 和 OH^- 反应，生成具有强氧化性的羟基自由基($\cdot OH$)。羟基自由基($\cdot OH$)以及超氧基($\cdot O^{2-}$)再与有机污染物反应生成无毒的 H_2O、CO_2 和无机小分子，其中羟基自由基($\cdot OH$)为光催化过程中的关键活性物质。

1.3　提高半导体光催化性能的主要方法

近年来，科研人员结合光催化技术的基本原理，针对单一相的半导体存在的对太阳光利用率低、光生载流子分离效率低等问题，做了大量的研究工作，主要从调控半导体形貌/晶型、掺杂、贵金属沉积、构建缺陷结构，以及表面修饰等方面入手，来提高光生电子-空穴的分离效率、抑制光生载流子的复合比率，以及提升量子效率、拓宽光吸收范围，最终达到提高光催化总体效率的目的。

1.3.1 调控半导体形貌和晶型

众所周知，材料的形貌和晶体结构对材料本身的物理和化学性质有重要影响，比如材料的比表面积、光吸收、表面缺陷、光生载流子动力学及稳定性等。因此，许多研究集中于在纳米级上调控光催化剂的形貌和晶体结构方面，以提高其光催化活性。比如通过不同的制备方法，可以分别得到0维、一维、二维等各种形态及尺寸的 TiO_2 纳米材料。研究结果表明，形貌调控不仅有助于改善材料光催化性能，还为其提供了合适的结构平台来结合其他材料。如图1-2所示，Marien等针对一些在自然环境下很难降解的有机污染物或农药，合成了高度有序的 TiO_2 纳米管，用于光催化降解百草枯农药，实验通过控制阳极氧化的时间来制备不同长度的纳米管。结果发现，如果 TiO_2 纳米管长度较短，不利于污染物的充分扩散，而如果长度过长，又会导致管壁变薄，从而导致光催化剂的光吸收效率降低，因此最优的光催化效果应该是两者综合的结果。Ye等设计了一种多层次核壳结构的 $Fe_3O_4@SiO_2@TiO_2$ 纳米材料，超顺磁性的 Fe_3O_4 作为核层，用于材料的磁性回收。SiO_2 中间层的存在有助于提高 Fe_3O_4 核的化学和热稳定性以及 TiO_2 壳层的光催化效率。该核壳结构的纳米材料可实现比工业催化剂(Degussa P25)更高的在紫外光下降解RhB的光催化活性。研究结果表明，该类核壳结构有助于入射光在制备的蛋黄壳结构的样品中多次反射，大大增加光的吸收，激活独特的光学特性，同时也可用于封装磁性材料以进行回收，并有助于设计多功能催化剂。

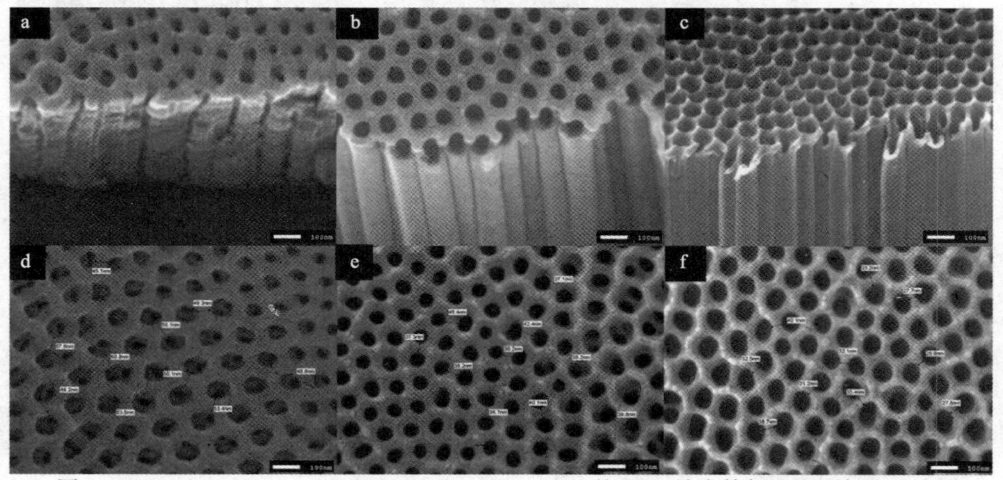

图1-2 1.7μm(a，d)、7μm(b，e)和10μm(c，f)的 TiO_2 纳米管侧面和顶部SEM图

此外，近期的研究发现，半导体不同晶面间表面电势存在差异，使得半导体光催化剂的催化性能与晶面暴露所带来的原子配位变化息息相关，当受到合适能量的光子激发时，光生电子和光生空穴自发聚集到能级略低和略高的晶面，从而在催化反应中呈现出特定的氧化和还原特性。因此，也可通过设计纳米级高活性晶面暴露的半导体纳米材料来提高材料的光催化活性。Yang 等在《自然》杂志上报道了一篇关于 TiO_2(001)晶面的研究。作者使用 HF 作为形态控制剂，合成出具有 47%(001)晶面的锐钛矿型 TiO_2 均匀单晶，同时也证明高百分比(001)的晶面更有利于 TiO_2 在太阳能电池、传感器、光催化等领域的应用；随后，他们利用简单的水热法合成出具有 18%(001)晶面的锐钛矿型 TiO_2 单晶。实验发现，TiO_2 导带最低值提高了 0.1eV，具有增强的产氢能力和形成羟基自由基的能力。张等人用氢-氨(H_2O_2-NH_3)或硫酸(H_2SO_4)水溶液化学蚀刻改性 TiO_2，探究了化学腐蚀引起的表面形态变化与板钛矿纳米棒的光催化活性之间的关系。H_2O_2-NH_3 和 H_2SO_4 腐蚀后的形貌如图 1-3 所示。结果发现，用 H_2O_2-NH_3 蚀刻，氧化位点的尖端表面(212)被大幅度地修改，并且在尖端与表面之间形成具有锐角的新尖端表面，这些形态的变化使光催化活性提高。但在 200℃下利用 H_2SO_4 的腐蚀会引起杆长缩短和尖端面之间的夹角变宽，使光催化活性降低。

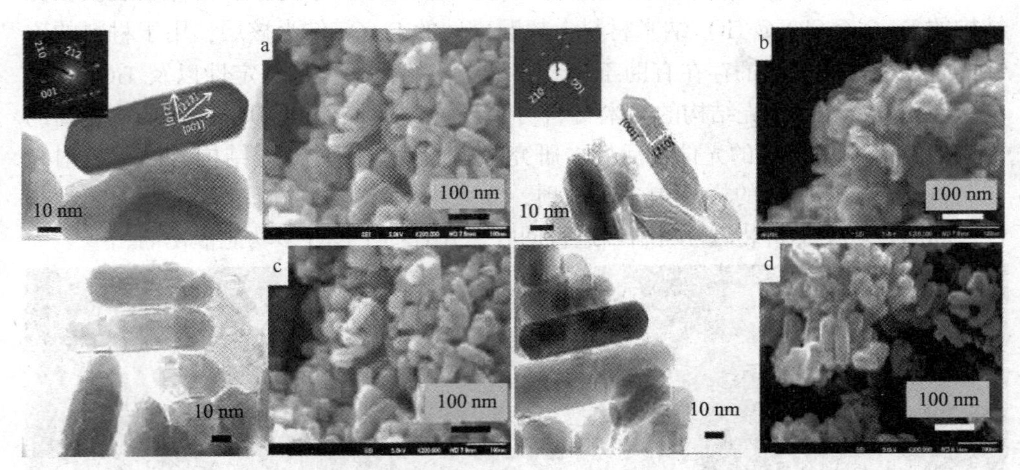

图 1-3 板钛矿纳米棒的 TEM 和 SEM 图像以及 SAED 图案

(a)H_2O_2-NH_3 蚀刻之前；(b)H_2O_2-NH_3 蚀刻 30min 后；(c)H_2SO_4 蚀刻前；(d)室温 H_2SO_4 蚀刻 1 周后。

1.3.2 离子掺杂

掺杂阴、阳离子可增加电荷捕获，提高电子-空穴分离，促进可见光吸收，是提高光催化性能的一种有效途径。

1. 阳离子掺杂的影响

金属阳离子进入半导体的内部使其形成缺陷结构的过程即为阳离子掺杂。阳离子掺杂不仅可以在半导体晶格内部引入缺陷位置或者改变结晶度，捕获导带电子；还可争夺光生电子，减少半导体表面光生电子与空穴的复合，从而产生更多的 $\cdot OH^-$ 和 $\cdot O^{2-}$，以达到提高光催化活性的目的。阳离子掺杂的优点在于，可形成杂质能级，使半导体光吸收范围拓宽，增强半导体光催化作用；缺点则是，在晶体内的金属离子易富集，会使其变成电子–空穴对的复合中心，抑制光生载流子的分离。此外，掺杂有时也会使带隙变窄，这在一定程度上会降低半导体催化剂的氧化还原能力。阳离子掺杂的作用通常来说取决于它是电子–空穴对的复合中心还是界面电荷迁移的介质。有效的阳离子掺杂应满足如下条件：①被捕获的空穴和电子可被释放并且可迁移到反应界面；②掺杂物可同时捕获光生空穴和电子，使它们能局部分离。

例如，在 TiO_2 中掺杂金属离子，可以有效抑制价带和导带上光生电子–空穴的复合，拓宽光吸收范围，增加光生自由基的氧化还原电位，从而提高量子效率。但是，掺杂剂的本身性质和浓度、诱导空间电荷层的长度和光腐蚀过程等因素都会改变材料表面的性质，进而影响光催化活性。He 等研究发现，过渡金属浓度过高增加了电子–空穴对复合，降低了光催化活性。Karakitsou 和 Verykios 研究发现，掺杂离子化合价大于+4 时，可以提高光反应强度。此外，还有研究发现，过渡金属具有两个或两个以上的氧化态时，会有效地增强 TiO_2 光催化活性。例如，不同价态的 Fe 离子作为电子–空穴捕获中心，从而抑制了电子–空穴的复合，具体如示意图 1–4 所示。

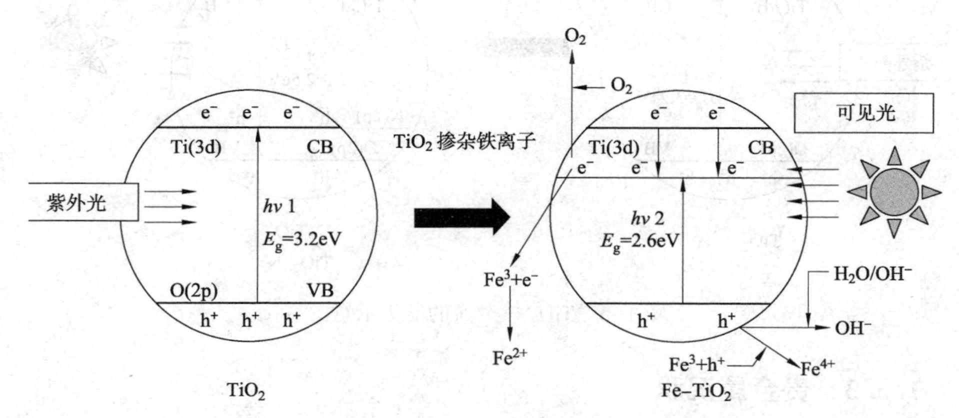

图 1–4 TiO_2 掺杂铁离子的能级示意图

2. 阴离子掺杂的影响

阴离子掺杂主要是利用一些非金属元素掺入母体材料，目前用于掺杂改性的非金属阴离子受到广泛关注的主要有碳、氮、硫和碘等。从能带理论来看，金属阳离子掺杂改变半导体导带位置，一般不改变价带位置，而阴离子掺杂可改变半导体的价带位置。从增强光催化活性的机理分析来看，阴离子掺杂和阳离子掺杂的机理大体相似，其不同之处在于，阴离子掺杂可克服阳离子掺杂的缺点，即不容易在晶体内形成光生载流子复合中心，利于光生空穴与电子的分离。对阴离子掺杂而言，为保证光催化活性的提高，形成的掺杂态应符合以下条件：只有满足以下三个条件的掺杂态才能产生可见光催化的活性：①掺杂能够在带隙之间产生一个新的可吸收可见光的能级；②为使光生载流子迅速地迁移到光催化剂表面，阴离子掺杂所形成的杂质能级应与半导体光催化剂的能级有所重叠，并参与光催化反应过程；③杂质能级要具有比半导体光催化剂更高的能级，才能保证半导体光催化剂持续的氧化还原能力。

Tan 等指出非金属掺杂可以改变 TiO_2 的形貌和光催化性能。Shen 等研究发现，在可见光的照射条件下，TiO_2 掺杂碳后表面产生的激发电子促进了 O^{2-} 和 $\cdot OH$ 自由基的形成，提高了 TiO_2 对三氯乙酸的可见光降解效率。此外，近来现在氮掺杂二氧化钛引起了人们的极大兴趣。TiO_2 掺入氮可以改变材料的折射指数、硬度、导电率、弹性模量，继而影响材料的光催化活性。Guo 等发现 TiO_2 掺杂氮以后(图 1-5)，氧空位的能量从 4. 2eV 减少到 0. 6eV，说明氮促进了氧空位的形成，而这些氧空位促进了氮掺杂 TiO_2 在可见光区的吸收(400~600nm)，保证了在可见光下的反应活性($E_g = 25eV$)。”

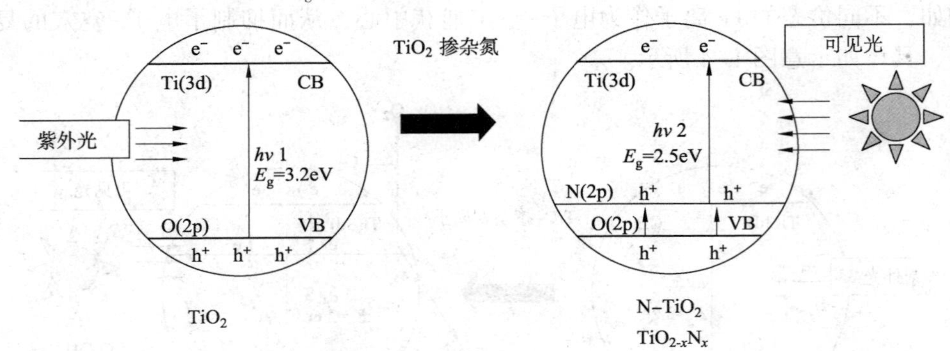

图 1-5 TiO_2 掺杂氮的能级示意图

1.3.3 贵金属沉积

表面等离子共振(SPR)指的是在导电晶体中内部的自由电子集体震荡，在一定的波长内，电子震荡的幅度达到最大，这个波长就叫作 LSPR 波长。在这个波长下的晶体电子会共振激发出沿着金属表面扩散的电子波，即变为表面等离子体。而通过表面沉积贵金属粒子，半导体材料能够表现出极强的表面等离子体共振效应，在光催化过程中，能够促进光生电子迁移至费米能级较低的金属表面，加快光生载流子的迁移速率，从而提高半导体的催化性能。与此同时，贵金属粒子可以在半导体材料表面形成许多电子捕获阱，从而延长光生电子的寿命，大大降低光生载流子的复合率，实现高效的光催化效果。

1. 贵金属的负载方法

在目前的应用中，半导体表面沉积贵金属的方法主要分为物理法和化学法两种。物理法就是把贵金属粒子通过物理结合的方式直接附着在半导体表面形成金属层，常见的方法包括离子注入法、溅射法、真空蒸发法等。物理法的优点是可以控制沉积金属的尺寸，获得较好的沉积效果，而缺点则是制备的过程较为复杂，对实验仪器的要求比较高。化学法是通过化学反应使贵金属黏附在半导体材料表面，从而实现贵金属沉积，相应的方法包括湿浸渍法、沉积-沉淀法、共沉淀法和溶胶凝胶法等。化学法由于制备步骤简单、实验仪器要求不高，因此在实验室进行贵金属沉积时，大多选用化学法。

2. 贵金属负载作用机理

以贵金属沉积 TiO_2 为例子，电中性且互不接触的贵金属和 TiO_2 具有不同的费米能级。两者接触后，电子将由费米能级高处转移到费米能级低处。在一般情况下，负载贵金属的功函数应高于 TiO_2 的功函数，当两种材料结合在一起时，电子就会从 TiO_2 向贵金属迁移，直到两者的费米能级相等为止，如图 1-6(a)所示。在两者接触之后形成的空间电荷层中，金属表面将获得多余的负电荷，而半导体表面则有多余的正电荷。这样，半导体的能带就向上弯曲形成损耗层，在金属-半导体界面上形成肖特基能垒。肖特基能垒是一种能捕获电子，阻止电子-空穴复合的浅陷阱。通过在贵金属和 TiO_2 界面形成肖特基能垒，可以有效地捕获电子，使光生电子和空穴分别定域于贵金属和 TiO_2 表面。如图 1-6(b)所示。然后，电子和空穴分别在不同的位置发生氧化还原反应。因此，贵金属沉积可以减少光生电子和空穴的复合，使光量子效率得以提高，具体可以分为三种效应：

(1) 抑制晶粒内部光生电子和空穴的复合。对于 TiO_2 纳米颗粒，光生电子迁移到晶粒表面的时间约为 1ps，贵金属沉积在 TiO_2 的表面可以吸引电子，从而减少了晶粒内部光生电子和光生空穴的复合。

(2) 抑制光生电子和光生空穴的表面复合。由于贵金属吸收电子后，光生电子在金属上相对富集，这些电子可以很快地被捕获或者直接与氧化剂发生还原反应，而迁移到 TiO_2 表面上的光生空穴以及被捕获的光生空穴能与还原剂发生氧化反应，从而抑制了光生电子和空穴在催化剂表面的复合。

（3）实现氧化反应和还原反应的分离。由于 TiO_2 纳米粒子的尺寸小，光还原反应和光氧化反应在同一晶粒表面能进行。氧化和还原反应互为共轭反应，氧化反应的产物有可能被还原，反之，还原反应的产物也有可能被氧化。电子在金属表面富集相当于形成了阴极，各种物质的极性也不相同，可以使氧化反应和还原反应在空间上分隔开来。

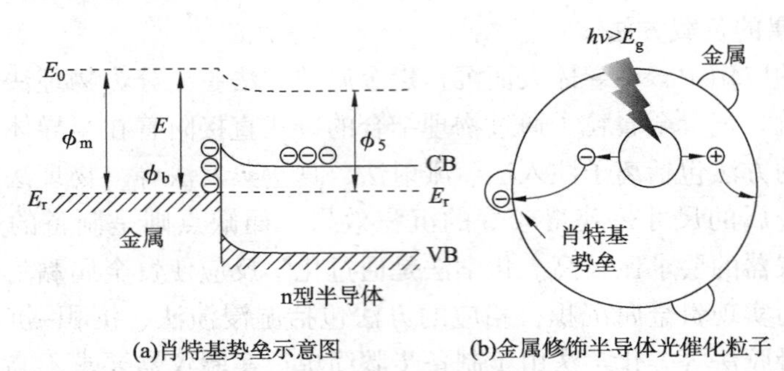

(a)肖特基势垒示意图　　(b)金属修饰半导体光催化粒子

图 1-6　贵金属负载作用机理

在目前的研究中，常见的沉积贵金属有 Pt、Pd、Ag、Au、Ru 及合金等，其中关于 Pt 的较多，其次是 Pd、Au，Pt 的改性效果最好，但是成本较高。Ag 改性相对毒性较小，成本较低。如图 1-7 所示，Wang 等提出了一种新型光降解处理离子液体污染物的方法。选择三维 ZnO 微球作为半导体光催化剂，然后将具有强表面等离子共振（SPR）效应的 Ag 纳米探针搭载到 ZnO 微球表面，以提高光生载流子的产生和分离过程。

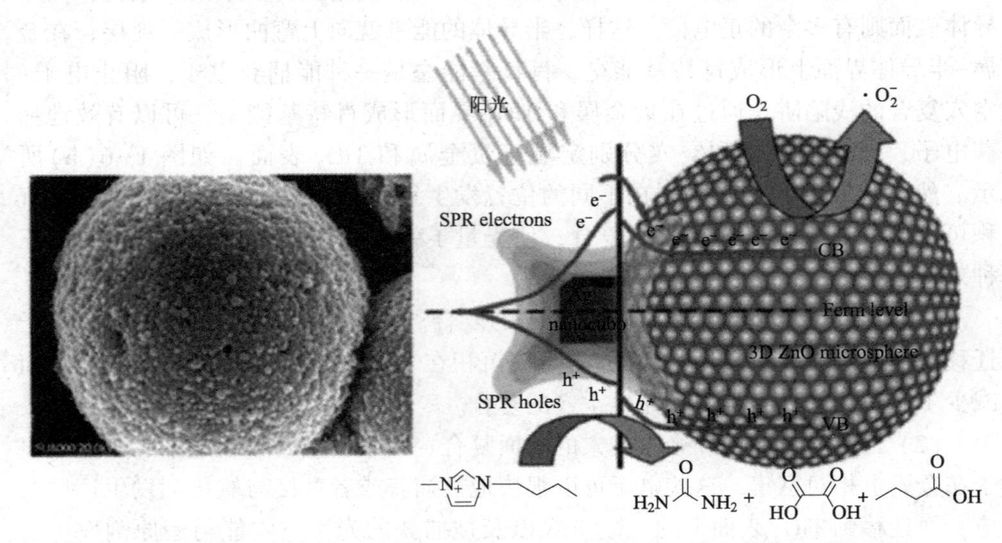

图 1-7　等离子体介导的载流子从 Ag 纳米器件转移到 ZnO 半导体

1.3.4 构建异质/相结

半导体异质/相结被广泛应用于太阳能转化体系，如太阳能电池、光催化、光电催化等领域，主要原因是异质/相结可以增大光吸收范围，促进光生载流子在界面处的分离以及加快表面反应。异质/相结主要由两种不同的半导体或者具有不同掺杂/晶相的同一半导体组成。两种半导体的导带和价带的位置不同，使得异质/相结界面处形成内建电场，电场作用力驱动光生载流子发生定向迁移。异质/相结界面处载流子的迁移方向和驱动力的大小取决于半导体的能带位置。

为了描述复合材料结和结之间的能带排列，首先介绍材料间异质/相结结构类型。复合的半导体分为两类：p-n 型和非 p-n 型。如图 1-8(a)所示，当 p 型和 n 型半导体靠近时，由于电子和空穴的扩散，它们在界面上形成一个 p-n 结和一个空间电荷区，从而产生一个内置电势，可以引导空穴和电子向相反的方位运动。在内部电场的驱动下，电子快速转移到 n 型的半导体的导带上，空穴快速转移到 p 型的半导体的价带上。对于非 p-n 型异质/相结半导体而言，一般来讲，复合光催化剂的常规异质/相结有三种类型，即具有跨越式带隙的异质结(Ⅰ型)、具有交错式带隙的异质结(Ⅱ型)以及具有断裂带隙的异质结(Ⅲ型)，如图 1-8(b)~图 1-8(d)所示。A 代表半导体 A，B 代表半导体 B，且 A 和 B 需要分别满足 n 型或者 p 型半导体。在Ⅰ型光催化剂中，电子和空穴

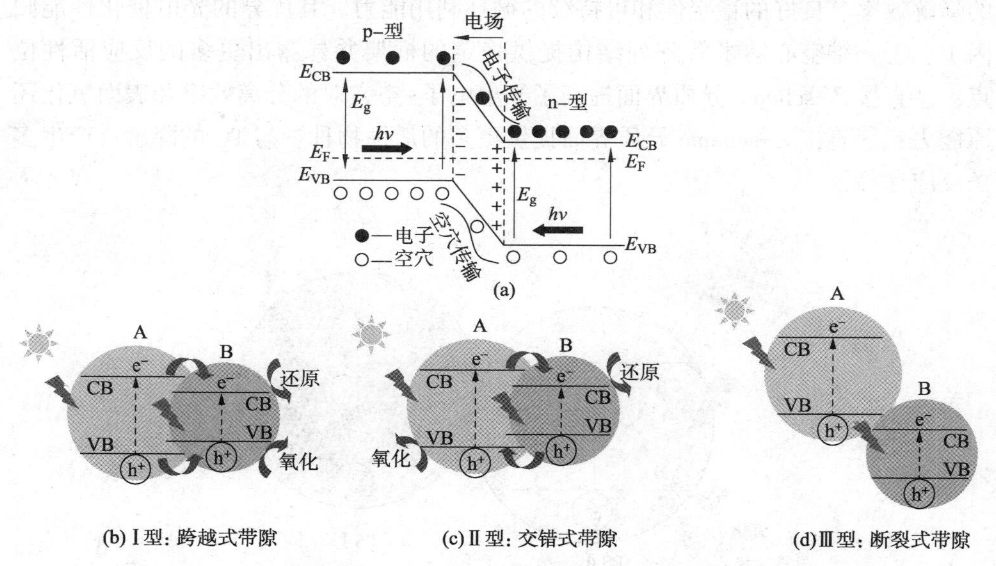

图 1-8 p-n 型和非 p-n 型的异质/相结能带结构和电子转移方式示意图

都转移到窄禁带半导体表面，致使载流子极易复合，不利于改善光催化性能。Ⅲ型复合光催化剂因其载流子不能相互传递，被认为是两个独立的半导体。而在Ⅱ型异质/相结构中，B 更加负的导带位置使光致电子从半导体 B 向 A 移动，而半导体 A 的价带更正于 B，则空穴由 A 向 B 反向移动，这样的结构促进了电荷的分离。因此，相对于Ⅰ型和Ⅲ型异质/相结，Ⅱ型异质/相结更有利于提升光催化剂的光催化效率。如 Li 等将 $H_2Ti_3O_7$ 纳米管与三聚氰胺经一步煅烧后制备了 Ti^{3+} 自掺杂的 $TiO_2/g-C_3N_4$ 纳米复合材料，Ti^{3+} 和氧空位缺陷的存在可以在 TiO_2 导带底部形成局域态，使光吸收范围扩展到可见光。于此同时，Ⅱ型异质结的存在有效地减少了光生电子-空穴对的重组，使材料在 LED 灯照射下降解亚甲基蓝(MB)的光催化活性得到显著提高。

近年来，Z 型异质结在光催化复合材料方面的应用比例逐渐增大。与前文所讲的两种异质结不同，Z 型异质结的载流子迁移方式是：在光照后，导带较低的材料上的电子会通过界面通道转移至导带较高材料的价带上，消耗价带上的空穴，达到分离光生电子和空穴的目的，而分别留在两种材料导带或价带上的载流子的氧化还原电势会进一步加强(图 1-9)。与前述异质/相结相比，一般经过 Z 方案改进的复合材料光催化效率会大大提高。如 Liu 等合成了一种直接 Z-scheme Ce@ Fe 核壳纳米管阵列异质结，用于高效、可持续的 TC 水污染处理。通过调控 $\alpha-Fe_2O_3$ 壳层获得具有最佳光电催化活性的 Ce@ Fe-2 异质结，它对 TC 表现出高的降解效率、良好的稳定性和可持续的循环利用能力。其优异的光电催化性能归因于：①一维空心纳米管阵列结构提供稳定的框架并暴露出更多的反应活性位点；②直接 Z-scheme 异质界面提高了光生电子-空穴对的分离效率和表面氧化还原能力；③直接 Z-scheme 异质界面提供更多的活性物种参与 TC 的降解，产生多条反应途径。

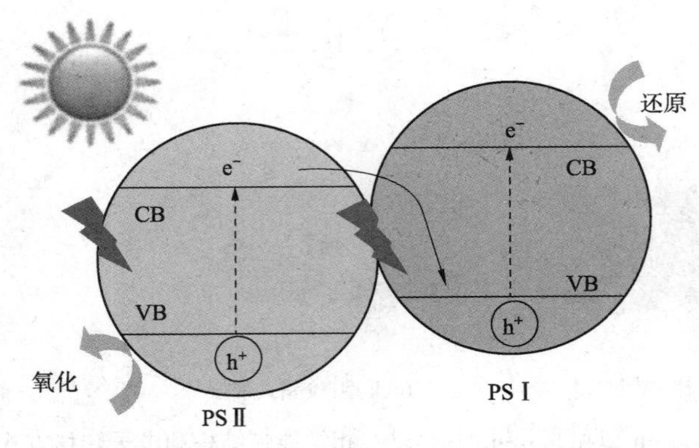

图 1-9 Z 型异质/相结能带结构和电子转移方式示意图

1.3.5 构建缺陷结构

近年来，在对半导体光催化材料研究过程中，人们发现，并不是完美的、没有缺陷的材料催化性能是最好的，往往需要在材料的晶体结构中构建一些缺陷改变局域或整体的电子结构，这样更有利于调整光生载流子的分离以及增加活性位点。精准合成具有特定缺陷类型、缺陷位置和缺陷浓度的缺陷基催化剂，对调节中间体的表面电子结构和价电子结合能以及光催化性能具有重要意义。目前，对于缺陷的精准调控已提出多种研究方案。

1. 高温氢气还原法

高温氢气还原过程主要分为三个步骤。第一步，氢气与晶格阴离子的相互作用；第二步，电子从吸附在催化剂表面上的氢气转移到阴离子上；第三步：氢气与表面晶格阴离子形成 H_2X（X=阴离子），从而引起阴离子空位的产生。催化剂的后处理大多采用表面还原法，去除表面阴离子形成表面阴离子空位。如图 1-10 所示，Chen 等为了提高宽带隙半导体光催化材料二氧化钛的太阳光吸收，利用高温氢气还原法制备出黑色 TiO_2。黑色 TiO_2 中含有大量的氧空位缺陷，这种结构缺陷影响了 TiO_2 整体的电子结构，每个氧原子和钛原子周围都分布着能量较低的中间态电荷，使得 TiO_2 能够吸收大部分可见光，并且具有出色的光催化降解有机分子和光催化产氢的能力。

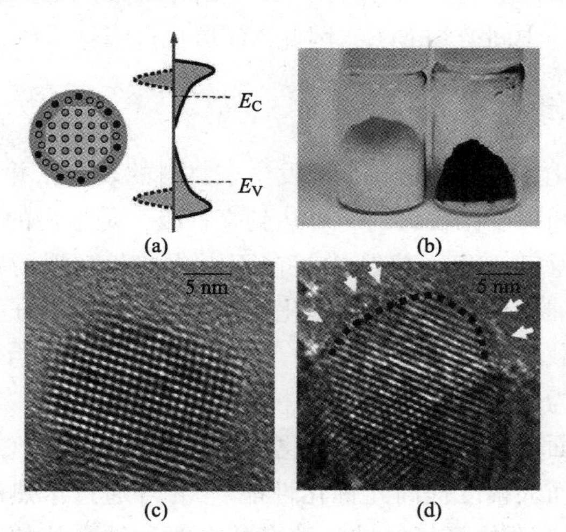

图 1-10　富含氧空位缺陷的黑色 TiO_2 结构的电子密度示意图(a)以及光学照片(b)；未处理的白色(c)和处理后的黑色(d) TiO_2 HR-TEM 图

2. 热处理法

热处理法可以用来获得高活性和稳定的缺陷型阳离子金属催化剂（TiO_2、

ZnO、Co_3O_4)。首先将金属氧化物前驱体与甘油混合，得到甘油混合物，经过高温烘烤处理，产生富氧结构。事实上，在金属缺陷的形成过程中，含有金属前驱体的甘油在这个过程中起着至关重要的作用。在热煅烧过程中，甘油前体的有机基团被去除，形成的金属-氧-金属晶格链互相耦合。末端的氧原子与表面的金属原子结合形成许多金属空隙。因此，获得了一种金属缺陷氧化物。Wang 等以钛酸四丁酯为原料，在乙醇-甘油混合物中进行溶剂热处理，然后进行热煅烧，合成了锐钛矿 $Ti_{0.905}O_2$。经实验及 DFT 计算证实，V_{Ti}的存在改变了 TiO_2 的电荷和密度价带边缘，室温下出现在 $g=1.998$ 的强 EPR 信号之前未见报道。且由于富含 Ti 缺陷的 TiO_2 催化剂和电解质界面上具备更有效的电荷分离和转移效率，因此在产氢和有机物降解方面均表现出比常规 TiO_2 更好的光催化性能。

3. 还原剂原位还原法

通过还原剂还原催化剂来制备缺陷也是目前研究学者们通用的一种方法。常用的化学还原剂有硼氢化钠、硼氢化钾、乙腈、氢化钠、乙二醇、甲醇、锌粉、铝粉等。Liu 等采用硼氢化钠作为还原剂将氧缺陷引入 $Bi_2O_2CO_3$ 中，缺陷的存在拓宽了光响应范围，提高了光生载流子分离效率，进而使 NO 的光催化净化率从 10.0%显著提高到 50.2%。此外，原位红外测试结合电子自旋共振谱和密度泛函理论计算证实氧缺陷能够促进活性自由基的产生，有助于 NO 转化为最终产物而不是具有更强毒性的中间产物 NO_2，因此 NO 氧化选择性大幅度提高。

1.3.6　表面修饰

在半导体光催化技术中，催化反应发生在材料的表面，并且表面反应在光催化各个步骤中是时间尺度比较大的，可达到毫秒级，是最慢的步骤，也就成了整个光催化反应的决速步。表面修饰能够在不影响催化剂形貌特征的前提下，改进、调节半导体光催化材料的表面的催化活性，同时修饰分子影响了局部的电子结构，促进了光生载流子的有效分离。

表面修饰主要为离子或官能团的接枝修饰。Yuan 等对二氧化钛的表面进行氯离子修饰，氯表面修饰后增加了二氧化钛的光吸收，并且在催化反应中能够形成含氯自由基，从而大幅度提高光催化性能。Xu 等通过水热法制备了分别暴露(001)晶面和(010)晶面的氯氧铋纳米片，并在两种纳米片的表面修饰了极性有机分子，如图 1-11 所示。氯氧铋的内建电场方向垂直于(010)面，当极性有机分子形成的极性电场和内建电场平行时[(010)晶面纳米片]，光生载流子的分离效率最佳。

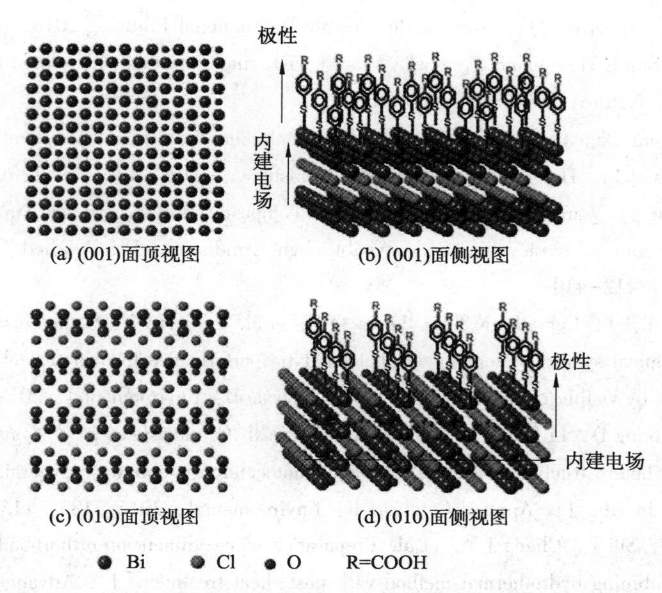

图 1-11　氯氧铋表面极性有机分子修饰促进光生载流子分离

参 考 文 献

[1] Wang P, Huang B, Qin X, et al. Ag@ AgCl: a highly efficient and stable photocatalyst active under visible light[J]. Angewandte Chemie International Edition, 2008, 47: 7931-7933.

[2] Bayart A, Saitzek S, Ferri A, et al. Microstructure and nanoscale piezoelectric/ferroelectric properties in $Ln_2Ti_2O_7$(Ln=La, Pr and Nd) oxide thin films grown by pulsed laser deposition[J]. Thin Solid Films, 2014, 553: 71-75.

[3] Chen W, Liu T Y, Huang T, et al. In situ fabrication of novel Z-scheme Bi_2WO_6 quantum dots/g-C_3N_4 ultrathin nanosheets heterostructures with improved photocatalytic activity[J]. Applied Surface Science, 2015, 355: 379-387.

[4] Chen Y, Zeng D, Cortie M B, et al. Seed-induced growth of flower-like Au-Ni-ZnO metal-semiconductor hybrid nanocrystals for photocatalytic applications[J]. Small, 2015, 11: 1460-1469.

[5] Fujishima A, Honda K. Electrochemical photolysis of water at a semiconductor electrode[J]. Nature, 1972, 238: 37-38.

[6] Carey J H, Lawrence J, Tosine H M. Photodechlorination of PCB's in the presence of titanium dioxide in aqueous suspensions[J]. Bulletin of Environmental Contamination & Toxicology, 1976, 16: 697-701.

[7] Samadi M, Zirak M, Naseri A, et al. Recent progress on doped ZnO nanostructures for visible-light photocatalysis[J]. Thin Solid Films, 2016, 605: 2-19.

[8] Li H, Li J, Ai Z, et al. Oxygen vacancy-mediated photocatalysis of BiOCl: reactivity, selec-

tivity, and perspectives[J]. Angewandte Chemie International Edition, 2018, 57: 122-138.

[9] Yang H G, Sun C H, Qiao S Z, et al. Anatase TiO_2 single crystals with a large percentage of reactive facets. Nature, 2008, 453: 638-642.

[10] Garg P, Kumar S, Choudhuri I, et al. Hexagonalplanar CdS monolayer sheet for visible light photocatalysis[J]. The Journal of Physical Chemistry C, 2016, 120: 7052-7060.

[11] Qu L, Lang J, Wang S, et al. Nanospherical composite of WO_3 wrapped $NaTaO_3$: improved photodegradation of tetracycline under visible light irradiation[J]. Applied Surface Science, 2016, 388: 412-419.

[12] Da Silva G T S T, Carvalho K T G, Lopes O F, et al. g-C_3N_4/Nb_2O_5 heterostructures tailored by sonochemical synthesis: enhanced photocatalytic performance in oxidation of emerging pollutants driven by visible radiation[J]. Applied Catalysis B: Environmental, 2017, 216: 70-79.

[13] Zhang Z, Jiang D, Li D, et al. Construction of $SnNb_2O_6$ nanosheet/g-C_3N_4 nanosheet two-dimensional heterostructures with improved photocatalytic activity: synergistic effect and mechanism insight[J]. Applied Catalysis B: Environmental, 2016, 183: 113-123.

[14] Zhang D Q, Shi F, Cheng J Y, et al. Preparation ofone-dimension orthorhombic $NaNbO_3$ long rods by combining hydrothermal method with post-heat treatment[J]. Advanced Materials Research, 2014, 1061-1062: 193-200.

[15] Weng B, Xu F, Yu F. Fabrication of hierarchical $Bi_4Ti_3O_{12}$ nanosheets on carbon fibers with improved photocatalytic activity[J]. Materials Letters, 2015, 145: 70-73.

[16] Li G, Yi Z, Bai Y, et al. Anisotropy in photocatalytic oxidization activity of $NaNbO_3$ photocatalyst[J]. Dalton Transactions, 2012, 41: 10194.

[17] Sun S, Wang W, Zhang L. Bi_2WO_6 quantum dots decorated reduced graphene oxide: improved charge separation and enhanced photoconversion efficiency[J]. The Journal of Physical Chemistry C, 2013, 117: 9113-9120.

[18] Wu X F, Zhang J, Zhuang Y F, et al. Template-free preparation of a few-layer graphene nanomesh via a one-step hydrothermal process[J]. Journal of Materials Science, 2014, 50: 1317-1322.

[19] Gómez S C, Ballesteros J C, Torres L M, et al. RuO_2-$NaTaO_3$ heterostructure for its application in photoelectrochemical water splitting under simulated sunlight illumination[J]. Fuel, 2016, 166: 36-41.

[20] Nsib M F, Hajji F, Mayoufi A, et al. In situ synthesis and characterization of TiO_2/HPM cellulose hybrid material for the photocatalytic degradation of 4-NP under visible light[J]. Comptes Rendus Chimie, 2014, 17: 839-848.

[21] He C, Yu Y, Hu X, et al. Influence of silver doping on the photocatalytic activity of titania films [J]. Applied Surface Science, 2002, 200: 239-247.

[22] Karakitsou K E, Verykios X E. Effects of altervalent cation doping of TiO_2 on its Performance as a photocatalyst for water cleavage [J]. Journal of Physical Chemistry, 1993, 97: 1184-1189.

[23] Tan Y N, Wong C L, Mohamed A R. An overview on the photocatalytic activity of nano-doped

TiO_2 in the degradation of organic pollutants [J]. ISRN Materials Science, 2011, 261219: 1-18.

[24] Ren W, Ai Z, Jia F, et al. Low temperature preparation and visible light Photocatalytic activity of mesoporous carbon-doped crystalline TiO_2[J]. Applied Catalysis B: Environmental, 2007, 69: 138-144.

[25] Di Valentin C, Pacchioni G, Selloni A, et al. Characterization of paramagnetic species in N-doped TiO_2 powders by EPR spectroscopy and DFT calculations [J]. The Journal of physical Chemistry B, 2005, 109: 11414-11419.

[26] Ge M Z, Cao C Y, Li S H, et al. In situ plasmonic Ag nanoparticle anchored TiO_2 nanotube arrays as visible-light-driven photocatalysts for enhanced water splitting [J]. Nanoscale, 2016, 8: 5226-34.

[27] Xu J, Zhao T, Liang Z, et al. Facile preparation of AuPt alloy nanoparticles from organometallic complex precursor [J]. Chemistry of Materials, 2008, 20: 1688-1690.

[28] Liang G, He L, Arai M, et al. The Pt-enriched PtNi alloy surface and its excellent catalytic performance in hydrolytic hydrogenation of cellulose[J]. ChemSusChem, 2014, 7: 1415-1421.

[29] Motl N E, Bondi J F, Schaak R E. Synthesis of colloidal Au-Cu_2S heterodimers via chemically triggered phase segregation of Au Cu nanoparticles[J]. Chemistry of Materials, 2012, 24: 1552-1554.

[30] Kong C, Min S, Lu G. Robust Pt-Sn alloy decorated graphene nanohybrid cocatalyst for photocatalytic hydrogen evolution[J]. Chemical Communications, 2014, 50: 9281-9283.

[31] 王非凡，王松博，姚柯奕，等. 量子点自修饰 TiO_2 p-n 同质结的构建及光催化性能[J]. 高等学校化学学报，2020，41：1615-1624.

[32] Wong K T, Kim S C, Yun K Y, et al. Understanding the potential band position and e^-/h^+ separation lifetime for Z-scheme and type-II heterojunction mechanisms for effective micropollutantmineralization: Comparative experimental and DFT studies[J]. Applied Catalysis B: Environmental, 2020, 273.

[33] Li K, Gao S, Wang Q, et al. In-situ-reduced synthesis of Ti^{3+} self-doped $TiO_2/g\text{-}C_3N_4$ heterojunctions with high photocatalytic performance under LED light irradiation [J]. ACS Applied Materials & Interfaces, 2015, 7: 9023-9030.

[34] Xing X, Zhang M, Hou L, et al. Z-scheme BCN-TiO_2 nanocomposites with oxygen vacancy for high efficiency visible light driven hydrogen production[J]. International Journal of Hydrogen Energy, 2017, 42: 28434-28444.

[35] Monserrat B. High photocatalytic activity of ZnO and ZnO: Al nanostructured films deposited by spray pyrolysis[J]. Applied Catalysis B: Environmental, 2010, 97: 198-203.

[36] Wang J, Xie Y P, Zhang Z H, et al. Photocatalytic degradation of organic dyes with Er^{3+}: $YAlO_3$/ZnO composite under solar light[J]. Solar Energy Mater Solar Cells, 2009, 93: 355-361.

[37] Wang Y D, Zhang S, Ma C L, et al. Synthesis and room temperature photoluminescence of ZnO/CTAB ordered layered nanocomposite with flake-like architecture[J]. Journal of Luminescence, 2007, 126: 661-664.

[38] Zhang Y C, Afzal N, Pan L, et al. Structure-activity relationship of defective metal-based photocatalysts for water splitting: experimental and theoretical perspectives[J]. Advanced Science, 2019, 6: 1900053.

[39] Chen X B, Liu L, Yu P Y, et al. Increasing solar absorption for photocatalysis with black hydrogenated titanium dioxide nanocrystals[J]. Science, 2011, 331: 746-750.

[40] Wang S B, Pan L, Song J J, et al. Titanium-defected undoped anatase TiO_2 with p-type conductivity, room-temperature ferromagnetism, and remarkable photocatalytic performance[J]. Journal of the American Chemical Society, 2015, 137: 2975-2983.

[41] Liu H J, Chen P, Yuan X Y, et al. Pivotal roles of artificial oxygen vacancies in enhancing photocatalytic activity and selectivity on $Bi_2O_2CO_3$ nanosheets[J]. Chinese Journal of Catalysis, 2019, 40: 620-630.

[42] Yuan R S, Chen T, Fei E H, et al. Surface chlorination of TiO_2-based photocatalysts: A way to remarkably improve photocatalytic activity in both UV and visible region[J]. ACS Catalysis, 2011, 1: 200-206.

[43] Xu B Y, An Y, Liu Y Y, et al. Enhancing the photocatalytic activity of BiOX(X=Cl, Br, and I), $(BiO)_2CO_3$ and Bi_2O_3 by modifying their surfaces with polar organicanions, 4-substituted thiophenolates[J]. Journal of Materials Chemistry A, 2017, 5: 14406-14414.

第2章 Ag基复合光催化剂的制备及其光催化性能研究

2.1 引言

当今水体污染形势严峻，解决废水污染的问题迫在眉睫。太阳能具有取之不尽的优点，所以半导体光催化技术成为解决该问题的一项重要手段，只是许多半导体材料在可见光区的光响应并不明显。在已知的可见光响应光催化材料中，Ag基光催化材料因其无毒无害、在可见光区吸收能力强、光反应速率较快且可将有机污染物完全降解的优点而广受关注。此外，Ag纳米颗粒因不存在带隙，且拥有可以自由活动的自由电子，故能够发生等离子体效应。当Ag纳米粒子附着到其他半导体材料表面时，便能够改变体系中的电子分布，在Ag纳米粒子与半导体界面形成肖特基势垒，使载流子分离速率和载流子迁移速率均有所增加，使得整体的光催化性能有所提高。

然而，由于Ag基半导体材料具有不稳定性，很容易在催化过程中失活分解，所以在很多时候都将Ag基半导体材料与其他材料结合形成复合半导体材料来使用。通过复合操作，可以在很大程度上改善Ag基材料的不稳性，使材料的电子空穴分离效率得到提升，并进一步提升复合材料的光响应范围。因此，Ag基复合半导体光催化材料相对于单纯的Ag基纳米颗粒，具有更为广阔的应用前景。

2.2 $AgCl/AgIO_4$复合光催化剂的制备及其光催化性能研究

在众多的半导体光催化材料中，Ag基半导体材料由于常常具有较低的禁带宽度和在可见光区域具有较好的光催化活性，引起人们的广泛关注。以AgCl为例，其是一种常用的半导体材料，并且容易与另一种半导体复合制备复合型光催化材料，例如AgCl/BiOCl、$Ag/AgCl/TiO_2$和$AgCl/Ag/AgFeO_2$。然而，其光催化性能仍然有待提高。高碘酸银（$AgIO_4$）具有较好的光催化活性，其直接带隙宽度为1.69eV，其导带和价带位置分别比AgCl的价带和导带位置更低。两者的能带相匹配，将其制备成高效复合光催化材料具有理论可行性。

因此，我们利用原位法将AgCl与$AgIO_4$复合制备复合光催化剂。实验结果显示：$AgCl/AgIO_4$ 复合材料相比于两个纯样具有明显优异的光催化活性。在此基础上，我们还对复合材料的光催化机理进行了分析，取得了较好的进展。相关工作可以为可见光催化剂的发展和污水处理的潜在应用提供借鉴。

2.2.1 $AgCl/AgIO_4$ 复合光催化剂的制备

将 $AgNO_3$(1.0mmoL，0.17g)溶解在 20mL 的去离子水中记为 A 溶液，同时将 $NaIO_4$(0.83mmoL，0.178g)溶解在 10mL 的去离子水中记为 B 溶液。A、B 溶液分别搅拌 10min，将 B 溶液滴入 A 溶液中一起继续搅拌 2h。经过充分洗涤和在 60℃烘箱中烘干 30min，即可获得 $AgCl/AgIO_4$(1∶5)的复合光催化材料。利用相同的方法制备出 $AgCl/AgIO_4$(1∶4)、$AgCl/AgIO_4$(1∶6)的复合光催化材料。纯样也是经过同样的方法获得的。

氙灯光源(300W)使用 420nm 波长滤光片测试样品的光催化性能。使用催化剂降解 30mg/L RhB(RhB)溶液将 50mg 的光催化剂加入 150mL RhB 溶液中，在黑暗环境下通过搅拌使其吸附平衡时间为 60min。之后加光间隔每 5min 提取 4mL 混合溶液作为液体样品。测试其液体的吸光度测试波长为 554nm。

2.2.2 $AgCl/AgIO_4$ 复合光催化剂的光催化性能研究

1. $AgCl/AgIO_4$ 复合光催化剂的形貌及结构表征

图 2-1(a)~(d)为纯样 AgCl、$AgIO_4$ 和 $AgCl/AgIO_4$(1∶5)的 TEM 谱图和 EDS 谱图。从图 2-1(a)可以看出，AgCl 为平均尺寸为 50nm 大小的纳米颗粒。从图 2-1(b)可以看出，$AgIO_4$ 呈现较大的颗粒。图 2-1(c)为复合样 $AgCl/AgIO_4$(1∶5)的 TEM 谱图，可以看出 AgCl 的颗粒成功负载在大的 $AgIO_4$ 颗粒的表面。图 2-1(d)为复合样 $AgCl/AgIO_4$(1∶5)的 EDS 谱图，可以看出 Ag、I、O 和 Cl 元素被检测到。图 2-1 可以证实 AgCl 存在于复合样品中，可以佐证 XRD 结论。

从图 2-2(a)纯样 AgCl 中看出，27.83°、32.24°和 46.23°处是该材料的衍射峰，(111)(200)和(220)晶面是其对应晶面。AgCl 的标准卡片 JCPDS 31-1238 与之对应。图 2-2(b)纯样 $AgIO_4$ 经过验证与文中的相一致。图 2-2(c)~(e)为所制备的复合样品 $AgCl/AgIO_4$ 的衍射峰，其比例如图所示。通过观察可以发现，复合样品 $AgCl/AgIO_4$ 的特征衍射峰都出现在了纯样的特征峰位，且无其他杂峰。良好的图线也说明了所制备的复合样品 $AgCl/AgIO_4$ 具有良好的结晶性能和高纯度。

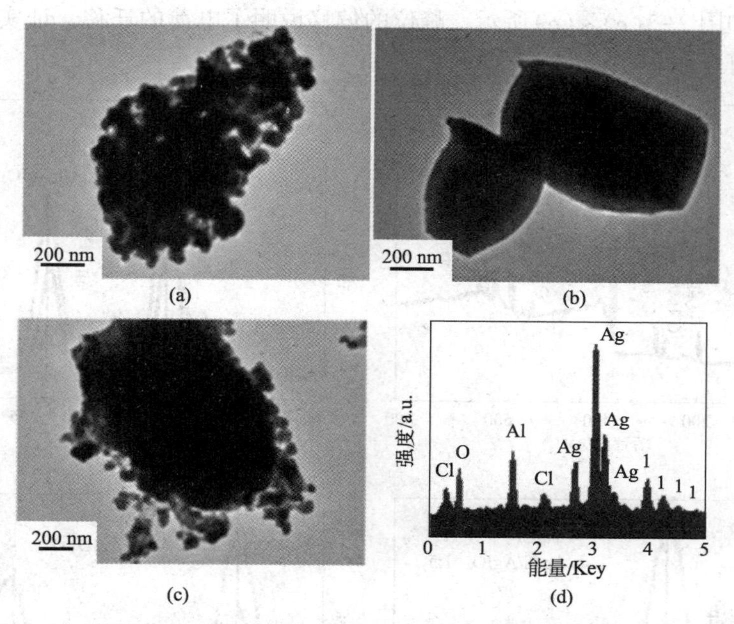

图 2-1　纯样 AgCl、$AgIO_4$ 和 $AgCl/AgIO_4$(1 : 5)的 TEM 谱图和 EDS 谱图

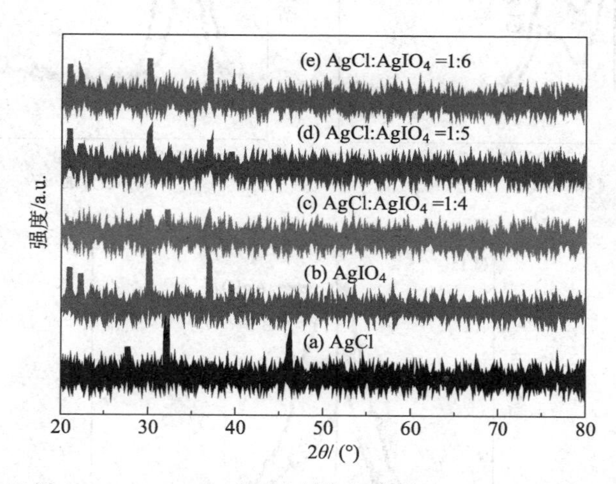

图 2-2　纯样 AgCl、$AgIO_4$ 和不同比例的复合样品 $AgCl/AgIO_4$ 的 XRD 谱图

图 2-3 为各个样品的 XPS 谱图。图 2-3(a)为复合样 $AgCl/AgIO_4$(1 : 5)的全谱图，从中可以看出复合样中由 Ag、Cl、I 和 O 四种元素组成。图 2-3(b)中可以看出 AgCl 和 $AgIO_4$，367.6eV 和 373.6eV 有两个峰，这两个峰对应 AgCl 和 $AgIO_4$ 中 Ag^+的 Ag $3d_{5/2}$和 Ag $3d_{3/2}$。在复合样 $AgCl/AgIO_4$(1 : 5)中，两个峰会发生些许的偏移至 367.9eV 和 373.9eV。相同的变化也出现在 Cl 2p、I 3d 和 O 1s

谱图中，如图 2-3(c)~(e)所示。峰位的偏移说明了电荷的迁移，证实了两种物质的成功符合。

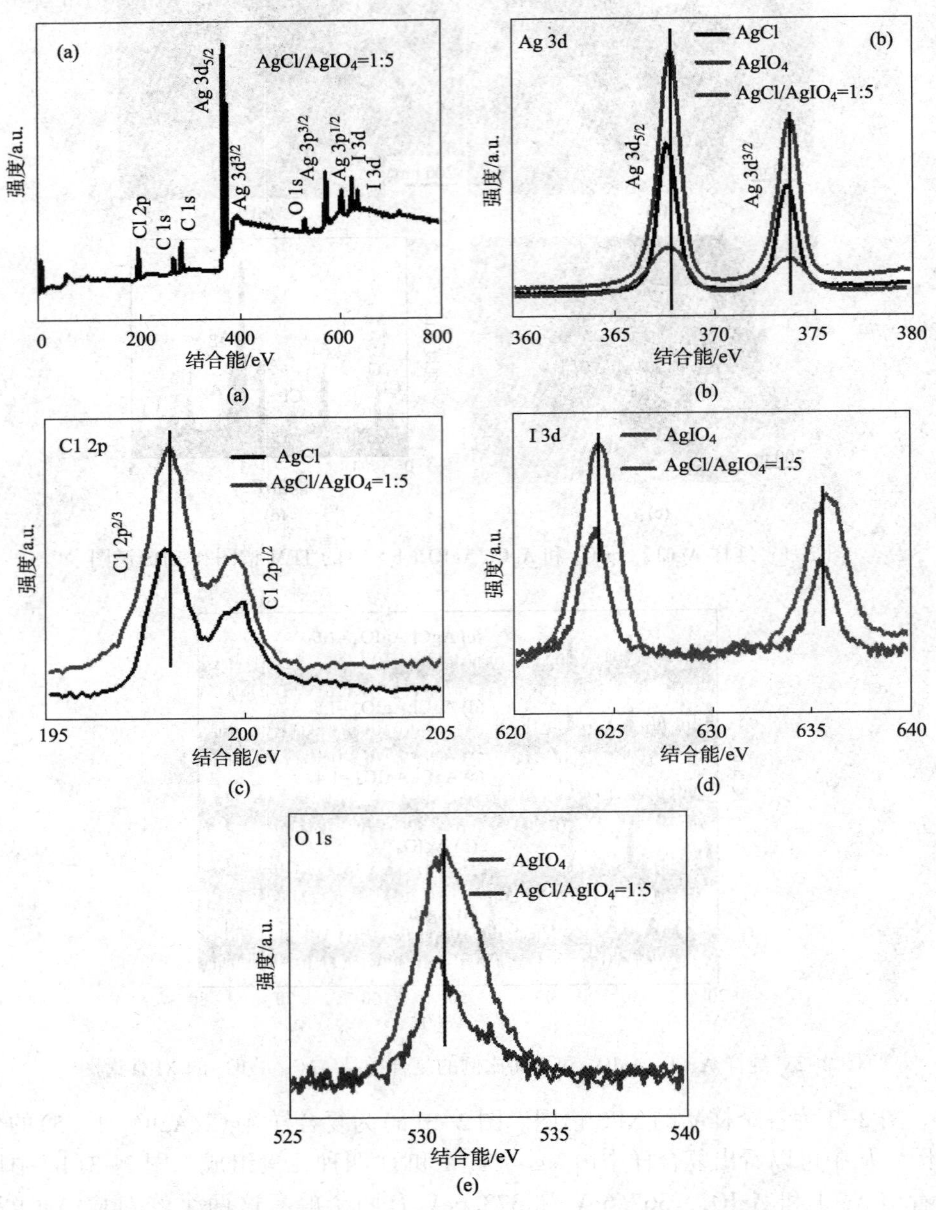

图 2-3　AgCl、$AgIO_4$ 和 AgCl/$AgIO_4$(1∶5)的 XPS 谱图

(a)全谱图；(b)Ag 3d 谱图；(c)Cl 2p 谱图；(d)I 3d 谱图；(e)O 1s 谱图

2. $AgCl/AgIO_4$ 复合光催化剂的光电性能研究

我们对所得复合光催化剂的光催化性能进行了系统的研究。图 2-4 为各个光催化材料的降解效率图。图 2-4(a)中可以看出复合样品 $AgCl/AgIO_4$ 的优异的光催化性能。相对于纯样，提升幅度较大。通过控制复合光催化剂中 AgCl 和 $AgIO_4$ 的比例，可以看出光催化性能随着 $AgIO_4$ 比例的增加呈现先增大后减小的趋势，当比例为 1∶5 时，符合光催化剂光催化效能最强。在 30min 内降解效率达到最高值 96.3%。相比于纯样 AgCl 和 $AgIO_4$ 来说分别提升了 71.5%和 27.9%。

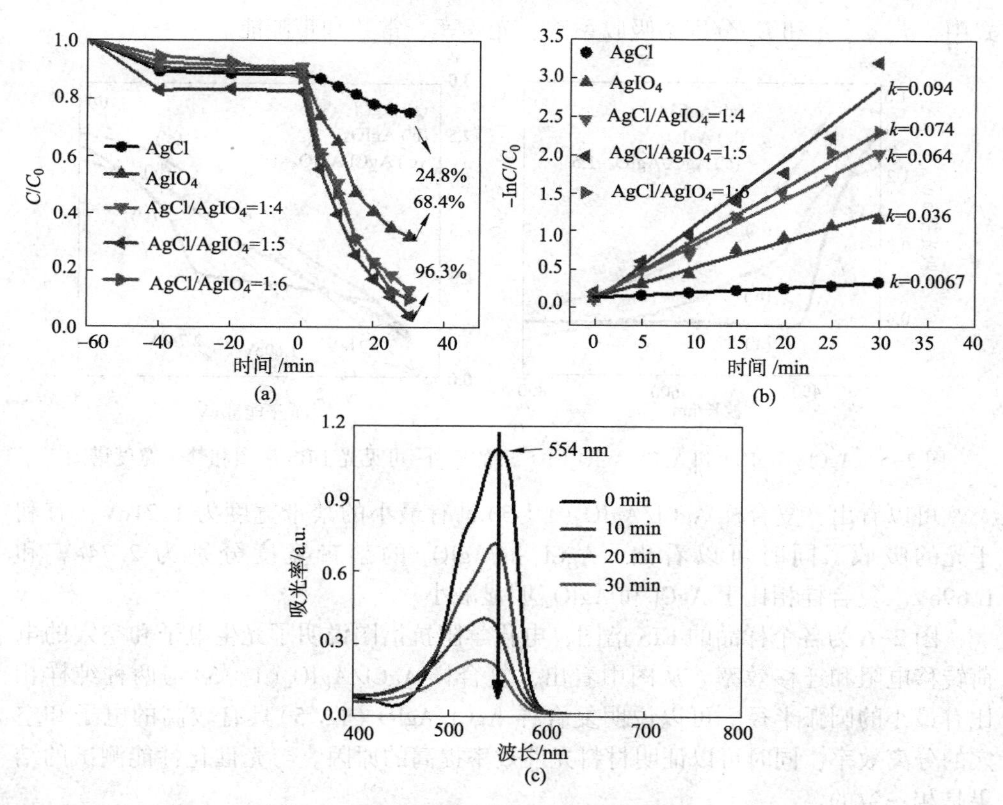

图 2-4　纯样 AgCl、$AgIO_4$ 和不同比例的复合样品 $AgCl/AgIO_4$ 的光催化图和液态紫外-可见光 DRS 图

图 2-4(b)为拟合一阶动力学方程。通过计算得出 AgCl、$AgIO_4$ 和 $AgCl/AgIO_4$(1∶5)的反应速率常数分别为 $0.0067min^{-1}$、$0.036min^{-1}$ 和 $0.094min^{-1}$。$AgCl/AgIO_4$(1∶5)的复合样品具有最好的性能。其速率常数分别是 AgCl 和 $AgIO_4$ 的 14.03 和 2.61 倍。

图 2-4(c)为光催化过程中 RhB 溶液的液态紫外-可见光谱图。根据图线随

时间的变化可以看出，随着光催化反应时间的增长，RhB 溶液的特征峰的峰强逐渐减弱，并且出现明显的蓝移。这说明 RhB 分子中 N-乙基基团逐渐被去除。

图 2-5 为 AgCl、$AgIO_4$ 和 AgCl/$AgIO_4$(1∶5)的紫外-可见光 DRS 谱图和禁带宽度谱图。从图 2-5(a)中可以看出，复合样 AgCl/$AgIO_4$(1∶5)的紫外-可见光 DRS 谱图与两种纯样品相比，复合样品的光吸收范围有明显的红移，对可见光的吸收范围明显增强。根据禁带宽度公式：

$$ah\nu=A(h\nu-E_g)^{\frac{n}{2}} \tag{2-1}$$

式中，a、ν、A 和 E_g 分别为吸收系数、光频率、常数和带隙能。

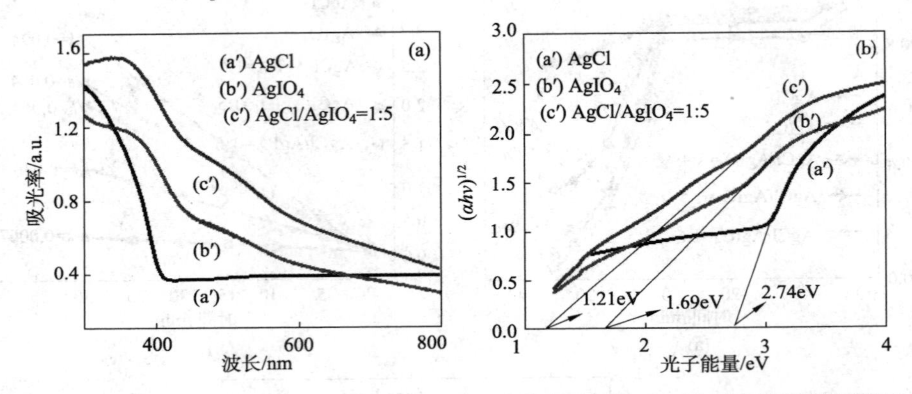

图 2-5　AgCl、AgIO4 和 AgCl/$AgIO_4$(1∶5)的紫外-可见光 DRS 谱图和禁带宽度谱图

可以看出，复合样 AgCl/$AgIO_4$(1∶5)具有最小的禁带宽度为 1.21eV，有利于光的吸收。同时可以看出，AgCl 和 $AgIO_4$ 的禁带宽度分别为 2.74eV 和 1.69eV。复合样相比于 AgCl 和 $AgIO_4$ 明显减小。

图 2-6 为各个样品的 EIS 谱图，电化学阻抗谱图说明了光生电子和空穴的电荷转移电阻和迁移效率。从图中看出，复合样 AgCl/$AgIO_4$(1∶5)与两种纯样相比有最小的圆弧半径。可以说明复合样 AgCl/$AgIO_4$(1∶5)具有较高的电子和空穴的分离效率，同时可以证明材料光催效率提高的原因。与光催化性能测试的结果是相一致的。

从之前的报道中我们可以知道，捕捉剂 EDTA(乙二胺四乙酸)、BQ(对苯醌)和 TBA(叔丁醇)分别被作为空穴、超氧自由基和羟基自由基的捕捉剂，从图 2-7 添加不同捕捉剂后 AgCl/$AgIO_4$(1∶5)复合材料的光催化图。通过添加不同捕捉剂我们发现，当 EDTA 加入，复合材料的光催化效率明显减少，空穴起到了主要的催化作用。加入 BQ 后，样品的光催化效率也有一定程度的下降，证明超氧自由基在光催化过程中也发挥了一定的作用。所以，空穴和超氧自由基在整个光催化过程中起主要作用。

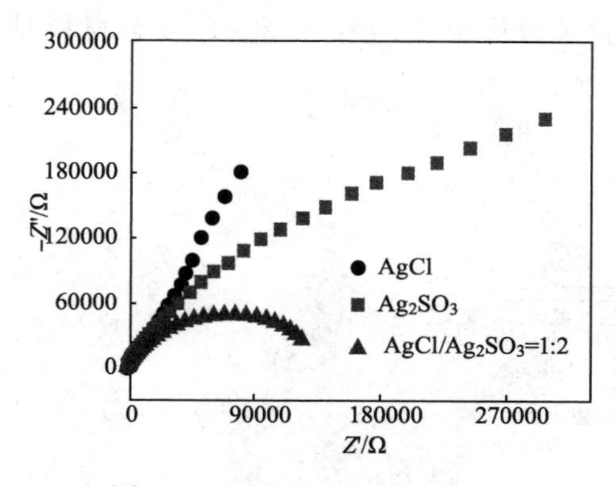

图 2-6　AgCl、AgIO4 和 AgCl/$AgIO_4$(1∶5)的 EIS 谱图

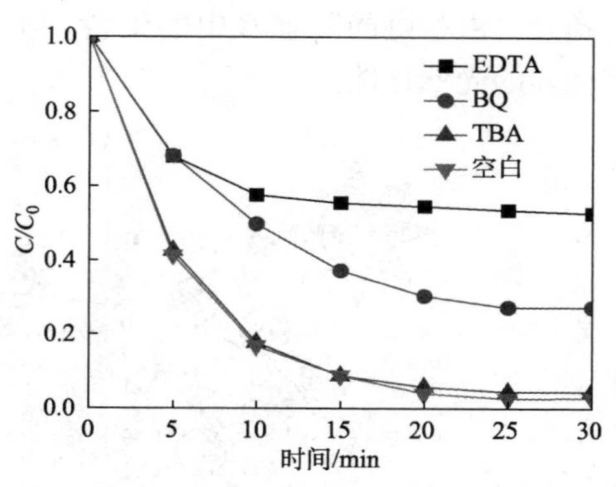

图 2-7　添加不同捕捉剂后 AgCl/$AgIO_4$(1∶5)复合材料的光催化图

图 2-8 为 AgCl 和 $AgIO_4$ 的价带谱图，$AgIO_4$ 和 AgCl 的价带能分别为 1.49eV 和 3.09eV。根据紫外-可见光 DRS 谱图分析可得，$AgIO_4$ 和 AgCl 的带隙能分别为 1.69 和 2.74eV。同时由式：

$$E_{VB}=E_g+E_{CB} \tag{2-2}$$

计算出 $AgIO_4$ 和 AgCl 的导带位置分别等于-0.2eV 和 0.35eV。

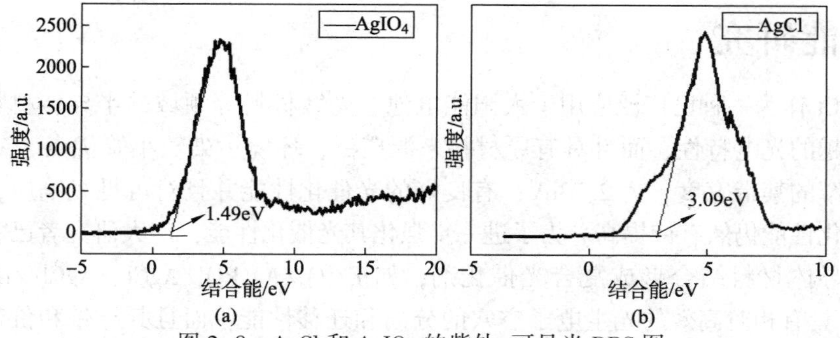

图 2-8　AgCl 和 $AgIO_4$ 的紫外-可见光 DRS 图

基于以上实验结果，我们对复合样 AgCl/$AgIO_4$ 的光催化机理进行简要的分析，如图 2-9 所示。结果主要如下：AgCl 和 $AgIO_4$ 的 E_{VB} 分别为 3.09eV 和 1.49eV，E_{CB}分别为 0.35eV 和-0.2eV。在可见光的激发下，AgCl 和 $AgIO_4$ 分别光响应被激发，在 VB 和 CB 处产生光生空穴和电子。由于 $AgIO_4$ 的 CB 更负，所以 $AgIO_4$ 的 CB 的电子能够迅速迁移至 AgCl 的 CB。同理，在 VB 中由于 $AgIO_4$ 的 VB 位置更低所以 AgCl 的 VB 上的空穴能够迁移至 $AgIO_4$ 的 VB。这种空穴和电子的迁移使得复合光催化剂电子和空穴的分离效率得到提高，降低了各自的光生电子和空穴的复合提高复合材料的光催化性能。在 $AgIO_4$ 表面的空穴能够直接氧化降解有机物，而 AgCl 表面的电子可以与水中的氧气反应生成超氧自由基。空穴

与超氧自由基协同降解水中的染料。实验及分析证实，$AgCl/AgIO_4$ 复合材料具有优异的光催化性能。

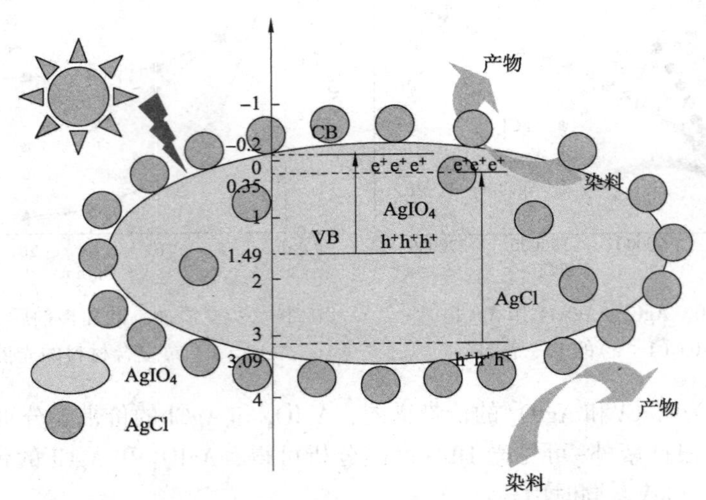

图 2-9 $AgCl/AgIO_4$(1：5)复合材料的光催化机理图

2.3 $AgCl/Ag_2SO_3$ 复合光催化剂的制备及其光催化性能研究

AgCl 作为一种已广泛应用于太阳能电池、光敏材料等领域的半导体材料，其具有优越的光电特性，而且具有原材料来源广泛、环境污染较小等优点。AgCl 具有相对窄的禁带宽度，为 2.73eV，有良好的光催化性能并且对可见光响应，然而其光催化性能仍然有待提高。为了进一步强化其光催化性能，广大研究者已将其与其他半导体材料结合形成复合光催化剂，如 $Fe_3O_4/Ag_3PO_4/AgCl$、AgCl/ZnO。而 Ag_2SO_3 具有相对高效的光生电子空穴的分离和迁移性能，而且其导带和价带分别位于-0.46eV 和 2.85eV，比 AgCl 的 0.35eV 和 3.09eV 低。基于以上分析，Ag_2SO_3 是一种能够与 AgCl 复合的优异的候选材料，进而提高其光催化性能。

2.3.1 $AgCl/Ag_2SO_3$ 复合光催化剂的制备

使用 $AgNO_3$(1mmol，0.1699g)溶解于 30mL 去离子水中，搅拌 30min。使用 Na_2SO_3(0.4mmol，0.0504g)与 KCl(0.2mmol，0.01492g)分别放入 20mL 去离子水中，搅拌 30min。所有的搅拌是在黑暗磁力搅拌的条件下进行的。随后将制备的 Na_2SO_3 和 KCl 溶液依次逐滴加入 $AgNO_3$ 溶液中，滴加时也继续搅拌，滴加完成后继续搅拌 30min 再用去离子水洗涤抽滤。遮光，40℃干燥箱干燥 30min，即制得摩尔比为 1∶2 的 $AgCl/Ag_2SO_3$ 复合材料。使用相同的方法制备了摩尔比分别为 1∶1 和 1∶3 的复合材料，纯样也是经过同样的方法获得的。不同的是，纯样在合成过程中不需要添加 Na_2SO_3 和 KCl。

氙灯光源(300W)使用 420nm 波长滤光片测试样品的光催化性能。使用催化剂降解 10mg/L 罗丹明 B(RhB)与 10mg/L 甲基橙(MO)溶液，将 50mg 的光催化剂加入 150mL RhB 溶液中。在黑暗环境下通过搅拌使其吸附平衡时间为 60min，之后加光间隔每 5min 提取 4mL 混合溶液作为液体样品。测试其液体的吸光度测试波长，RhB 为 554nm，MO 为 464nm。

2.3.2 $AgCl/Ag_2SO_3$ 复合光催化剂的光催化性能研究

1. $AgCl/Ag_2SO_3$ 复合光催化剂的形貌及结构表征

图 2-10(a)~图 2-10(c)分别为 AgCl、Ag_2SO_3 和复合样品 $AgCl/Ag_2SO_3$ 的 TEM 图。从图 2-10(a)可以看出，AgCl 为平均尺寸为 200~400nm 大小的纳米颗粒。从图 2-10(b)可以看出，Ag_2SO_3 呈现较小的颗粒，直径尺寸范围为 30~50nm。图 2-10(c)为复合样 $AgCl/Ag_2SO_3$(1∶2)的 TEM 谱图，可以看出，Ag_2SO_3 的颗粒成功地负载在大的 AgCl 颗粒的表面并紧密接触(如白色箭头所示)。这种复合结构的存在是提高光催化性能的重要原因。

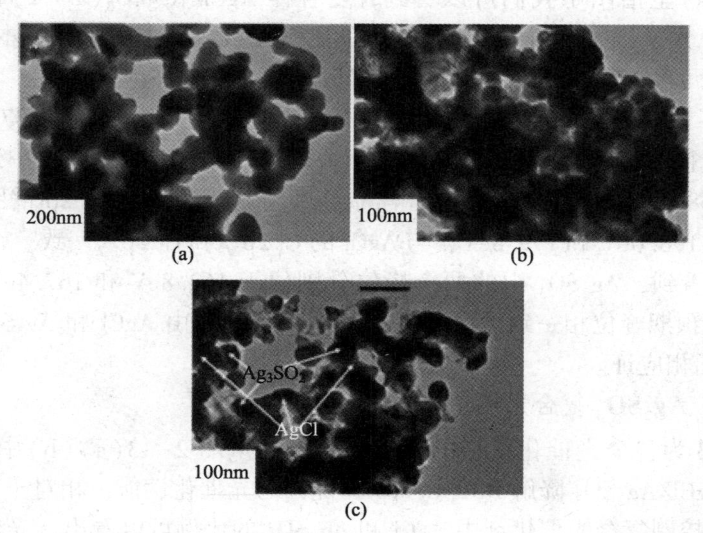

图 2-10　AgCl、Ag_2SO_3 和复合样品 $AgCl/Ag_2SO_3$(1∶2)的 TEM 图

从图 2-11(a)纯样 AgCl 中看出，27.83°、32.24°和 46.23°处是该材料的衍射峰，(111)(200)和(220)晶面是其对应晶面，其在 54.9°、和 57.6°有显著的特征衍射峰与 AgCl 的标准卡片 JCPDS 31-1238 与之对应。图 2-11(b)纯样 Ag_2SO_3 经过验证与文中

的相一致。所制备的材料均无杂峰纯度较高。图 2-11(c)~(e)为所制备的复合样品 $AgCl/Ag_2SO_3$ 的衍射峰，其比例如图所示。通过观察可以发现，复合样品 $AgCl/Ag_2SO_3$ 的特征衍射峰都出现在了纯样的特征峰位，且无其他杂峰。

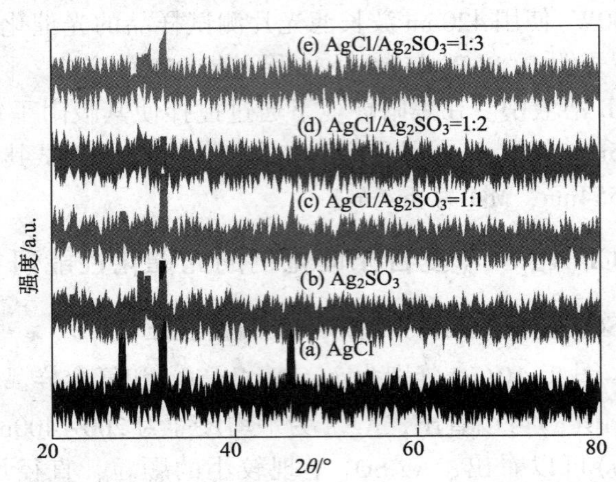

图 2-11　AgCl、Ag_2SO_3 和不同比例的复合样品 $AgCl/Ag_2SO_3$ 的 XRD 谱图

图 2-12 是 AgCl、Ag_2SO_3 和不同比例的复合样品 $AgCl/Ag_2SO_3$ 的 XPS 谱图。在图 2-12(a)全谱图中我们可以看到，复合样 $AgCl/Ag_2SO_3$(1∶2)存在 C、S、O、Ag 和 Cl 元素，其有两种纯样所包含的所有元素。其中由于设备本身的原因，检测到了碳元素，没有检测到其他杂质峰，同时表明样品纯度高。

从图 2-12(b)~(e)中可以看出，在 Ag 3d 谱图中：367.6eV 和 373.6eV 有两个峰，这两个峰对应 AgCl 中 Ag^+的 Ag $3d_{5/2}$和 Ag $3d_{3/2}$，在 Ag_2SO_3 中这个两个峰位分别为 368.6eV 和 374.6eV，复合样品基本与其一致。在 Cl 2p 谱图中两个峰位出现在了 198.0eV 和 199.8eV，与 AgCl 的 Cl $2p_{2/3}$和 Cl $2p_{1/2}$一致。在 S 2p 谱图中我们可以看到，Ag_2SO_3 中的两个峰位分别位于 162.8eV 和 167.4eV 处，在 O 1s 谱图也与预期峰位相一致，证明复合光催化材料是由 AgCl 和 Ag_2SO_3 组成的，与 XRD 谱图相应证。

2. $AgCl/Ag_2SO_3$ 复合光催化剂的光催化性能研究

图 2-13 为各个光催化材料的降解效率图。从图 2-13(a)(b)中可以看出，复合样品 $AgCl/Ag_2SO_3$ 降解 RhB 和 MO 的优异的光催化性能，相对于其纯样提升很大。通过控制复合光催化剂中 AgCl 和 Ag_2SO_3 的比例可以看出，光催化性能随着 Ag_2SO_3 比例的增加呈现先增大后减小的趋势，当比例为 1∶2 时，符合光催化剂光催化效能最强。其在 30min 内对 RhB 溶液的降解效率达到 99.2%。相比于纯样 AgCl 和 Ag_2SO_3 光催化剂，其光催化效率分别增加了 53.1%和 38.7%。从图 2-13(b)中可以看出，在光照条件下降解 MO 污染物时，样品的光催化效果也具

有与 RhB 溶液相同的趋势。

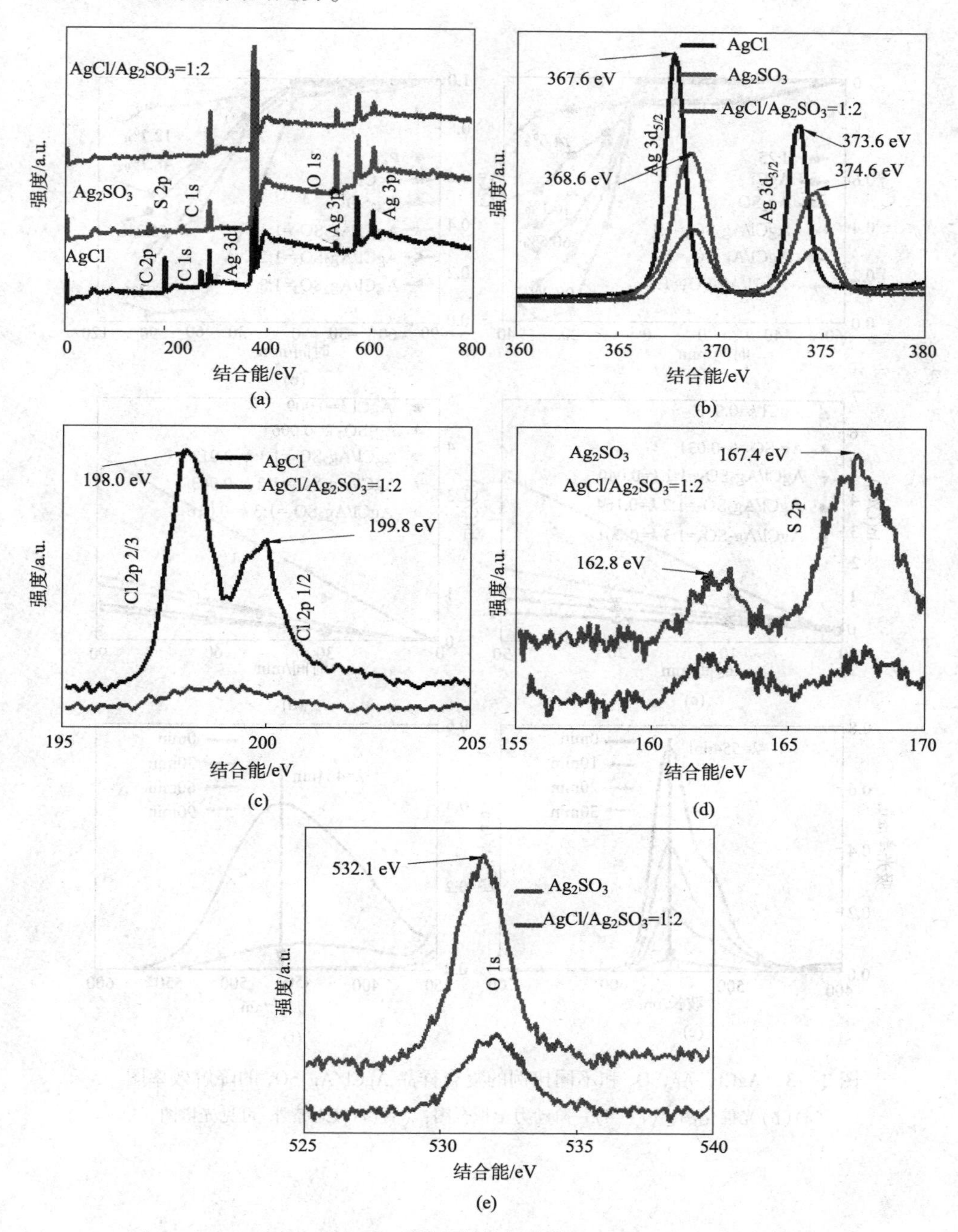

图 2-12　AgCl、Ag_2SO_3 和不同比例的复合样品 $AgCl/Ag_2SO_3$ 的 XPS 谱图

(a)全谱图；(b)Ag 3d 谱图；(c)Cl 2p 谱图；(d)S 2p 谱图；(e)O 1s 谱图

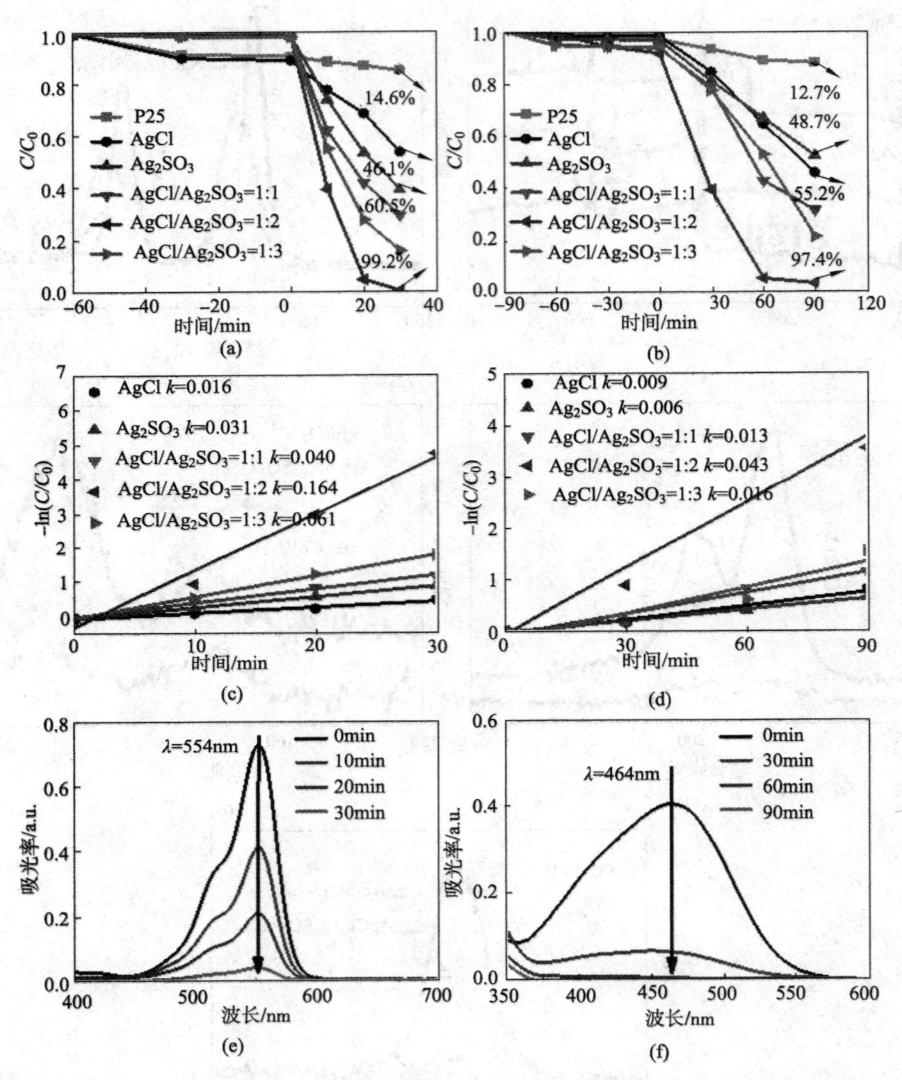

图 2-13 AgCl、Ag_2SO_3 和不同比例的复合样品 AgCl/Ag_2SO_3 的降解效率图

(a)(b)光催化图；(c)(d)一阶动力学拟合图；(e)(f)液态紫外-可见光谱图

图 2-13(c)(d)为拟合一阶动力学方程，分别拟合 RhB 降解过程与 MO 降解过程。在 RhB 降解过程中，通过计算得出 AgCl、Ag_2SO_3、AgCl/Ag_2SO_3(1∶1)、AgCl/Ag_2SO_3(1∶2) 和 AgCl/Ag_2SO_3(1∶3) 的反应常数分别为：0.016min^{-1}、0.031min^{-1}、0.040min^{-1}、0.164min^{-1}和 0.061min^{-1}。其中复合样品 AgCl/Ag_2SO_3(1∶2)具有最高的 K 值，是纯样 AgCl 和 Ag_2SO_3 的 10.25 倍和 5.29 倍。在 MO 降解过程中，复合样品 AgCl/Ag_2SO_3(1∶2)是 AgCl 和 Ag_2SO_3 纯样的 4.78 倍和 7.17 倍。

图 2-13(e)(f)为光催化过程中 RhB 溶液和 MO 溶液的液态紫外-可见光谱图。根据图线随时间的变化可以看出，随着光催化反应时间的增长，RhB 溶液与 MO 溶液的特征峰的峰强逐渐减弱。

图 2-14(a)(b)分别为 AgCl、Ag_2SO_3 和不同比例的复合样品 AgCl/Ag_2SO_3 的紫外-可见光 DRS 谱图和禁带宽度图。在图 2-14(a)图中可以看出，复合样 AgCl/Ag_2SO_3(1∶2)的紫外-可见光 DRS 谱图与纯样 Ag_2SO_3 相比，复合样品的光吸收范围有明显的红移。根据禁带宽度公式(2-1)可以分别求出 AgCl 禁带宽度为 2.74eV，Ag_2SO_3 禁带宽度为 3.31eV，复合样 AgCl/Ag_2SO_3(1∶2)禁带宽度为 2.87eV。

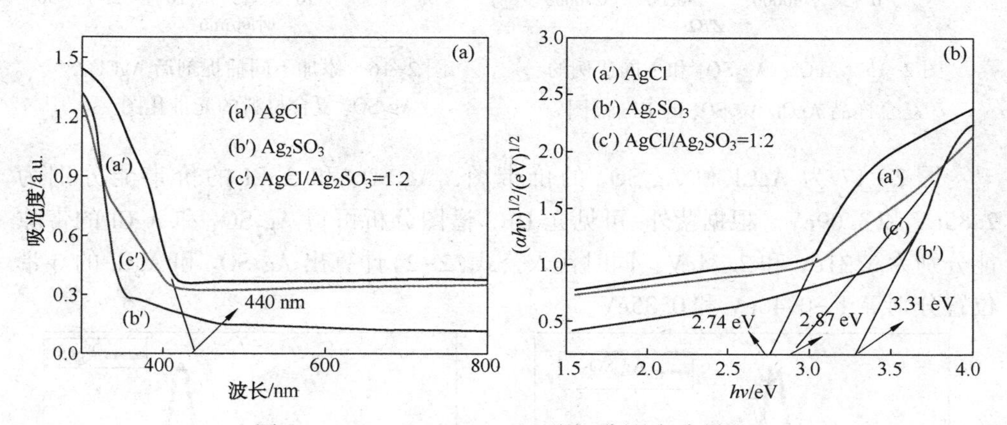

图 2-14　AgCl、Ag_2SO_3 和不同比例的复合样品 AgCl/Ag_2SO_3 的紫外-可见光 DRS 谱图和禁带宽度图

图 2-15 为各个样品的 EIS 谱图，谱图可以说明光生电子和空穴的电荷转移电阻和迁移效率。从图中可看出，复合样 AgCl/Ag_2SO_3(1∶2)与两种纯样相比有最小的圆弧半径，尼奎斯特圆弧半径按以下顺序显示：AgCl > Ag_2SO_3 > AgCl/Ag_2SO_3。可以说明复合样 AgCl/Ag_2SO_3(1∶2)具有较高的电子和空穴的分离效率，同时可以证明材料光催效率提高的原因。

为了进一步阐明合成的复合样 AgCl/Ag_2SO_3(1∶2)光催化剂的光催化机理，

设计通过捕集实验确定了光催化降解过程中的主要活性物种。捕捉剂 EDTA(乙二胺四乙酸)、BQ(对苯醌)和 TBA(叔丁醇)分别被作为空穴、超氧自由基和羟基自由基的捕捉剂。图 2-16 所示在降解 RhB 过程中加入 EDTA 与 BQ 会显著降低光催化效果至 1.2%和 3.7%。结果表明,空穴和超氧自由基是光催化降解过程中的主要活性因素。在降解 RhB 过程中加入 TBA 后,光催化降解效率降至 51.2%,羟基自由基是光催化降解过程中次要活性因素。综上所述,在降解 RhB 过程中,起主要作用的是空穴和超氧自由基,而羟基自由基起辅助作用。

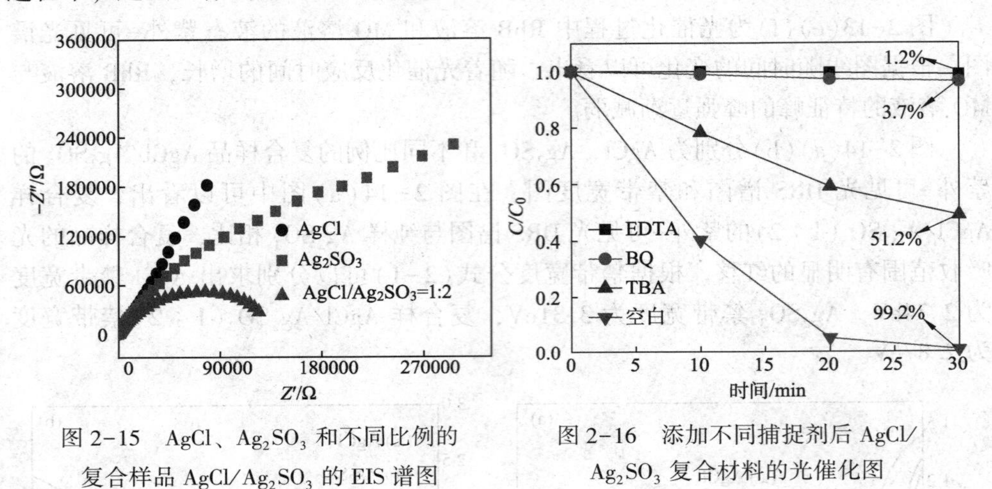

图 2-15　AgCl、Ag_2SO_3 和不同比例的复合样品 AgCl/Ag_2SO_3 的 EIS 谱图

图 2-16　添加不同捕捉剂后 AgCl/Ag_2SO_3 复合材料的光催化图

图 2-17 为 AgCl 和 Ag_2SO_3 的价带图,Ag_2SO_3 和 AgCl 的价带能分别为 2.85eV 和 3.09eV。根据紫外-可见光 DRS 谱图分析可得 Ag_2SO_3 和 AgCl 的带隙能分别为 3.31eV 和 2.74eV,同时代入公式(2-2)计算出 Ag_2SO_3 和 AgCl 的导带位置分别等于-0.46eV 和 0.35eV。

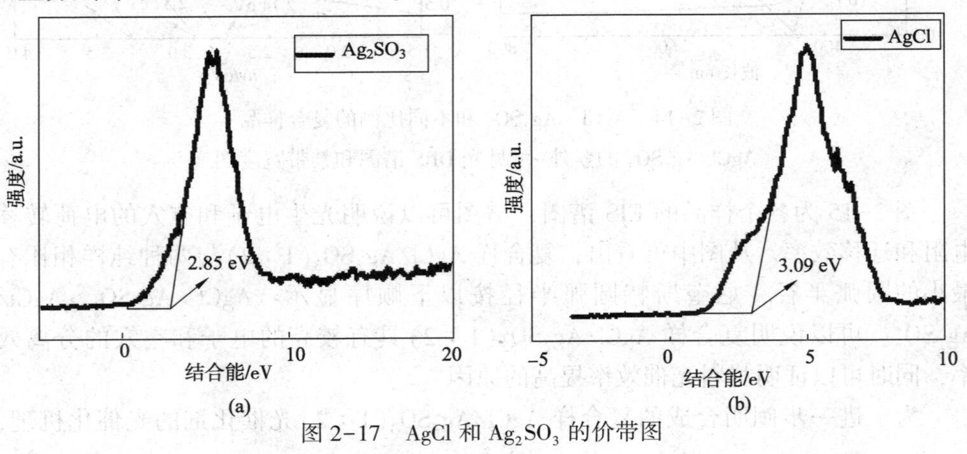

图 2-17　AgCl 和 Ag_2SO_3 的价带图

通过以上实验分析，我们对复合样 $AgCl/Ag_2SO_3$ 的光催化机理进行简要的分析(图2-18)。可以看出，AgCl 和 Ag_2SO_3 的 E_{VB} 分别为3.09eV 和2.85eV，E_{CB} 分别为0.35eV 和-0.46eV。复合样 $AgCl/Ag_2SO_3$ 在可见光的激发下，AgCl 光响应被激发，在 VB 和 CB 处产生光生空穴和电子。AgCl 的价带中的空穴则迁移到 Ag_2SO_3 的价带中，光生电子-空穴的有效分离，降低其符合效率，这样可以提高光催化效果，AgCl 表面的电子可以与水中的氧气反应生成超氧自由基降解有机污染物。Ag_2SO_3 的价带上的空穴可以直接降解有机污染物，同时价带上的空穴还可以与 H_2O 生成羟基自由基协同降解有机污染物。

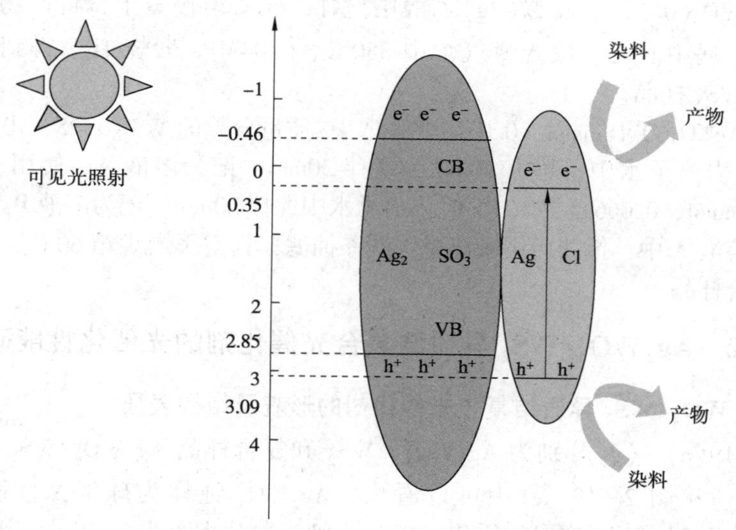

图 2-18 $AgCl/Ag_2SO_3$ 复合材料的光催化机理图

2.4 Ag_2WO_4/WS_2 异质结复合光催化剂的制备及其光催化性能研究

在诸多光催化剂中，Ag_2WO_4 是一种重要的可见光光敏催化剂，广泛应用于有机染料的降解。Wang 等合成 Ag_2WO_4 多孔纳米球，其对 MO 溶液具有优异的光降解效率，可以达到95%。然而，由于其光生电子和空穴分离效率低，其光催化活性有待进一步提高。将 Ag_2WO_4 与其他半导体耦合，是一种有效的方法。例如，Xing 等通过原位法合成 $Ag_2WO_4/g-C_3N_4$ 复合光催化材料。在可见光的照射下，其具有最优异的光催化性能。$Ag_2WO_4/g-C_3N_4$ 光催化材料对于 RhB 溶液的降解效率是纯样 $g-C_3N_4$ 的53.6倍。这一策略可以有效地促进电子和光生空穴的分离，有利于改进 Ag_2WO_4 光催化活性。WS_2 是一种类石墨烯的层状材料。在单元层内部，每个 W 原子被六个 S 原子包围，呈三角棱柱状，对可见光甚至红外光有较强的吸收能力，且其分子表面暴露了较多的 S 原子，具有较多的活性位点，在光催化领域和光解制氢应用前景广泛。其已被用于制造复合光催化剂，如 CdSe 和 $Zn_{0.5}Cd_{0.5}S$。WS_2 的能带边缘电势 E_{CB} 和 E_{VB} 分别为-0.12eV 和 1.54eV，而 Ag_2WO_4 的能带边缘电势 E_{CB} 和 E_{VB} 分别为 0.02eV 和 2.95eV，两者可以很好地匹配，复合后可以具有较高的电荷分离效率以及氧化还原能力。

2.4.1 Ag_2WO_4/WS_2 异质结复合光催化剂的制备

使用 WO_3(0.1g)、硫脲(2g)乙醇中搅拌，60℃缓慢蒸干，将产物研磨成粉末，置于坩埚中。之后放入氮气炉中 850℃，0.04MPa 煅烧 1h。得到的产物研磨，即为 WS_2 样品。

使用 $AgNO_3$(0.18mmol，0.03g)并称取 x%质量分数的 WS_2(x=5、10、15、20)放入 20mL 去离子水中，超声 30min，搅拌 30min，记为溶液 A。使用 $Na_2WO_4 \cdot 2H_2O$(0.2mmol，0.066g)放入 10mL 去离子水中搅拌 30min，记为溶液 B。将溶液 B 逐滴加入溶液 A 中，搅拌后用去离子水洗涤抽滤，真空干燥烘箱 60℃烘干，研磨，则获得复合样品。

2.4.2 Ag_2WO_4/WS_2 异质结复合光催化剂的光催化性能研究

1. Ag_2WO_4/WS_2 异质结复合光催化剂的形貌及结构表征

图 2-19(a)~(d)分别为 Ag_2WO_4、WS_2 和复合样品 Ag_2WO_4/WS_2-15%(wt)的 TEM 图。从图 2-19(a)中可以看出，Ag_2WO_4 纯样为球形，直径为 200~300nm。从图 2-19(b)中可以看出，WS_2 为纳米薄片大小为 1~2μm。图 2-19(c)为复合样 Ag_2WO_4/WS_2-15%(wt)光催化材料。可以看出 Ag_2WO_4 纳米球均匀地负载在 WS_2 表面。复合后的 Ag_2WO_4 纳米球的粒径明显减小，初步推测是 WS_2 的存在使得 Ag_2WO_4 颗粒的自我聚集受到抑制。在图 2-19(d)复合样品 Ag_2WO_4/WS_2-15%(wt)的 HRTEM 图中可以清楚地看出两个分别为 0.277nm 和 0.618nm 的晶格条纹，分别对应 Ag_2WO_4 的(220)平面和 WS_2 的(002)平面，可以清晰地看到两种物质的复合。综上所述：复合样品 Ag_2WO_4/WS_2-15%(wt)在 WS_2 与 Ag_2WO_4 在界面处形成异质结，进而提高 Ag_2WO_4/WS_2-15%复合光催化材料的电荷分离和电子转移效率，进一步提高光催化能力。

图 2-20 是复合样 Ag_2WO_4/WS_2 与纯样的的 XRD 谱图，Ag_2WO_4 的特征衍射峰分别处在 2θ = 18.4°、27.2°、32.2°、44.7°、48.9°、56.2°、57.5°、59.2°、67.5°和 75.6°位置，其分别对应(020)(121)(022)(220)(042)(051)(242)(060)(224)(440)和(006)晶面，与标准卡片 β-Ag_2WO_4，JCPDS 33-1195 相一致。WS_2 的特征衍射峰分别处在 2θ = 14.3°、32.8°、39.5°、58.4°和 69.1°处，

分别对应(002)(100)(103)(110)和(201)晶面，与标准卡片 WS_2，JCPDS 08-0237 相一致。复合样品 Ag_2WO_4/WS_2 的特征衍射峰基本都出现在了纯样的特征峰位，且无其他杂峰。

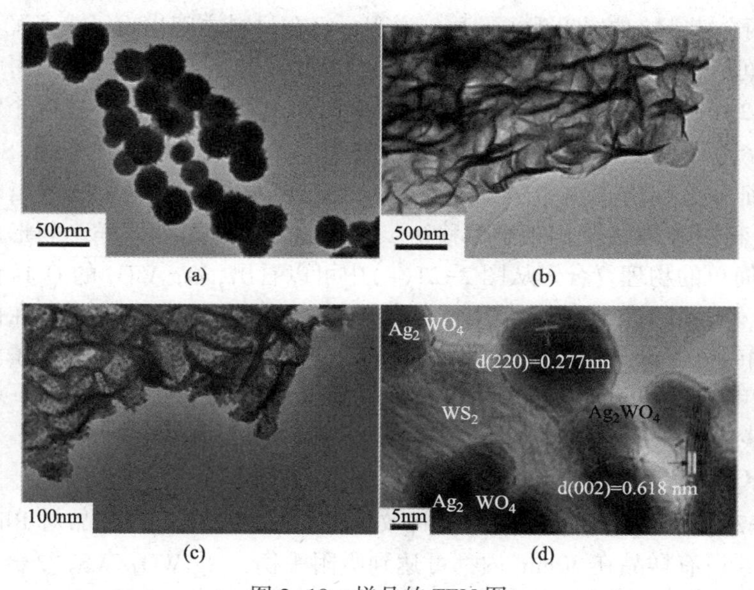

图 2-19 样品的 TEM 图

(a) Ag_2WO_4 图；(b) WS_2 图；(c) Ag_2WO_4/WS_2-15%(wt)复合材料图；(d) Ag_2WO_4/WS_2-15%(wt)复合材料 HRTEM 图

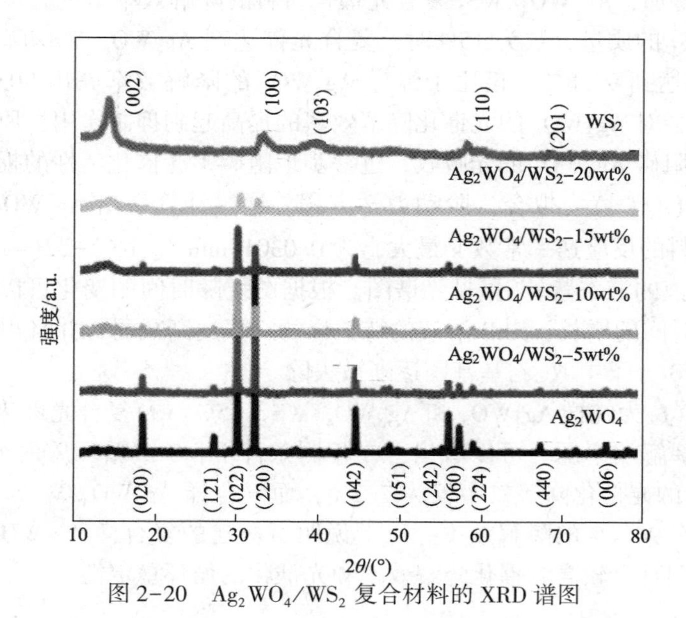

图 2-20 Ag_2WO_4/WS_2 复合材料的 XRD 谱图

图 2-21 为各个样品的 XPS 谱图。从图 2-21(a)中可以看出，复合样 Ag_2WO_4/WS_2-15%的表面元素由 Ag、W、O 和 S 组成。从图 2-21(b)中可以看出，Ag^+的 Ag $3d_{5/2}$和 Ag $3d_{3/2}$，这个两个峰位分别为 368.38eV、374.28eV。复合材料的 Ag 3d 的两个特征峰位置出现了偏移，说明了复合材料之间出现了电子的转移是因为它们之间形成连接造成的。同样的现象也在 W 4f 和 S 2p 的 XPS 谱图中出现。

在图 2-21(c)中，两个 W 4f 分别归因于 W $4f_{7/2}$和 W $4f_{5/2}$，这两个特征峰出现在 32.76eV 和 35.04eV 处。在图 2-21(d)中可以看出，复合样 S^{2-}的 S $2p_{3/2}$和 S $2p_{1/2}$的特征峰分别出现在 162.40eV 和 163.68eV 处，而纯样 WS_2 的出峰位置在 162.68eV 和 163.78eV。出现了偏移初步推测原因是：两个纯样之间形成化学键合而不是简单的物理复合。从图 2-21(e)中可以看出，Ag_2WO_4 的 O 1s 峰出现在 530.60eV 处。由于异质结的存在，复合样品 Ag_2WO_4/WS_2 电子能够在两种物质之间进行转移，部分 Ag_2WO_4 的电子能够转移至 WS_2，Ag_2WO_4 的电子强度减少而 WS_2 的电子强度增加。这种结构可以促进光生载流子的分离，进一步提高复合光催化材料的光催化性能。

2. $AgCl/Ag_2SO_3$ 复合光催化剂的光催化性能研究

图 2-22 为各个光催化材料的降解效率图。图 2-22(a)为样品对 RhB 的暗吸附效率图，所有样品在 30min 内都可达到吸附平衡，Ag_2WO_4/WS_2 复合光催化材料的吸附能力随着 WS_2 用量的增加呈现逐渐升高的趋势。图 2-22(b)为各个样品在可见光照射下样品的光催化降解效率图，复合光催化剂 Ag_2WO_4/WS_2 随着 WS_2 含量的增加，Ag_2WO_4/WS_2 复合光催化材料的降解效率呈现先增加后减少的趋势。当 WS_2 的质量分数为 15%时，复合光催化剂 Ag_2WO_4/WS_2 降解效率最高在 120min 内达到 97.8%，相比于纯样 Ag_2WO_4 的降解效率高出 80.0%。然而，过量的 WS_2 会对 Ag_2WO_4 的光催化降解效率的提高起到抑制作用，原因可能为过多的 WS_2 会阻碍 Ag_2WO_4 的光吸收，进一步地阻碍了光催化活性的提高。

图 2-22(c)(d)为拟合一阶动力学方程。通过计算得出 Ag_2WO_4/WS_2-15%(wt)复合材料的反应速率常数 k 最大，为 0.03010min^{-1}。图 2-22(e)为光催化过程中 RhB 溶液的液态紫外-可见光谱图。根据图线随时间的变化可以看出，随着光催化反应时间的增长，RhB 溶液的特征峰的峰强逐渐减弱，并且出现明显的蓝移，说明 RhB 分子中 N-乙基基团逐渐被去除。

图 2-22(f)为纯样 Ag_2WO_4 和 Ag_2WO_4/WS_2-15%(wt)复合光催化材料的 3 次循环光催化降解效率图。可以看出，在相同条件下，3 次循环后的纯样 Ag_2WO_4 在 120min 内的光催化降解效率仅为 7.2%，而复合样 Ag_2WO_4/WS_2-15%(wt)光催化剂仍具有 94.4%的降解效率。以上说明所构建的复合样 Ag_2WO_4/WS_2-15%(wt)光催化剂具有较高光催化降解效率和光催化的循环稳定性。

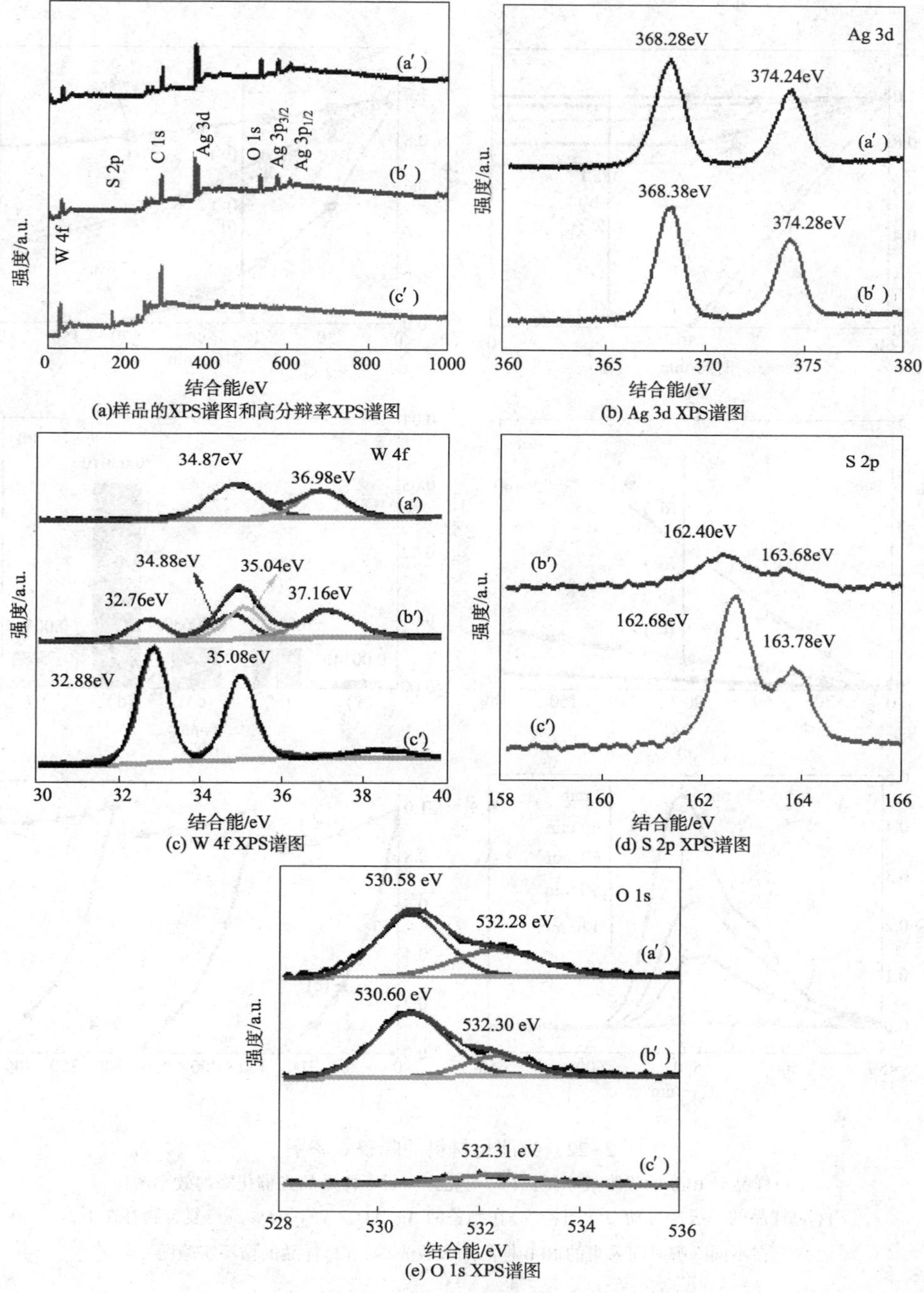

图 2-21 各个样品的 XPS 谱图

(a′) Ag_2WO_4；(b′) Ag_2WO_4/WS_2-15%(wt)复合样品；(c′) WS_2

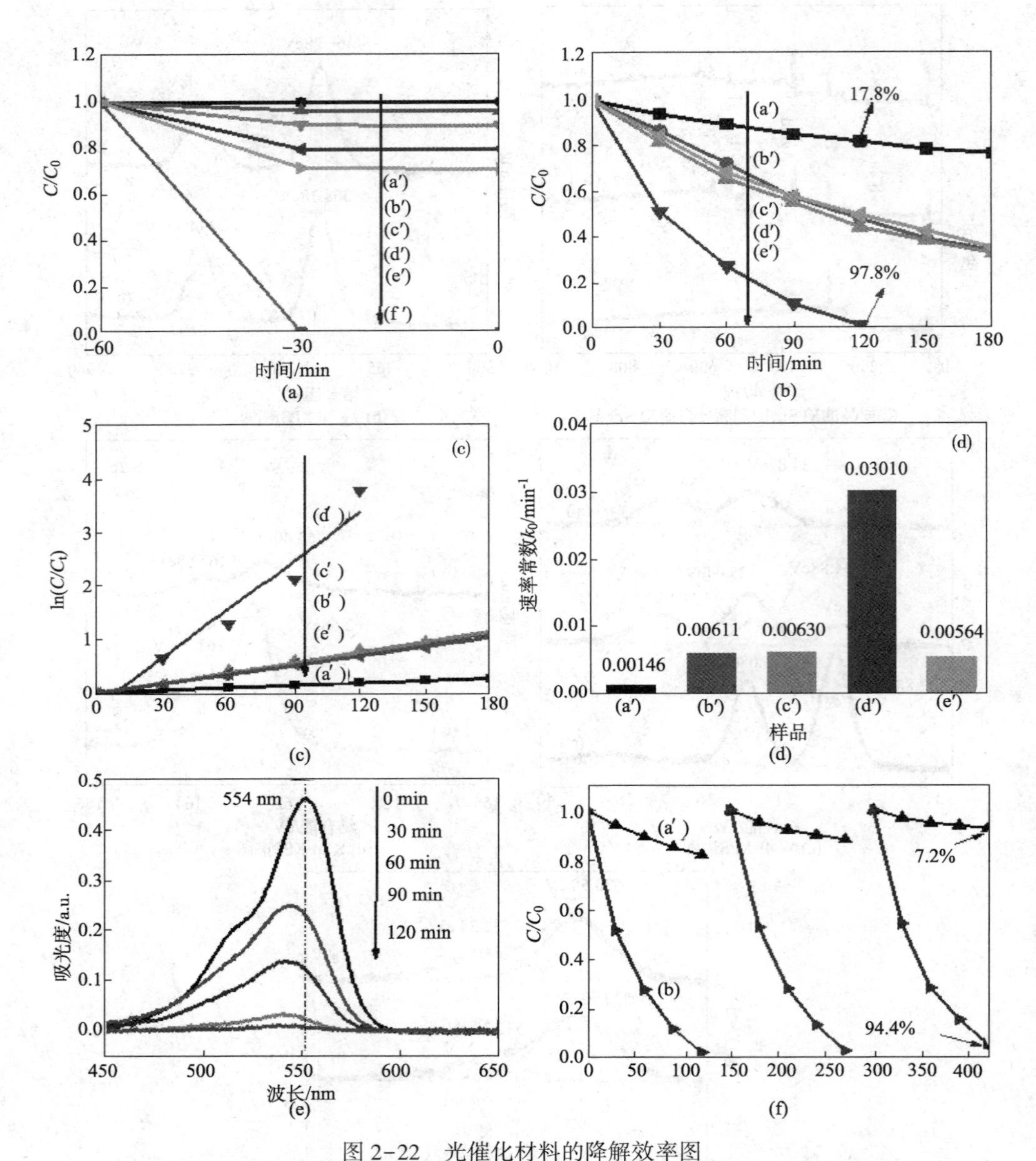

图 2-22　光催化材料的降解效率图

(a)样品对 RhB 的吸附效率图；(b)可见光照射下样品的光催化降解效率图；

(c)(d)样品的一级反应动力学图；(e)在制备的 Ag_2WO_4/WS_2-15%(wt)复合物存在下，

在不同降解时间采集的 RhB 样品的吸收光谱；(f)样品的循环实验图

图 2-23 为 Ag_2WO_4、WS_2 和不同质量分数的复合样 Ag_2WO_4/WS_2 的紫外-可见光 DRS 图。从图 2-23(a)中可以看出，通过复合使得复合样 Ag_2WO_4/WS_2 的光吸收明显红移，光响应范围明显增加。复合光催化剂光吸收范围会随着 WS_2 的引入而逐渐变宽。据禁带宽度公式(2-1)可以计算出 WS_2 和 Ag_2WO_4 的禁带宽度分别为 1.66eV 和 2.93eV。

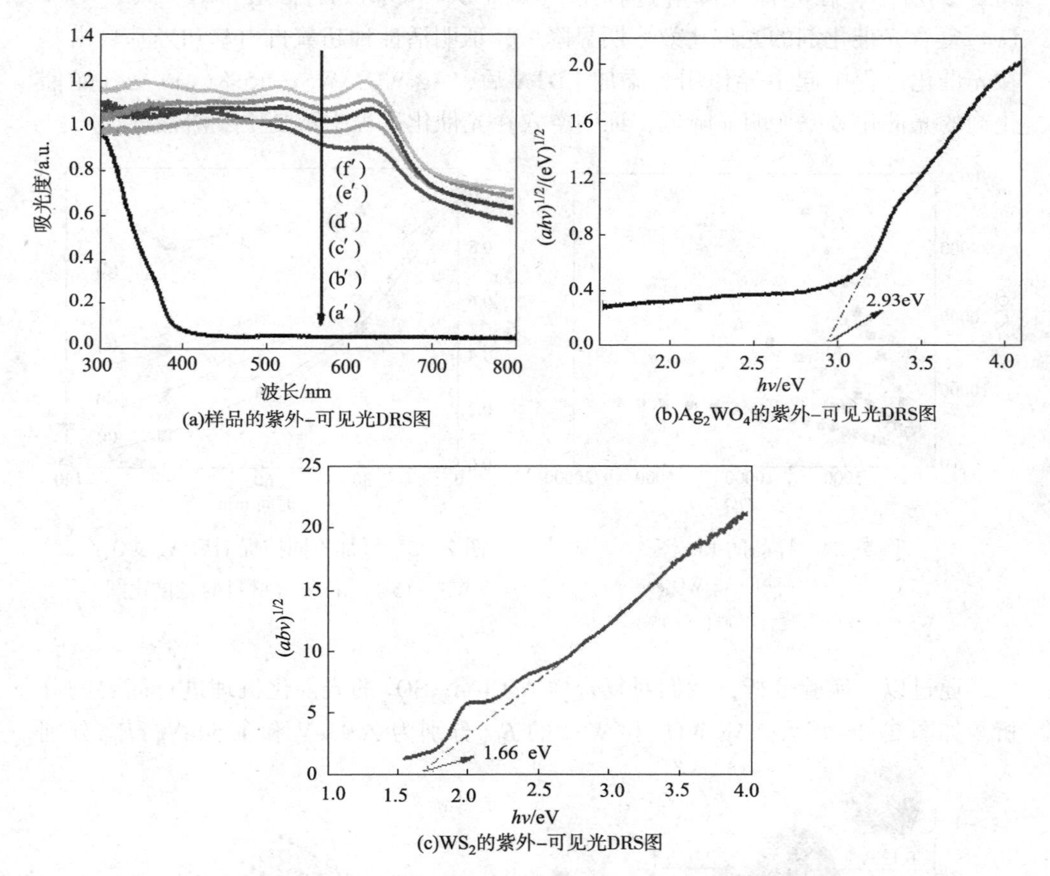

图 2-23　Ag_2WO_4、WS_2 和不同质量分数的复合样 Ag_2WS_2 的紫外-可见光 DPS 图

(a′)Ag_2WO_4；(b′)Ag_2WO_4/WS_2-5%(wt)；(c′)Ag_2WO_4/WS_2-10%(wt)；

(d′)Ag_2WO_4/WS_2-15%(wt)；(e′)Ag_2WO_4/WS_2-20%(wt)；(f′)WS_2 样品的禁带宽度图

图 2-24 为各个样品的 EIS 谱图，谱图可以说明光生电子及空穴的电荷转移电阻和迁移效率。从图中可看出，复合样 Ag_2WO_4/WS_2-15%(wt)尼奎斯特圆的半径最小，尼奎斯特圆弧半径按以下顺序显示：$WS_2 > Ag_2WO_4 > Ag_2WO_4/WS_2$-15%(wt)。$Ag_2WO_4/WS_2$-15%(wt)复合光催化材料具有最低的电荷转移电阻和最高的电子空穴对分离能力。WS_2 的加入使得复合材料的空间电荷层电阻小于纯样

Ag_2WO_4 和 WS_2 的空间电荷层电阻，WS_2 的加入改变了 Ag_2WO_4 内部空间电荷的分布，提高了 Ag_2WO_4 半导体的光生载流子的迁移速率，使界面传输电阻也减小。

为了探讨 Ag_2WO_4/WS_2 复合光催化材料的可能光降解反应的机理，我们对 Ag_2WO_4/WS_2-15%(wt)复合光催化剂的光催化过程进行活性种捕捉实验。如图 2-25所示，在光催化降解过程中，添加 BQ 和 TBA 后，Ag_2WO_4/WS_2-15%(wt)复合光催化剂的光催化效率明显降低，证明活性种超氧自由基和羟基自由基在光催化过程中起主导作用。添加 EDTA 后，Ag_2WO_4/WS_2-15%(wt)复合光催化剂的光催化效率无明显降低，证明空穴在光催化过程中不是主要活性种。

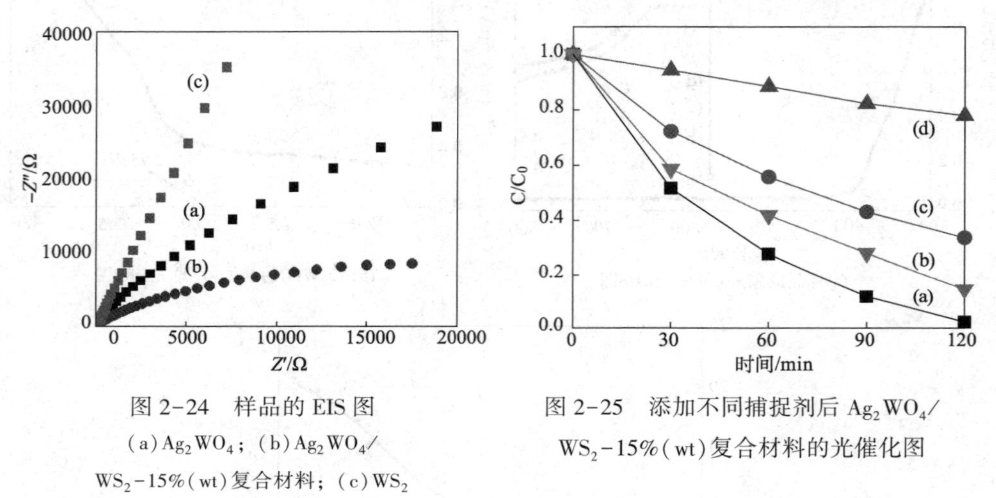

图 2-24 样品的 EIS 图
(a) Ag_2WO_4；(b) Ag_2WO_4/WS_2-15%(wt)复合材料；(c) WS_2

图 2-25 添加不同捕捉剂后 Ag_2WO_4/WS_2-15%(wt)复合材料的光催化图

通过以上实验分析，我们对复合样 $AgCl/Ag_2SO_3$ 的光催化机理进行简要的分析。如图 2-26 所示，Ag_2WO_4 和 WS_2 的 E_{VB}分别为 2.93eV 和 1.54eV，E_{CB}分别

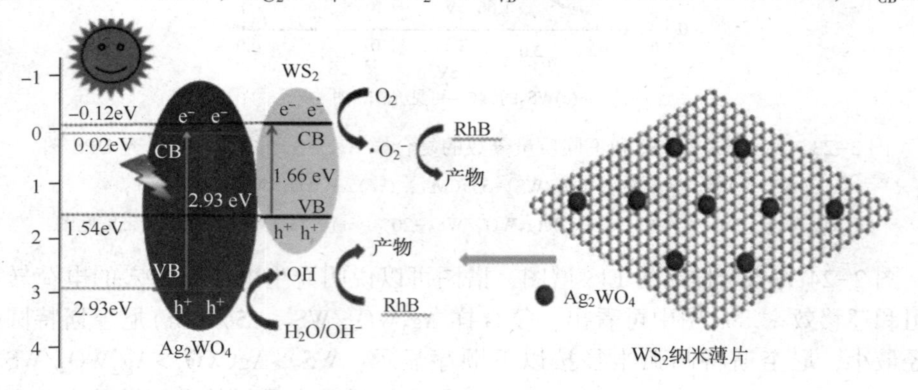

图 2-26 Ag_2WO_4/WS_2-15%(wt)复合材料的光催化机理图

为0.02eV和-0.12eV。复合样Ag_2WO_4/WS_2-15%(wt)在可见光的激发下，Ag_2WO_4和WS_2光响应被激发，在VB和CB处产生光生空穴和电子。WS_2的导带比Ag_2WO_4的导带更负，WS_2的导带中产生的光电子可以迁移到Ag_2WO_4的导带中，相同的Ag_2WO_4的价带中产生的光生空穴可以迁移到WS_2的价带中。同时，价带上的空穴还可以与H_2O生成羟基自由基，光生电子可以吸收氧气生成超氧自由基，RhB在羟基自由基和超氧自由基的作用下逐步降解。

参考文献

[1] 贺玥莹. 碳酸银复合材料的制备及其可见光催化降解双酚A的研究[D]. 湘潭：湘潭大学，2019.

[2] 王一谨. 银基光催化材料的制备及其性能研究[D]. 石家庄：石家庄铁道大学，2019.

[3] 朱小露. 新型改性银基半导体材料的制备及光催化性能研究[D]. 镇江：江苏大学，2017.

[4] 单盼娣. Ag/AgCl表面等离子体光催化材料的合成与光催化性能研究[D]. 长沙：湖南大学，2016.

[5] 葛明，李明. 可见光驱动$AgCl/Ag_3PO_4$复合材料的制备及活性评价[J]. 硅酸盐通报，2014，33(08)：2099-2104.

[6] Zhu X L，Wang P，Huang B B，et al. Synthesis of novel visible light response $Ag_{10}Si_4O_{13}$ photocatalyst [J]. Applied Catalysis B：Environment，2016，199：315-322.

[7] Chen J S，Li X P，Yang X D，et al. A novel Ag_3PO_4/CuO nanocomposite with enhanced photocatalytic performance [J]. Materials Letters，2017，188：300-303.

[8] Cheng J S，Wang C，Cui Y F，et al. Large improvement of visible-light-driven photocatalytic property in AgCl nanoparticles modified black BiOCl microsphere [J]. Materials Letters，2014，127：28-31.

[9] Liang X Z，Wang P，Li M M，et al. Adsorption of gaseous ethylene via induced polarization on plasmonic photocatalyst Ag/AgCl/TiO_2 and subsequent photodegradation [J]. Applied Catalysis B：Environment，2017，220：356-361.

[10] Song Z，He Y Q. Novel AgCl/Ag/$AgFeO_2$ Z-scheme heterostructure photocatalyst with enhanced photocatalytic and stability under visible light [J]. Applied Surface Science，2017，420：911-918.

[11] Liu X，Hu J，Li J，et al. Facile synthesis of Ag_2WO_4/AgCl nanorods for excellent photocatalytic properties [J]. Materials Letters，2013，91：129-132.

[12] Tang J T，Li D T，Feng Z X，et al. Cheminform abstract：a novel $AgIO_4$ semiconductor with ultrahigh activity in photodegradation of organic dyes：insights into the photosensitization mechanism [J]. RSC Advance，2013，4：2151-2154.

[13] Liu S W，Yin K，Ren W S，et al. Tandem photocatalytic oxidation of rhodamineb over surface fluorinated bismuth vanadate crystals[J]. Journal of Material Chemistry，2012，22：17759-17767.

[14] Jiang L X，Chen J Y，Wang Y，et al. Graphene-Sb_2Se_3 thin films photoelectrode synthesized

by in situ electrodeposition [J]. Materials Letters, 2018, 224: 109-112.

[15] Wu X F, Li H, Sun Y, et al. One-step hydrothermal synthesis of $In_{2.77}S_4$ nanosheets with efficient photocatalytic activity under visible light [J]. Applied Physics A: Materials Science & Progress, 2017, 123: 426.

[16] Wu X F, Zhao Z H, Sun Y, et al. Preparation and characterization of Ag_2CrO_4/few layer boron nitride hybrids for visible-light-driven photocatalysis [J]. Journal of Nanoparticle Research, 2017, 19: 193.

[17] Xu Y G, Jing L Q, Chen X, et al. Novel visible-light-driven Fe_2O_3/Ag_3VO_4 composite with enhanced photocatalytic activity toward organic pollutants degradation [J]. RSC Advance, 2016, 6: 3600-3607.

[18] Xue C, Hu S, Chang Q, et al. Fluoride doped $SrTiO_3/TiO_2$ nanotube arrays with a double layer walled structure for enhanced photocatalytic properties and bioactivity [J]. Rsc Advances, 2017, 7: 49759-49768.

[19] Liu B, Mu L, Han B, et al. Fabrication of TiO_2/Ag_2O heterostructure with enhanced photocatalytic and antibacterial activities under visible light irradiation [J]. Applied Surface Science, 2017, 396: 1596-1603.

[20] Chen J, Liu X P, Yang X D, et al. A novel Ag_3PO_4/CuO nanocomposite with enhanced photocatalytic performance [J]. Materials Letters, 2017, 188: 300-303.

[21] Ming F, Hong J, Xu X, et al. Dandelion-like ZnS/carbon quantum dots hybrid materials with enhanced photocatalytic activity toward organic pollutants [J]. Rsc Advances, 2016, 6: 31551-31558.

[22] Liu X, Liang X, Wang P, et al. Highly efficient and noble metal-free NiS modified $Mn_xCd_{1-x}S$ solid solutions with enhanced photocatalytic activity for hydrogen evolution under visible light irradiation [J]. Applied Catalysis B: Environmental, 2017, 203: 282-288.

[23] Hu S, Ding Y, Chang Q, et al. Chlorine-functionalized carbon dots for highly efficient photodegradation of pollutants under visible-light irradiation [J]. Applied Surface Science, 2015, 355: 774-777.

[24] Zhu X, Wang P, Li M, et al. Novel high-efficiency visible-light responsive $Ag_4(GeO_4)$ photocatalyst [J]. Catalysis Science & Technology, 2017, 7: 2318-2324.

[25] Guo X, Chen N, Feng C, et al. Performance of magnetically recoverable core-shell Fe_3O_4@Ag_3PO_4/AgCl for photocatalytic removal of methylene blue under simulated solar light [J]. Catalysis Communications, 2013, 38: 26-30.

[26] Lamba R, Umar A, Mehta S K, et al. Visible-light-driven photocatalytic properties of self assembled cauliflower-like AgCl/ZnO hierarchical nanostructures [J]. Journal of Molecular Catalysis A: Chemical, 2015, 408: 189-201.

[27] Wang Y, Niu C G, Wang L, et al. Synthesis of fern-like Ag/AgCl/$CaTiO_3$ plasmonic photocatalysts and their enhanced visible-light photocatalytic properties [J]. Rsc Advances, 2016, 6: 47873-47882.

[28] Wang D, Yu Y, Zhang Z, et al. Ag/Ag_2SO_3 plasmonic catalysts with high activity and stability for CO_2 reduction with water vapor under visible light [J]. Environmental Science & Pollution Research, 2016, 23: 18369-18378.

[29] Zhang Y, Zhang Y R, Tan J. Novel magnetically separable AgCl/iron oxide composites with enhanced photocatalytic activity driven by visible light[J]. Journal of Alloys and Compounds, 2013, 574: 383-390.

[30] Hu S L, Wei Z J, Chang Q, et al. Facile and green method towards coal-based fluorescent carbon dots with photocatalytic activity [J]. Applied Surface Science 2016, 378: 402-407.

[31] Hu S L, Zhang W Y, Chang Q, et al. A chemical method for identifying the photocatalytic active sites on carbon dots [J]. Carbon, 2016, 103: 391-393.

[32] Hu S L, Chang Q, Lin K, et al. Tailoring surface charge distribution of carbon dots through heteroatoms for enhanced visible-light photocatalytic activity [J]. Carbon, 2016, 105: 484-489.

[33] Song S Q, Cheng B, Wu N S, et al. Structure effect of graphene on the photocatalytic performance of plasmonic Ag/Ag_2CO_3-rGO for photocatalytic elimination of pollutants [J]. Applied Catalysis B: Environmental, 2016, 181: 71-78.

[34] Dai G P, Yu J G, Liu G. A new approach for photocorrosion inhibition of Ag_2CO_3 photocatalyst with highly visible-light-responsive reactivity [J]. Journal of Physical Chemistry C, 2012, 116: 15519-15524.

[35] Wang E J, Yang W S, Cao Y A, Unique surface chemical species on indium doped TiO_2 and their effect on the visible light photocatalytic activity [J]. Journal of Physical Chemistry C, 2017, 113: 20912-20917.

[36] Tang X D, Wang Z R, Huang W, et al. Construction of N-doped TiO_2/MoS_2 heterojunction with synergistic effect for enhanced visible photodegradation activity [J]. Materials Research Bulletin, 2017, 105: 126-132.

[37] Zhang Y R, Li Q. Synthesis and characterization of Fe-doped TiO_2 films by electrophoretic method and its photocatalytic activity toward methyl orange [J]. Solid State Science, 2013, 16: 16-20.

[38] Wang F Z, Li W J, Gu S N, et al. Novel In_2S_3/$ZnWO_4$ heterojunction photocatalysts: Facile synthesis and high-efficiency visible-light-driven photocatalytic activity [J]. RSC Advance, 2015, 5: 89940-89950.

[39] Tien L C, Shi J L. Type-II α-In_2S_3/In_2O_3 nanowire heterostructures: evidence of enhanced photo-induced charge separation efficiency [J]. RSC Advance, 2016, 6: 12561-12570.

[40] Wang L, Wang P, Huang B B, et al. Synthesis of Mn-doped ZnS microspheres with enhanced visible light photocatalytic activity [J]. Applied Surface Science, 2017, 391: 557-564.

[41] Luo C Y, Huang W Q, Xu L, et al. Enhanced photocatalytic performance of an Ag_3PO_4 photocatalyst via fullerene modification: first-principles study [J]. Physical Chemistry Chemical Physics, 2016, 18: 2878-2886.

[42] Liu J J, Fu X L, Chen S F, et al. Facile synthesis of sulfate-doped Ag_3PO_4 with enhanced visible light photocatalystic activity [J]. Applied Catalysis B: Environmental, 2017, 200: 681-689.

[43] Zhai H S, Yan T J, Wang P, et al. Effect of chemical etching by ammonia solution on the microstructure and photocatalytic activity of Ag_3PO_4 photocatalyst [J]. Applied Catalysis A: General, 2016, 528: 104-112.

[44] Liu X H, Hu J L, Li J J, et al. Facile synthesis of Ag_2WO_4/AgCl nanorods for excellent photocatalytic properties [J]. Materials Letters, 2013, 91: 129-132.

[45] Ju P, Wang Y, Sun Y, et al. Controllable one-pot synthesis of a nest-like Bi_2WO_6/Bi_2VO_4 composite with enhanced photocatalytic antifouling performance under visible light irradiation [J]. Dalton Transaction, 2016, 45: 4588-4602.

[46] Zhu J L, Liu M J, Tang Y F, et al. Facile photochemical synthesis of $ZnWO_4$/Ag yolk-shell microspheres with enhanced visible-light photocatalytic activity [J]. Materials Letters, 2017, 190: 60-63.

[47] Wang Y, Sunarso J, Chen G H, et al. Photocatalytic activity of novel Bi_2WO_6/CNFs composite synthesized via two distinct solvothermal steps [J]. Materials Letters, 2017, 197: 102-105.

[48] Bai X J, Wang L, Zhu Y F. Visible photocatalytic activity enhancement of $ZnWO_4$ by graphene hybridization [J]. ACS Catalysis, 2012, 2: 2769-2778.

[49] Li Y F, Jin R X, Fang X, et al. In situ loading of Ag_2WO_4 on ultrathin $g-C_3N_4$ nanosheets with highly enhanced photocatalytic performance [J]. Journal of Hazardous Materials, 2016, 313: 219-228.

[50] Wang X F, Fu C, Wang P, et al. Hierarchically porous metastable $\beta-Ag_2WO_4$ hollow nanospheres: Controlled synthesis and high photocatalytic activity [J]. Nanotechnology, 2013, 24: 165602-165610.

[51] Chen Z L, Wang W L, Zhang Z G, et al. High-efficiency visible-light-driven Ag_3PO_4/AgI photocatalysts: Z-scheme photocatalytic mechanism for their enhanced photocatalytic activity [J]. Journal of Physical Chemistry C, 2013, 117: 19346-19352.

[52] Zhang L J, Li S, Liu B K, et al. Highly efficient CdS/WO_3 photocatalysts: Z-scheme photocatalytic mechanism for their enhanced photocatalytic H_2 evolution under visible light [J]. ACS Catalysis, 2014, 4: 3724-3729.

[53] Qiu B C, Zhu Q H, Du M M, et al. Efficient solar light harvesting CdS/Co_9S_8 hollow cubes for Z-scheme photocatalytic water splitting [J]. Angewandte Chemie International Edition, 2017, 56: 2684-2688.

[54] Zhong Y Y, Shao Y G, Ma F K. Band-gap-matched CdSe QD/WS_2 nanosheet composite: size-controlled photocatalyst for high-efficiency water splitting [J]. Nano Energy, 2017, 31: 84-89.

[55] Zhao H T, Sun R R, Li X Y, et al. Enhanced photocatalytic activity for hydrogen evolution from water by $Zn_{0.5}Cd_{0.5}S$/WS_2 heterostructure [J]. Materials Science in Semiconductor Processing, 2017, 59: 68-75.

第3章　Sn基复合光催化剂的制备及其光催化性能研究

3.1　引言

Sn，原子序数50，属于碳族元素。Sn元素在地球上的含量十分丰富，在自然界中主要以化合物形式存在。Sn基半导体光催化材料因其独特的电子结构、来源广泛、生产成本低、合成工艺简单而受到科研工作者的广泛关注。在众多的Sn基半导体光催化材料中，报道最多的就是SnO_2与半导体材料进行复合形成异质结光催化材料的研究。2014年，Li等以$SnCl_4 \cdot 5H_2O$为前躯体，以谷胱甘肽为硫源，在未使用任何表面活性材料的条件下，通过简单的水热反应制备出了沿(001)晶面生长的超薄的SnS_2纳米片。2015，Du等利用温和的溶剂热法将SnS_2纳米片负载在花状$g-C_3N_4$上，成功地制备出了$g-C_3N_4/SnS_2$复合光催化材料。2016年，Deepa等通过溶胶-凝胶法合成了Nd^{3+}掺杂的SnO_2光催化材料，Nouri等采用共沉淀法合成了N、S、C三元素共掺杂的SnO_2纳米颗粒。

然而，目前Sn基光催化材料在制备和应用中仍存在一些技术瓶颈，比如光催化活性较低、载流子复合效率较高以及光催化循环稳定性较差等。因此，研发出新型高效稳定的复合Sn基可见光光催化材料已经成为光催化环境净化研究领域的重要课题，这也为本章节研究工作的展开提供了契机。

3.2　$Bi_2Sn_2O_7/Ag_2CrO_4$复合材料的制备及其光催化性能研究

经过几十年的研究与发展，科学研究工作者设计和开发了很多具有可见光光催化活性的新型半导体，而其中报道的n型半导体Ag_2CrO_4和p型半导体$Bi_2Sn_2O_7$光催化材料均具有一定的可见光催化活性。特别是n型半导体Ag_2CrO_4光催化材料，因其具有合适的价带和导带位置从而具有超强的氧化能力，在可见光条件下对目标染料的降解效率可以高达80%。但是同其他Ag系半导体一样，Ag_2CrO_4极不稳定，见光易分解，尤其是在光催化反应的过程中，容易发生光氧化还原反应从而生成单质金属Ag，最终导致Ag_2CrO_4的光降解效率降低，不能重复利用，这也成了阻碍Ag_2CrO_4走向工业化实际应用的一个难题。而通过研究表明，通过采用一定手段构建出的半导体复合光催化体系，能显著改善单一材料的光催化活性，如通过构建异质体系和等离子体系等，不仅能够改善 Ag_2CrO_4 晶体的稳定性问题，还能提高其光催化活性。另外，具有颗粒状形貌的 p 型半导体 $Bi_2Sn_2O_7$ 纳米晶体在可见光条件下也具有一定的光催化活性，使其有望应用于光降解有机污染物和分解水中，但是由于 $Bi_2Sn_2O_7$ 自身的光生电子和光生空穴极容易发生复合，从而严重影响了 $Bi_2Sn_2O_7$ 晶体的光量子利用效率，这也成了 $Bi_2Sn_2O_7$ 在实际应用中的一个挑战和难题。研究证明，将两种不同类型的具有可见光催化活性半导体构建成纳米异质体系后，能够显著提高光生载流子的迁移率和光催化稳定性，从而使复合光催化材料具有更高的光催化活性和光稳定性。

基于上述分析，我们尝试采用水热法制备出大小约为 20nm 的 $Bi_2Sn_2O_7$ 颗粒，然后在常温下合成 Ag_2CrO_4 纳米片的同时，使其 $Bi_2Sn_2O_7$ 颗粒沉积在 Ag_2CrO_4 纳米片上，从而得到具有异质结构的 Ag_2CrO_4-$Bi_2Sn_2O_7$ 复合光催化材料，并以 RhB 为染料模型降解物，测试了该复合材料的光催化性能。研究结果表明，通过合理构建异质结构，可以有效克服自身光生载流子容易复合这一缺陷，从而显著提高复合光催化材料的光催化性能。

3.2.1　$Bi_2Sn_2O_7/Ag_2CrO_4$ 复合材料的制备

1. $Bi_2Sn_2O_7$ 的制备

使用 K_2SnO_3(3mmol)、$Bi(NO_3)_3 \cdot 5H_2O$(3mmol) 和 CTAB(0.3mmol) 80mL，在去离子水中搅拌 30min。用 2mol/L 的 KOH 溶液将搅拌的溶液 pH 调节至 12 后，放入 100mL 反应釜中 180℃下反应 12h。沉淀离心分离去离子水和乙醇反复清洗至 pH=7。真空干燥烘箱 60℃烘干 24h 得到的产物为 $Bi_2Sn_2O_7$ 颗粒。

2. $Bi_2Sn_2O_7/Ag_2CrO_4$ 复合材料的制备

将所制备的 $Bi_2Sn_2O_7$ 颗粒(0.25g、0.35g、0.45g、0.55g)放如 0mL 去离子水中超声分散 10min，边搅拌边加入 0.154g 的 $AgNO_3$ 颗粒，搅拌 1h。然后缓慢逐滴加入 30mL 含 0.088g K_2CrO_4 的溶液，继续在室温下搅拌 4h。搅拌后用去离子水与乙醇洗涤至 pH = 7。真空干燥烘箱 60℃烘干 24h 得到的最终产物为 $Ag_2CrO_4/Bi_2Sn_2O_7$ 复合材料。在不添加 $Bi_2Sn_2O_7$ 颗粒的条件下，单一相的 Ag_2CrO_4 的制备方法与上述类似。

3.2.2　$Bi_2Sn_2O_7/Ag_2CrO_4$ 复合材料的光催化性能研究

1. $Bi_2Sn_2O_7/Ag_2CrO_4$ 复合材料的形貌及结构表征

图 3-1(a)～图 3-1(d)分别为 Ag_2CrO_4、$Bi_2Sn_2O_7$ 和复合样品 $Ag_2CrO_4/Bi_2Sn_2O_7$ 光催化材料的 TEM 图。从图 3-1(a)可以看出，$Bi_2Sn_2O_7$ 纯样为球形直

径约 15nm。从图 3-3(b)中可以看出，Ag_2CrO_4 是大小在 200nm 左右的纳米片。图 3-1(c)(d)为复合样的 TEM 图。可以看出，纳米颗粒与纳米薄片之间紧密相联，存在明显的界面。$Bi_2Sn_2O_7$ 纳米颗粒在 Ag_2CrO 纳米片周围紧密沿着纳米薄片的生长。在 HRTEM 图中可以看出清晰的 $Bi_2Sn_2O_7$(222)晶面上的晶格条纹。

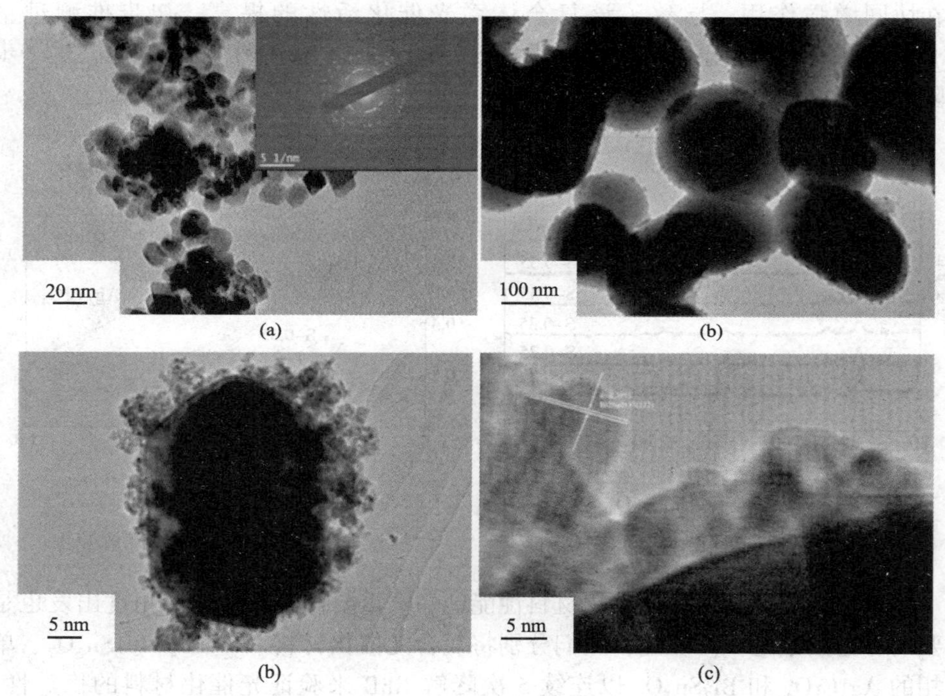

图 3-1　不同样品的 TEM 图

(a)单一相 $Bi_2Sn_2O_7$；(b)单一相 Ag_2CrO_4；(c)(d)S-0.45 复合光催化材料

在复合材料 $Ag_2CrO_4/Bi_2Sn_2O_7$ 中调控 $Bi_2Sn_2O_7$ 的添加量(0.25g、0.35g、0.45g、0.55g)，制备出不同比例的 $Ag_2CrO_4/Bi_2Sn_2O_7$ 异质结复合光催化材料。根据 $Bi_2Sn_2O_7$ 添加量的不同，分别记作产物为 S-0.25、S-0.35、S-0.45、S-0.55。图 3-2 为样品所对应的 XRD 谱图，并且由图中可知，产物的结晶性较为良好，复合样品 $Ag_2CrO_4/Bi_2Sn_2O_7$ 的特征衍射峰基本都出现在了纯样的特征峰位，且无其他杂峰。且随着 $Bi_2Sn_2O_7$ 的添加量的逐渐增加，$Bi_2Sn_2O_7$ 的特征衍射峰逐渐增强。

2. $Bi_2Sn_2O_7/Ag_2CrO_4$ 复合材料的光催化性能研究

图 3-3 为各个光催化材料的降解效率图。$Bi_2Sn_2O_7$ 的可见光光催化性能较差，在 120min 中内大约能降解 12%的 RhB。同时，Ag_2CrO_4 晶体表现出了较好的可见光光催化活性，在 120min 中内对 RhB 的降解效率可以达到 75%左右。在复

合样品 $Ag_2CrO_4/Bi_2Sn_2O_7$ 材料中，通过控制 $Bi_2Sn_2O_7$ 的添加量复合光催化材料的降解效率呈现先增加后减少的趋势。当 $Bi_2Sn_2O_7$ 的添加量为 0.45g 时，$Ag_2CrO_4/Bi_2Sn_2O_7$ 复合光催化材料的光降解效率达到最大，在 120min 中内几乎完全降解 RhB。$Ag_2CrO_4/Bi_2Sn_2O_7$ 复合光催化材料体系中的 Ag_2CrO_4 和 $Bi_2Sn_2O_7$ 存在协同增强作用，导致了该复合体系光催化活性的提高。初步推测过量 $Bi_2Sn_2O_7$ 抑制作用的原因为：过多的 $Bi_2Sn_2O_7$ 会阻碍 Ag_2CrO_4 的光吸收，进一步地阻碍光催化活性的提高。

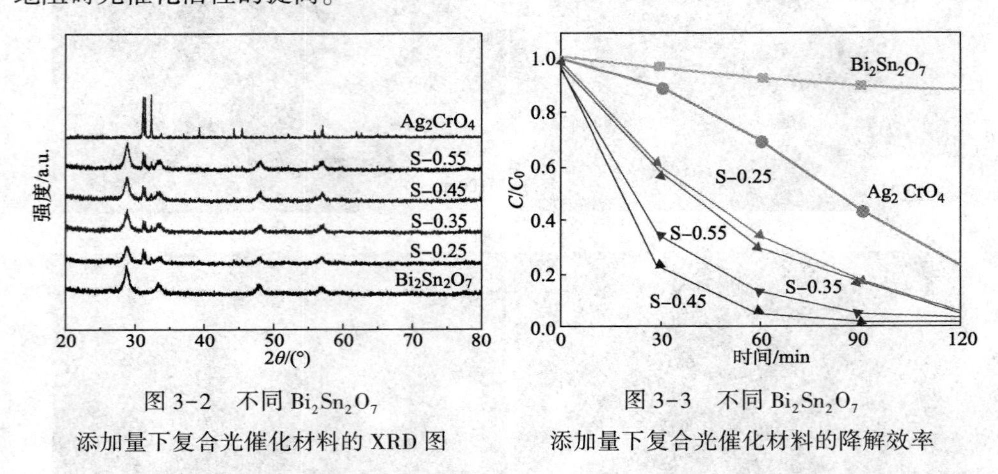

图 3-2　不同 $Bi_2Sn_2O_7$ 添加量下复合光催化材料的 XRD 图

图 3-3　不同 $Bi_2Sn_2O_7$ 添加量下复合光催化材料的降解效率

光催化稳定性是衡量光催化材料性能的一个重要标准，从应用角度出发也是必要的考虑因素之一。在此，我们分别将复合光催化材料 Ag_2CrO_4-$Bi_2Sn_2O_7$、单一相的 Ag_2CrO_4 和 $Bi_2Sn_2O_7$ 以连续 5 次降解 RhB 来验证光催化材料的稳定性。从图 3-4 可以看出，单一相的 Ag_2CrO_4 和 $Bi_2Sn_2O_7$ 光催化在经过 5 次循环后，基本丧失了可见光光催化活性；而当 $Bi_2Sn_2O_7$ 添加量为 0.45g 时，Ag_2CrO_4-$Bi_2Sn_2O_7$ 复合光催化材料在经过 5 次循环后，仍然保持了较高的光催化活性。由此可以说明，Ag_2CrO_4-$Bi_2Sn_2O_7$ 复合材料不仅具有较高的可见光催化活性，同时还能保持较高的光催化稳定性。

图 3-5 为 Ag_2CrO_4、$Bi_2Sn_2O_7$ 和复合材料 $Ag_2CrO_4/Bi_2Sn_2O_7$ 的紫外-可见光 DRS 图。从图中可以观察到，6 种光催化材料在紫外光区域的光吸收能力十分接近，但在可见光区域的光吸收能力具有较为明显的差异，其中以 Ag_2CrO_4 效果最好，$Bi_2Sn_2O_7$ 可见光吸收效果最差。而当添加了一定量的 $Bi_2Sn_2O_7$ 颗粒以后，Ag_2CrO_4-$Bi_2Sn_2O_7$ 异质光催化材料在紫外和可见光区域的光吸收能力虽然较单一相的 Ag_2CrO_4 都有了一定的下降，但相比单一相的 $Bi_2Sn_2O_7$，其光吸收能力和光响应能力有了显著提高。通过 6 种光催化材料样品的紫外-可见光漫反射光谱图的拐点作切线，其切线在横轴上的截距即为光催化材料的吸收阈值，可得这 6 种

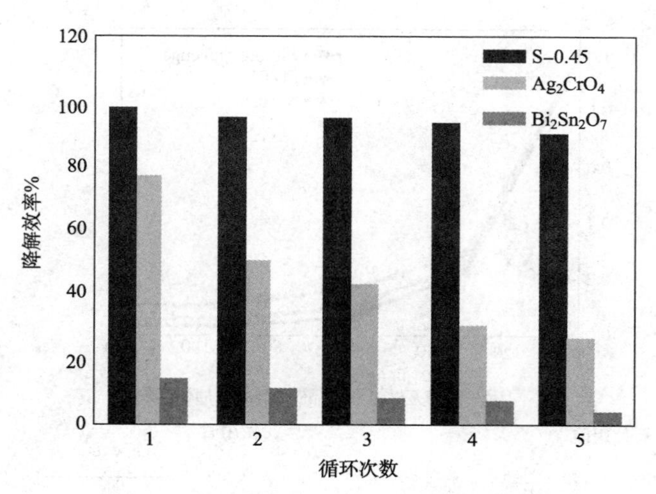

图 3-4 S-0.45 复合光催化材料的循环测试图

光催化材料的吸收阀值在 446~740nm 范围内。6 种光催化材料样品的$(\alpha h\nu)^2-h\nu$曲线如图 3-5(b)所示，结果显示，S-0.25、S-0.35、S-0.45、S-0.55 四种光催化材料的禁带宽度值均小于 Ag_2CrO_4 的禁带宽度值，大于 $Bi_2Sn_2O_7$ 的禁带宽度值，其值在 1.67~2.79eV 范围内。

为了进一步阐明合成的复合样 $Ag_2CrO_4/Bi_2Sn_2O_7$ 催化剂的光催化机理，设计通过捕获实验确定了光催化降解过程中的主要活性物。如图 3-6(a)所示，捕捉剂 EDTA(乙二胺四乙酸)、$NaHCO_3$(碳酸氢钠)分别被作为空穴、羟基自由基的捕捉剂。当加入两种捕捉剂后，光催化活性并未发生明显变化，可以说明超氧自由基在光催化过程中起主要作用。

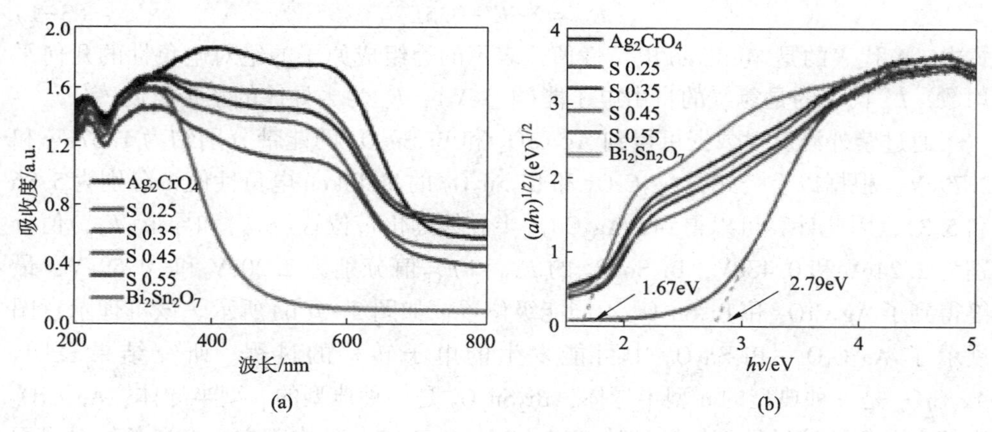

图 3-5 不同 $Bi_2Sn_2O_7$ 添加量的复合光催化材料的紫外-可见光 DRS 图

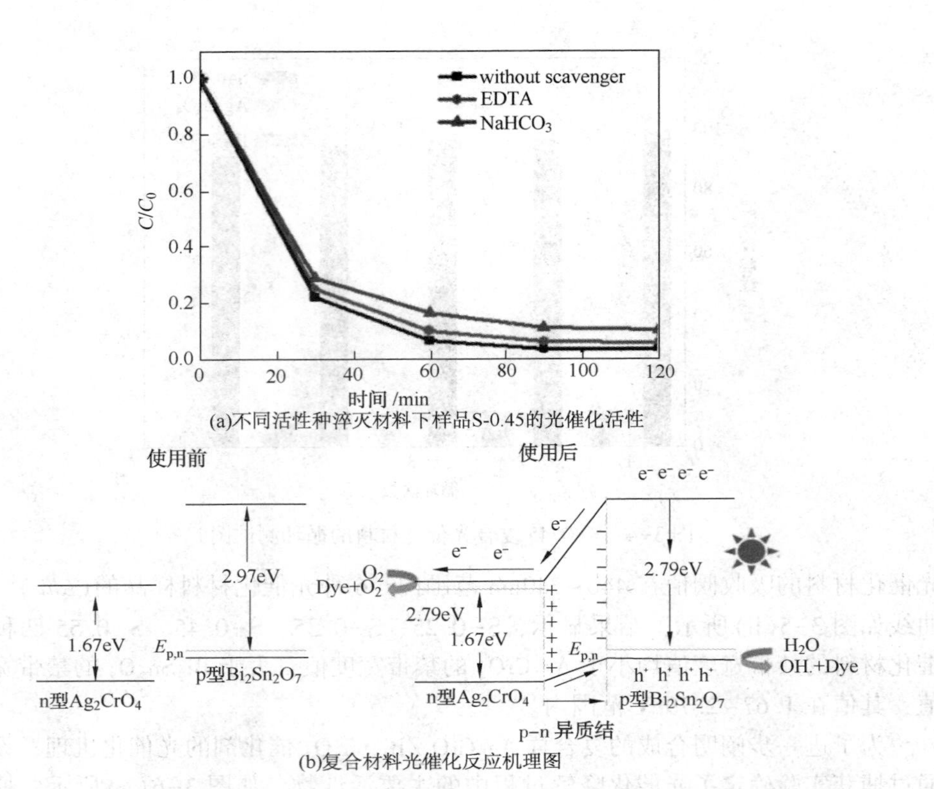

(a)不同活性种淬灭材料下样品S-0.45的光催化活性

(b)复合材料光催化反应机理图

图 3-6　S-0.45 的光催化活性与复合材料光催化反应机理图

光催化反应过程中的增强可以通过能带调节原理进行解释。半导体催化材料的能带位置可以通过以下公式进行计算：

$$E_{VE}=X-E^{e}+0.5E_{g} \quad (3-1)$$

式中，X 代表的是 Mulliken 电负性值，表示的为组成原子的绝对电负性的几何平均数；E^{e} 代表的是氢气的自由电子能(4.5eV)；E_{g} 为半导体的禁带宽度。

通过紫外漫反射数据可得到 Ag_2CrO_4 和 $Bi_2Sn_2O_7$ 的能带分别约为 1.67eV 和 2.79eV。根据以上公式，Ag_2CrO_4 和 $Bi_2Sn_2O_7$ 的 Mulliken 电负性值 X 分别为 5.86 和 5.31，因此计算可以得到，Ag_2CrO_4 半导体的价带位置(E_{VB})和导带(E_{CB})值分别为 2.24eV 和 0.48eV，$Bi_2Sn_2O_7$ 的 E_{VB} 和 E_{CB} 值分别为 2.20eV 和 -0.59eV，最终得到了 Ag_2CrO_4 和 $Bi_2Sn_2O_7$ 不同能级位置，如图 3-6(b)所示。该机理示意图展示了 $Ag_2CrO_4-Bi_2Sn_2O_7$ 中可能发生的电子转移的过程。研究结果表明，Ag_2CrO_4 是一种典型的 n 型半导体，$Bi_2Sn_2O_7$ 是一种典型的 p 型半导体，Ag_2CrO_4 内部电子会从接触界面扩散到的 $Bi_2Sn_2O_7$ 上，$Bi_2Sn_2O_7$ 内部空穴会通过接触界面扩散到 Ag_2CrO_4 上，从而导致在 Ag_2CrO_4 这一侧产生了带正电的部分区域，在

$Bi_2Sn_2O_7$ 这一侧产生了带负电的部分区域，而当两者的费米能级处于同一位置时，电荷停止扩散，从而使得 Ag_2CrO_4 和 $Bi_2Sn_2O_7$ 构成了内建电场。此时，在可见光照射下，产生的光生电子在内建电场的作用下就会从 $Bi_2Sn_2O_7$ 的导带转移到 Ag_2CrO_4 上，转移的光生电子会被 Ag_2CrO_4 表面的吸附氧分子捕获生成超氧阴离子基团。而 Ag_2CrO_4 受光激发产生的光生空穴会从 Ag_2CrO_4 的价带转移到 $Bi_2Sn_2O_7$ 上，与吸附在 $Bi_2Sn_2O_7$ 表面上的水分子反应生成氧化能力很强的羟基自由基或者是本身具有一定氧化能力的空穴直接参与到光降解过程中，因此通过原位制备的 Ag_2CrO_4-$Bi_2Sn_2O_7$ 异质光催化材料能够有效地抑制光生载流子的复合，从而提高复合光催化材料的光催化性能。

3.3 SnS_2/BNNs 复合材料的制备及其光催化性能研究

SnS_2 作为一种常见的 S 属半导体光催化材料，目前已被广泛报道，然而光催化反应过程中 SnS_2 的不稳定性则成了限制其应用和发展的一个瓶颈。

氮化硼纳米烯(BNNs)是近几年新兴起来的一种非金属氧化物二维材料。氮化硼具有良好的热稳定性、化学稳定性、绝缘性和导热性，并且具有很高的载流子迁移率和较大的比表面积。而同石墨烯相比，氮化硼中极性的 B-N 键比石墨烯中非极性的 C-C 键具有更高的吸附性能。同时，作为一种二维材料，氮化硼的表面光滑，且杂质含量较低，从而能够避免固体载体造成的光线遮蔽，提高光源的利用率和载体的光催化性能。因此，研究以氮化硼为载体的复合光催化材料在污水治理方面具有很高的理论和应用价值。

基于上述考虑，我们首先通过水热法，利用氟化钠和氨水的协同作用，对体相的氮化硼进行剥离，从而得到了极薄的少层氮化硼二维材料，并以其为载体，利用水热法原位合成了 SnS_2-BNNs 复合光催化材料，并考察了所得复合材料的光催化性能。研究结果表明，SnS_2-BNNs 复合光催化材料较单一相的 SnS_2，表现出更高的光催化活性和光催化稳定性。

3.3.1 SnS_2/BNNs 复合材料的制备

1. BNNs 的制备

将六方氮化硼(>98%，0.5g)放入 30mL 去离子水中超声 10min，之后加入适量氟化钠和氨水搅拌 30min。使用 100mL 反应釜中 180℃反应 24h，将制备完成的液体液搅拌 15min 后用去离子水抽滤，滤出的固体再加去离子水超声 10min 再次抽滤。如此反复数次直至溶液的 pH 为 7.0 左右，将最后一次洗涤后得到的固体物加入适量去离子水中，搅拌，再经低速离心取上层液，抽滤得到所需 BNNS 产品。

2. SnO_2-BNNs 复合材料的制备

使用$SnCl_4$(5mmol)加入到3mL浓盐酸的80mL去离子水中搅拌，之后逐滴加入30mL含不同质量分数的BNNs悬浮液，滴加完成后继续搅拌1h。之后向上述混合溶液中加入12.5mmol的硫代乙酰胺，继续在室温下搅拌2h。将混合溶使用150mL反应釜中180℃下反应12h。反应液离心分离，用去离子水和乙醇反复清洗至pH=7，真空干燥烘箱60℃烘干24h，得到的产物为SnS_2-BNN复合光催化材料。

3.3.2 SnS_2/BNNs 复合材料的光催化性能研究

1. SnS_2/BNNs 复合材料的形貌及结构表征

图3-7(a)、图3-7(b)分别为SnS_2和复合样SnS_2-10%(wt) BNNs光催化材料的TEM图。从图3-7(a)可以看出，SnS_2纯样为30~60nm的较为规整的SnS_2六方纳米片。图3-7(b)为复合样的TEM图，可以看出六方纳米片较均匀地负载到了BNNs上。

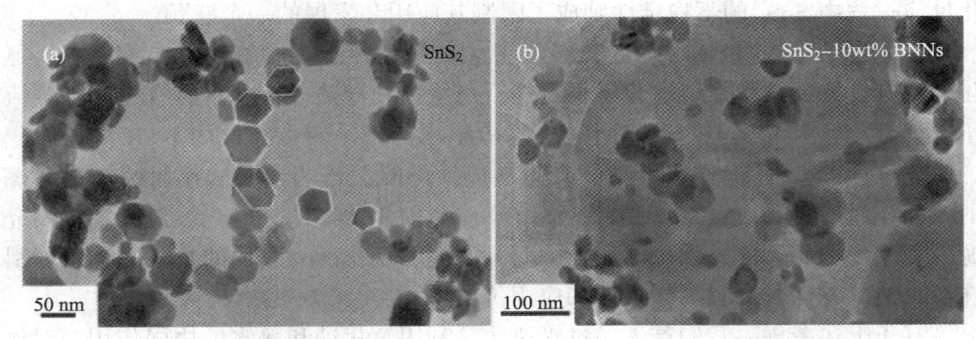

图3-7 纯样SnS_2和SnS_2-10%(wt) BNNs复合光催化材料的TEM图

图3-8是复合样SnS_2-BNNs的XRD谱图，SnS_2的特征衍射峰分别处在2θ为15.055°、28.303°、32.207°、41.998°、50.107°、52.624°的位置，其分别对应(001)(100)(011)(012)(110)(111)特征衍射晶面。可以看出，通过增加BNNs的量，复合样BNNS(110)晶面特征衍射峰也在逐渐增强。

2. SnS_2/BNNs 复合材料的光催化性能研究

图3-9(a)为各个光催化材料的降解RhB效率图。与纯样SnS_2相比，在可见光照射下，BNNs-SnS_2复合光催化材料的光催化活性较为优越。在复合样品BNNs-SnS_2材料中，通过控制BNNs的添加量，复合光催化材料的降解效率呈现先增加后减少的趋势。当BNNs的添加量达到10%(wt)时，复合材料的光催化降解效率达到最大值，初步推测：过量BNNs抑制作用的原因为过多的BNNs会阻碍SnS_2的光吸收，进一步阻碍光催化活性的提高。图3-9(b)为拟合一阶动力学

方程。通过计算得到，BNNs 的添加量达到 10%(wt)时的 BNNs-SnS_2 复合材料的反应速率常数 k 最大，且线性关系较好。

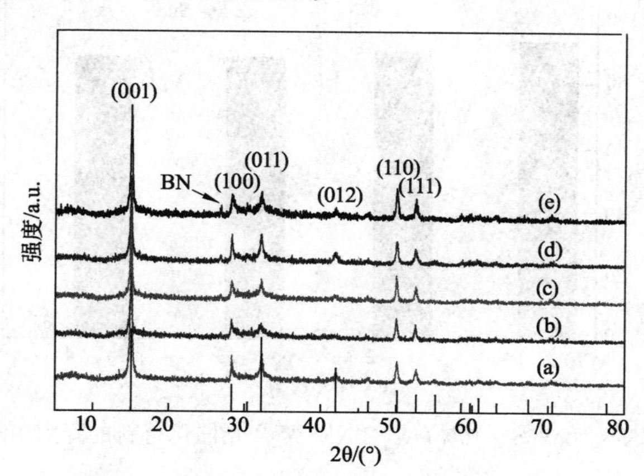

图 3-8 不同 BNNs 添加量下 SnS_2-BNNs 复合光催化材料 XRD 图谱

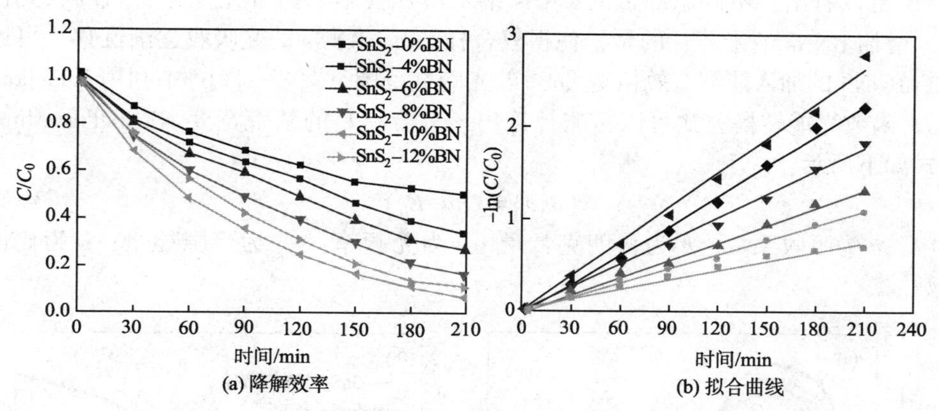

图 3-9 不同 BNNs 添加量下复合光催化材料的降解 RbB 图

为了验证 BNNs-SnS_2 复合光催化材料光催化活性的循环稳定性，选取比例为 10%(wt)的 BNNs-SnS_2 复合光催化材料在相同条件下对 RhB 进行了循环光催化降实验。在降解实验完成之后，利用沉降和抽滤等方法分别将单一相 SnS_2 和 BNNs-SnS_2 催化材料从 RhB 溶液中分离，而后在烘箱中加热至 40℃烘干，重复暗吸附及光催化降解实验，4 次循环结果如图 3-10 所示。从图中可以看出，单一相的 SnS_2 的稳定性较差，在经过 4 次循环后，SnS_2 基本丧失了光催化活性。而 BNNs-SnS_2 复合光催化材料在经过 4 次循环后，虽然光催化活性有略微下降，但对 RhB 的光降解效率仍然高达 90%左右。由此得出结论，BNNs-SnS_2 复合光催化材料可以作为高效、稳定的光催化材料应用于对有机染料的光氧化降解中。

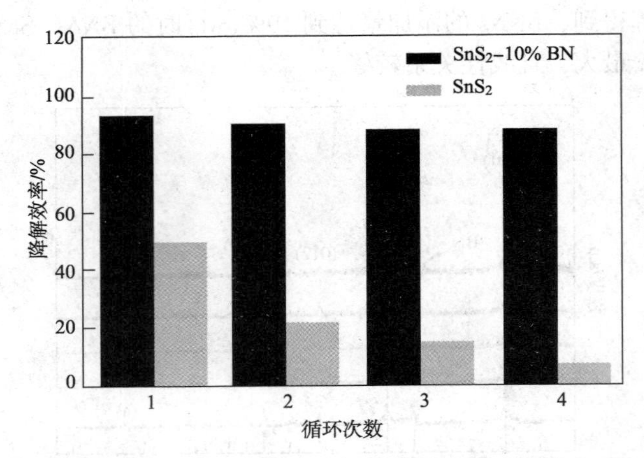

图 3-10　纯样 SnS_2 和 SnS_2-10%(wt) BNNs 复合光催化材料的降解 RhB 循环测试图

图 3-11 为 SnS_2 与复合材料 SnS_2-BNNs 的紫外-可见光 DRS 图。从图 3-11(a)中可以看出，不同添加量的 BNNs 纳米薄片会影响复合光催化材料的吸光性能。增加 BNNs 纳米薄片的量，使得复合样 SnS_2-BNNs 的光吸收逐渐红移，可以推断 BNNS 的加入能够有效拓宽 SnS_2 的光响应范围。图 3-11(b)中利用 Kubelka-Munk 函数光能转换公式可以粗略计算出该复合材料的禁带宽度。Kubelka-Munk 公式如下所示：

$$(\partial h\nu)=(h\nu-E_g)^n \tag{3-2}$$

式中，∂ 为吸收系数；h 为普朗克常量；ν 为光频率；E_g 为带隙能量；n 为比例常数。

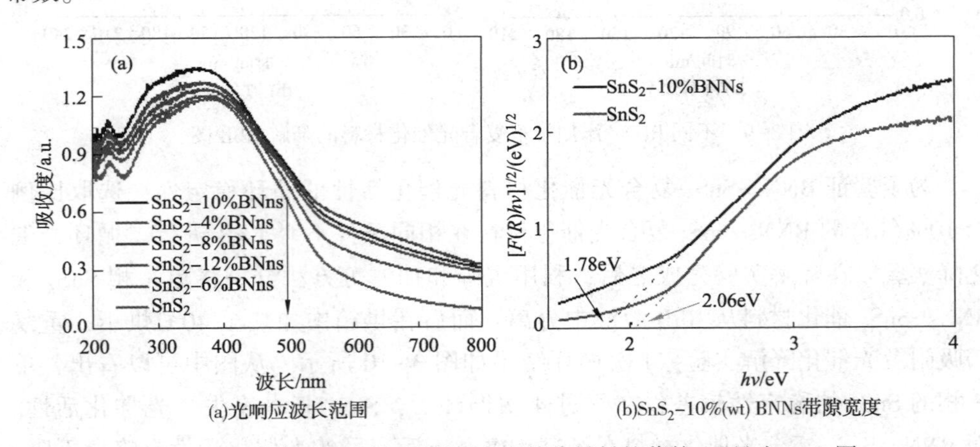

(a)光响应波长范围　　(b)SnS_2-10%(wt) BNNs带隙宽度

图 3-11　不同 BNNs 添加量下复合光催化材料的紫外-可见光 DRS 图

其中，n 值是由半导体的光跃迁类型所决定的，而对于 SnS_2 及其复合材料来说，SnS_2 是用一种直接带隙的半导体，所以 n 值取 1/2。由此可以得出，由过 $(\partial h\nu)^2=f(h\nu)$ 拐点的切线与横坐标的交点，可以推算出纯样 SnS_2 和 SnS_2-BNNs 复合材料的禁带宽度。计算得出纯样 SnS_2 和复合样 SnS_2-10%(wt) BNNs 的禁带宽度分别为 2.06eV 和 1.78eV。可以看出，BNNs 纳米薄片的复合减少了纯样 SnS_2 的禁带宽度。所以，BNNs 的加入可以拓宽 SnS_2 的光响应范围，提高其光催化活性。

图 3-12 为 SnS_2 和 SnS_2-10%BNNs 的 EIS 谱图，谱图可以说明光生电子和空穴的电荷转移电阻和迁移效率。尼奎斯特圆弧半径按以下顺序显示：纯样 SnS_2> SnS_2-10%(wt) BNNs 复合样。可以推测出随着 BNNs 的加入，二维材料巨大的比表面积和较高的载流子迁移率使得 SnS_2 在受光照后产生的光生电子能够迅速导出，从而促进了 SnS_2 光生载流子的分离，进而改善光催化效果。

图 3-13 为纯样 SnS_2 和 SnS_2-10%(wt) BNNs 复合光催化材料的荧光光谱(PL)。运用荧光光谱可以很好地说明光生载流子的分离效率：光致发光强度越强，谱图中的发射峰越强，则所对应的光催化材料光生载流子分离效率越低。这里，我们使用 320nm 波长激发纯样 SnS_2 和复合样 SnS_2-10%(wt) BNNs。可以看出，复合样 SnS_2-10%(wt) BNNs 的 PL 图谱中的发光强度有了较明显的降低，这说明 BNNs 纳米片的复合使得 SnS_2 的光生空穴和光生电子的复合效率降低，从而提高了光催化反应活性，这与光催化降解的实验结果是一致的。

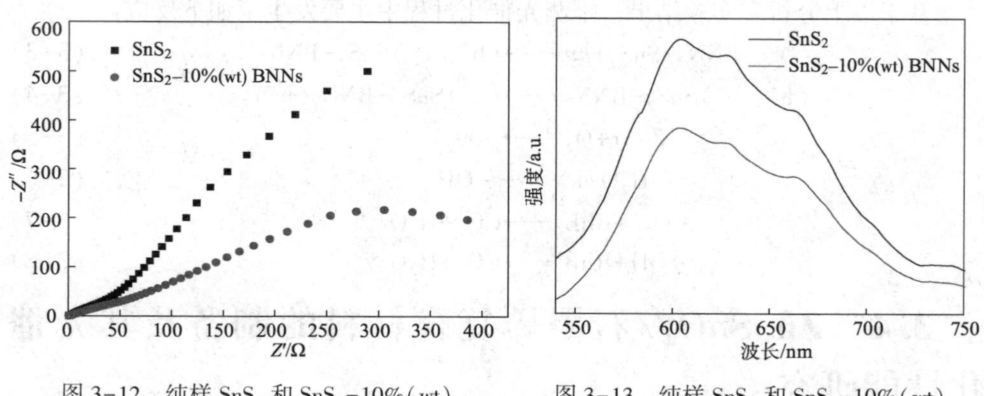

图 3-12 纯样 SnS_2 和 SnS_2-10%(wt) BNNs 复合光催化材料的 EIS 谱图

图 3-13 纯样 SnS_2 和 SnS_2-10%(wt) BNNs 复合光催化材料的 PL 谱

图 3-14 是 BNNs-SnS_2 复合光催化材料降解 RhB 的原理示意图。结合之前的表征实验可以得出复合样 BNNs-SnS_2 光催化材料比纯样 SnS_2 具有较强可见光催化活性的原因：①加入的 BNNs 纳米片有高的比表面积和活性中心，从而可以对 RhB 产生较强的吸附作用。②复合光催化材料中的 BNNs 可能对光催化材料的光生电子-空穴的复合起到一定的抑制作用。理论和实验证明，BNNs 表面带有电负

性，这对负载的光催化材料的光生载流子的分离起到了促进作用。尤其是光生空穴，在电负性的吸引下可以使其从 SnS_2 的内部快速转移到 BNNs 表面，从而提高了 BNNs 的量子利用率。③增加 BNNs 纳米薄片的量使得复合样 SnS_2-BNNs 的光吸收逐渐红移，可以推断 BNNS 的加入能够有效拓宽 SnS_2 的光响应范围。BNNs 的加入可以拓宽 SnS_2 的光响应范围，提高其光催化活性。

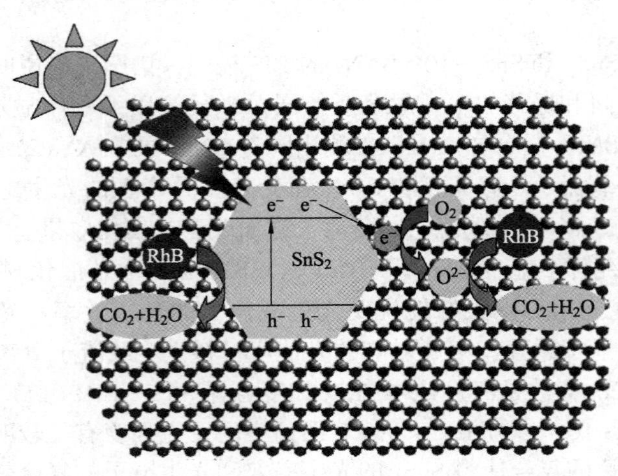

图 3-14 BNNs-SnS_2 复合材料光催化降解原理示意图

基于以上分析和实验结果，推测光催化过程中主要发生了如下反应：

$$BNNs\text{-}SnS_2+h\nu \longrightarrow (h^+, e^-)SnS_2\text{-}BNNs \quad (3\text{-}3)$$

$$(h^+, e^-)SnS_2\text{-}BNNs \longrightarrow (e^-)SnS_2\text{-}BNNs(h^+) \quad (3\text{-}4)$$

$$(e^-)+O_2 \longrightarrow \cdot O_2^- \quad (3\text{-}5)$$

$$H_2O+h^+ \longrightarrow \cdot OH \quad (3\text{-}6)$$

$$\cdot O_2^-+RhB \longrightarrow CO_2+H_2O \quad (3\text{-}7)$$

$$\cdot OH+RhB \longrightarrow CO_2+H_2O \quad (3\text{-}8)$$

3.4 Zn_2SnO_4/石墨烯复合材料的制备及其光催化性能研究

具有尖晶石结构 Zn_2SnO_4 作为一种重要的 Sn 基半导体，因其生产成本低、无毒性，而且生物兼容性好，使其在光催化领域具有十分优越的应用前景。但是，由于 Zn_2SnO_4 禁带宽度较宽，可见光利用率不高，从而严重限制了 Zn_2SnO_4 在光催化领域的应用。而通过改变其制备方法，对其进行掺杂、复合改性，则可以增强其光催化活性。

自 2004 年，曼彻斯特大学的科学家安德烈 · 海姆通过机械剥离法成功实现了单层石墨烯的制备，全球范围内掀起了对石墨烯制备和性能研究的科研狂潮。大量研究证明，石墨烯具有很强的吸附性能、卓越的载流子迁移率和极高的比表面积。因此，许多研究工作者认为石墨烯是制备复合功能性材料最佳的选择之一。而同时随着半导体催化环境净化技术不断发展，制备石墨烯复合光催化材料受到了广大学者的关注。经过多年研究，石墨烯增强光催化活性的机理可以总结成以下三个方面。①成为光生电子的受体。理论证明，半导体材料的光生电子的寿命十分短暂，只有纳秒级，这使得光生电子还未参与光催化反应就会与空穴实现复合，从而严重影响了光催化材料的活性，但当把石墨烯引入光催化体系中后，由于光催化材料的费米能级基本高于石墨烯的费米能级，所以光生电子很容易通过半导体与石墨烯的界面从而进入石墨烯中。石墨烯较高的载流子迁移率能够把光生电子迅速转移到目标反应物上，从而达到抑制半导体光催化材料光生载流子容易复合的这一目的，最终提高了光催化活性。②拓宽光吸收范围。通过原位合成可以使半导体材料与石墨烯可能发生一定程度的静电吸附作用，从而使得石墨烯表面的碳元素实现对半导体光催化材料在一定深度上的掺杂，形成掺杂能级，使半导体的带隙变窄，从而扩展了对可见光的响应。③增强吸附能力。

基于上述理论研究，我们通过“一步水热法”原位合成出了具有高可见光光催化活性的石墨烯-锡酸锌（Zn_2SnO_4-rGO）复合光催化材料。在样品的制备过程中，可以实现对GO的直接还原。随后，我们也研究了该复合光催化材料的结构、形貌和光学性能，并探索了rGO增强Zn_2SnO_4光催化性能的机理。

3.4.1 Zn_2SnO_4/石墨烯复合材料的制备

1. GO的制备

通过改进的Hummers方法以石墨粉为原材料合成GO。使用石墨（1g）放入锥形瓶中，并向其中缓慢加入23mL浓H_2SO_4搅拌24h，之后水浴升温到40℃，加入100mg $NaNO_3$搅拌5min。缓慢加入3g $KMnO_4$（每次加入0.6g，每次间隔6min，共需要30min），之后搅拌30min。再加入3mL去离子水，搅拌5min后，再加入40mL去离子水，搅拌15min。停止水浴，加入140mL去离子水，然后逐滴30mL H_2O_2，以去除多余的$KMnO_4$。此时，溶液变为亮黄色，室温下搅拌15min，然后反应终止。将该溶液进行沉淀分离，取得分离后得到的糊状物，用大量的去离子水进行多次沉淀分离，以去除残留的溶材料，然后再将产物置于去离子水进行强超声分散。再将得到的GO分散液置于离心机中10min，去除上层清液，该步骤重复3~5次。再次将产物置于去离子水进行强超声分散，然后采用8000r/min离心5min，去除溶于水的杂质离子，下层沉淀物即为最终所得到的GO产物，然后将其在真空烘箱内干燥48h。

2. Zn_2SnO_4-rGO 复合光催化材料的制备

将一定量的 GO 超声分散在 40mL 去离子水中，然后加入 20mL 0.2M 的 $Zn(CH_3COOH)_2$溶液，在 40℃水浴下搅拌 2h。在此过程中，通过静电吸附作用能够使带正电的 Zn^{2+}吸附在带负电的 GO 的表面。然后再向上述混合溶液中加入 20mL 0.1M 的 $SnCl_4$ 溶液，并持续搅拌 2h。再用水合肼将反应溶液的 pH 调节至 9.0，并搅拌 30min 后，迅速将反应液转业到 100mL 聚四氟乙烯反应釜中，在 220℃恒温烘箱中保温 12h。在这个过程中，GO 被还原为 rGO。反应结束后将其自然冷去至室温，然后采用抽滤分离的方法对所得产物进行洗涤，并置于真空烘箱中干燥 24h，最终得到 rGO(2%、4%、6%质量比)-Zn_2SnO_4 复合材料。

3.4.2 Zn_2SnO_4/石墨烯复合材料的光催化性能研究

1. Zn_2SnO_4/石墨烯复合材料的形貌及结构表征

图 3-15(a)~(d)分别为 Zn_2SnO_4 和复合样 Zn_2SnO_4-4%(wt)rGO 光催化材料的 TEM 图。从图 3-15(a)可以看出，Zn_2SnO_4 纯样为 20nm 左右的较为规整的颗粒。从图 3-15(b)中可以看出，Zn_2SnO_4(111)和(400)晶格条纹。从图 3-15(c) SAED 中可知，Zn_2SnO_4 为多晶。图 3-15(d)褶皱的 rGO 膜上较为均匀地分散着 15nm 大小左右的 Zn_2SnO_4 颗粒。

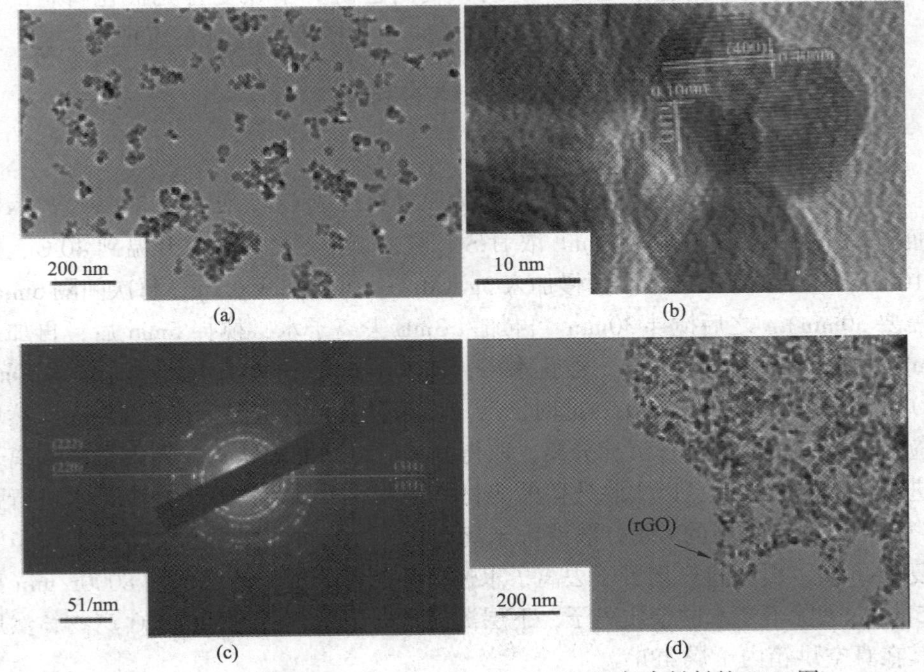

图 3-15 纯样 Zn_2SnO_4 和 Zn_2SnO_4-4%(wt)rGO 复合材料的 TEM 图

图 3-16 是复合 Zn_2SnO_4-rGO 的 XRD 谱图，尖晶石结构 Zn_2SnO_4 的特征衍射峰分别处在 2θ = 29.140°、34.290°、35.906°、41.638°、45.642°、51.657°、55.114°、60.440°、71.382°、72.337°位置，其分别对应(220)(311)(222)(400)(331)(422)(511)(440)(533)(622)特征衍射晶面。在复合材料中未发现 rGO 衍射峰，其原因可能是掺杂量较少。

利用 Scherrer 公式可以粗略估算所制备的光催化材料的晶粒大小，Scherrer 公式如下所示：

$$D=K\lambda/B\cos\theta \tag{3-9}$$

式中，D 为晶格尺寸；B 为衍射峰半峰全宽；θ 为衍射角；K 为 Scherrer 常数，其值为 0.89。

随着 rGO 添加量的逐渐增大，其衍射峰的半高宽变得越来越宽化，这意味着复合材料中 Zn_2SnO_4 颗粒尺寸可能在逐渐减小。

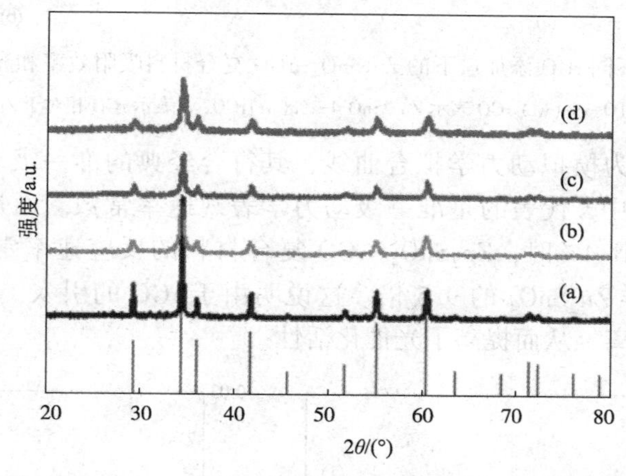

图 3-16 Zn_2SnO_4-rGO 复合光催化材料 X 射线衍射图谱

2. Zn_2SnO_4/石墨烯复合材料的光催化性能研究

如图 3-17 所示，纯样 Zn_2SnO_4 和复合样 Zn_2SnO_4-rGO 在黑暗条件下持续搅拌 60min 后达到吸脱附平衡。从图 3-17(a)中可以看出，各种材料对 RhB 的暗吸附大小的顺序为：Zn_2SnO_4 < Zn_2SnO_4 - 2%(wt) rGO < Zn_2SnO_4 - 4%(wt) rGO < Zn_2SnO_4-6%(wt) rGO。这可能是因为 rGO 具有较大的比表面积和独特的 $\pi-\pi$ 键共轭电子结构，从而导致 RhB 具有较高的吸附能力。

从图 3-17(b)可以看出，复合材料的光催化活性较纯样 Zn_2SnO_4 有了较大程度的提高，当 rGO 的质量百分比从 2%增加到 4%时，Zn_2SnO_4-rGO 复合材料对 RhB 的光催化降解效果随之增加，且在 4%时达到最大值。随着 rGO 的百分含量再次增加，Zn_2SnO_4-rGO 复合材料对 RhB 的光催化降解效率会出现一定的下降，这可能是由于 rGO 的含量过多而导致其发生了一定的团聚，使得 rGO 厚度增加，从而造成复合材料对光的不透明度增加，并且降低了 Zn_2SnO_4 对入射光的利用效率，最终导致了复合材料光催化效率下降。

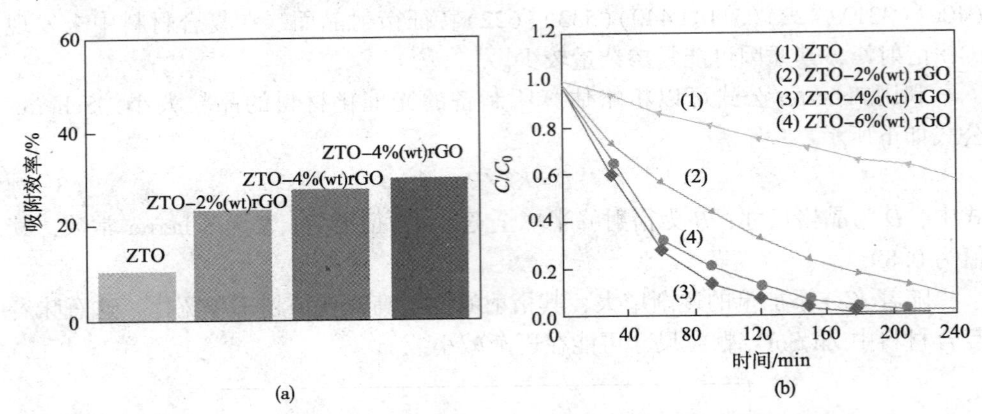

图 3-17　不同 rGO 添加量下的 Zn_2SnO_4-rGO 复合材料吸附效率和光降解效率

ZTO 表示 Zn_2SnO_4；ZTO-x%(wt) rGO 表示 Zn 2SnO 4-x%(wt)rGO；x 表示 rGO 相对于 Zn_2SnO_4 的投料质量比

图 3-18(a)为模拟动力学拟合曲线，其符合经典的准一级动力学模型，即 $\ln(C/C_0)=kt$,其中 k 代表的是准一级动力学表观速率常数。通过计算得知，当 rGO 的添加量达到 4%时，Zn_2SnO_4-rGO 复合材料的反应速率常数 k 最大，$k=0.02648$，是纯样 Zn_2SnO_4 的 9.5 倍。这说明由于 rGO 的引入，提高了 Zn_2SnO_4 光生载流子的分离，从而提高了光催化活性。

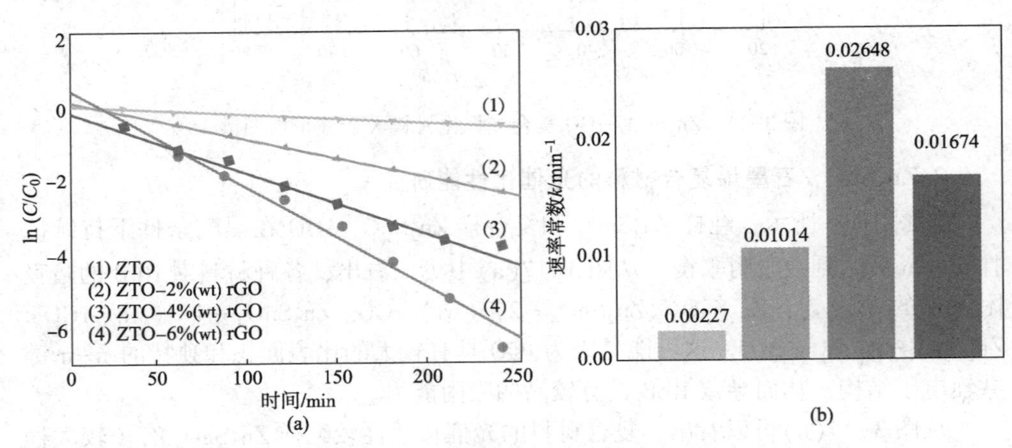

图 3-18　不同 rGO 添加量下的 Zn_2SnO_4-rGO

复合材料的降解动力学拟合曲线和降解速率常数图

对于光催化材料的实际应用，可再利用性即稳定性的研究是最为有意义的。

为了评估 Zn_2SnO_4-rGO 复合材料的可再利用性，利用它对 RhB 溶液进行重复循环 4 次降解实验(每次实验保证相同的 RhB 初始浓度)。图 3-19 显示在 4 次循环降解后，其光催化活性仍然可以达到 98.5%，因此 Zn_2SnO_4-4%(wt) rGO 复合材料的催化活性只有轻微的减少，其产生的原因可能是由在重复实验过程中复合催化材料 $Zn_2Sn_2O_4$-4%(wt) rGO 的冲洗和离心所造成的量的损失。4 次光催化活性较小的变化也说明 Zn_2SnO_4-rGO 复合材料是可以重复利用的。

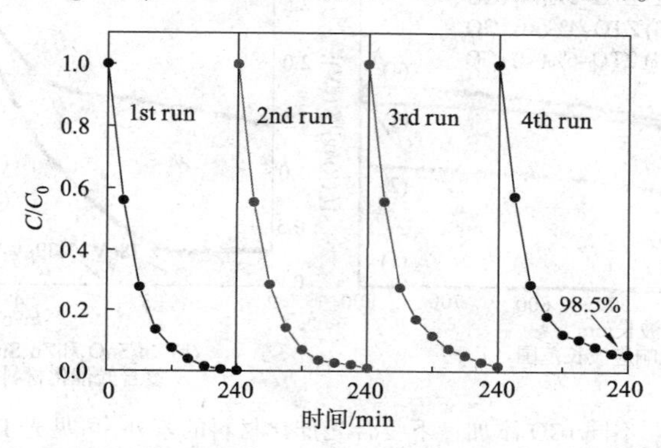

图 3-19 rGO 添加量为 4%(wt)时 Zn_2SnO_4-rGO 复合材料的循环测试图

图 3-20 为 Zn_2SnO_4 与复合材料 Zn_2SnO_4-4 %(wt) rGO 的紫外-可见光 DRS 图。从图 3-20(a)中可以看出，不同添加量的 rGO 纳米薄片会影响复合光催化材料的吸光性能。随着 rGO 添加量的增加，复合材料 Zn_2SnO_4-4 %(wt) rGO 在紫外区域和可见光区域的光吸收强度也会增加。过量的 rGO 添加会降低复合材料的光吸收强度。

同时，利用 Kubelka-Munk 函数光能转换公式可以粗略计算出该复合材料的禁带宽度。Kubelka-Munk 公式如下所示：

$$(\partial h\nu)=(h\nu-E_g)^n \tag{3-10}$$

式中，∂ 为吸收系数；h 为普朗克常量；ν 为光频率；E_g 为带隙能量；n 为比例常数。

其中，n 值是由半导体的光跃迁类型所决定的，而对于 Zn_2SnO_4 及其复合材料来说，Zn_2SnO_4 是用一种直接带隙的半导体，所以 n 值取 1/2。由此可以得出，$(\partial h\nu)^2=f(h\nu)$ 的拐点的切线与横坐标的交点可以推算出纯样 Zn_2SnO_4 和 Zn_2SnO_4-rGO 复合材料的禁带宽度，如图 3-20(b)所示。计算可以得到纯样 Zn_2SnO_4 和 Zn_2SnO_4-4%(wt)rGO 的禁带宽度分别为 3.39eV 和 2.78eV。当 rGO 的添加量为 4%(wt)时，Zn_2SnO_4-rGO 复合材料具有最小的禁带宽度，为 2.78eV。当 rGO 的添加量为 4%(wt)时，复合材料 Zn_2SnO_4-rGO 具有最小的禁带宽度 2.78eV。

图 3-21 是纯样 Zn_2SnO_4 和复合材料 Zn_2SnO_4-4%(wt)rGO 的氮吸附-解吸附

曲线等温线。两个样品的等温曲线均属于H3磁滞回线的典型IV型。复合材料Zn_2SnO_4-4%(wt)rGO相较于纯样Zn_2SnO_4具有较强的N_2吸附能力，其各自的比表面积为37.9m^2/g和58.1m^2/g。复合材料Zn_2SnO_4-4%(wt)rGO有较高的比表面积，可以提高其吸附性能进而提高光催化活性。

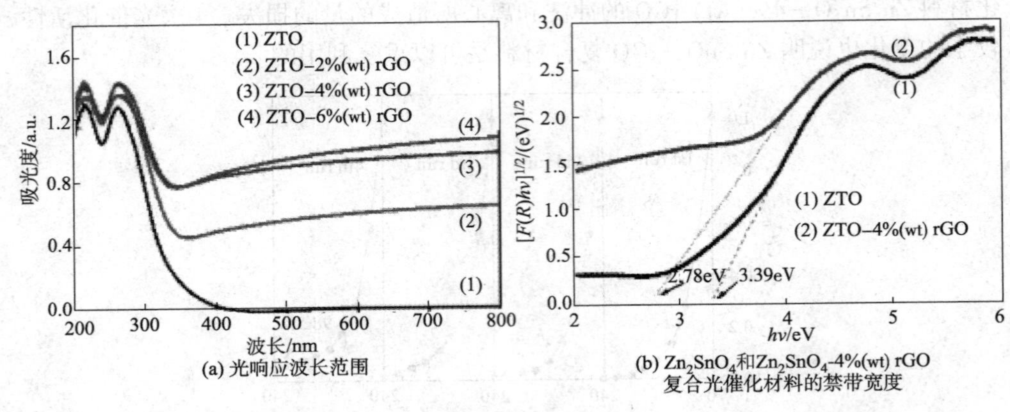

图3-20　不同rGO添加量下复合光催化材料的紫外-可见光DRS图

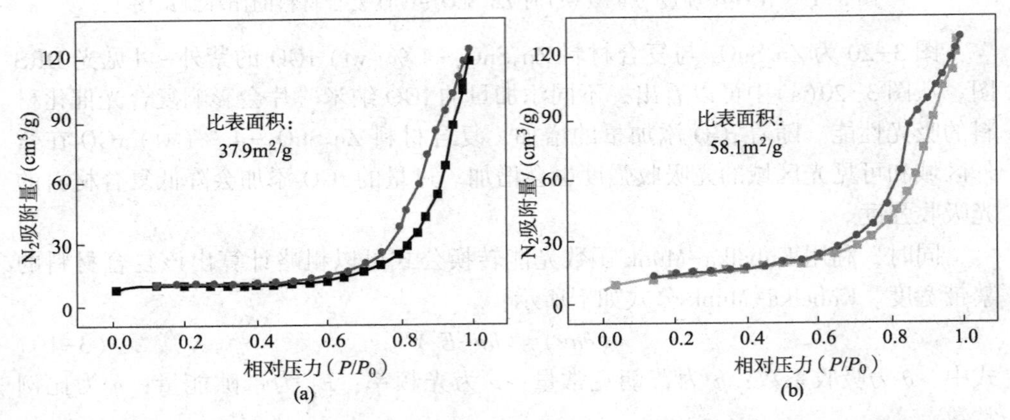

图3-21　纯样Zn_2SnO_4(a)和Zn_2SnO_4-4%(wt)rGO复合材料(b)的N_2吸附与脱附曲线

图3-22(a)为纯样Zn_2SnO_4和复合样Zn_2SnO_4-rGO的PL谱。可以看出，复合样Zn_2SnO_4-4%(wt) rGO PL图谱中的光致发光强度有了较明显的降低，这说明了rGO纳米片的复合使得SnS_2的光生空穴和光生电子的复合效率降低。这也就表明，光生载流子具有较长的存在寿命时间。可以说明，Zn_2SnO_4颗粒受到可见光激发后产生的电子能够快速转移到rGO的表面，从而抑制了Zn_2SnO_4光生电子和光生空穴的复合。

图3-22(b)为利用电化学工作站对Zn_2SnO_4和Zn_2SnO_4-4%(wt) rGO所做的

EIS 谱图，谱图可以说明光生电子和空穴的电荷转移电阻和迁移效率。尼奎斯特圆弧半径按以下顺序显示：纯样 Zn_2SnO_4>Zn_2SnO_4-4%(wt) rGO 复合样。可以推测出，随着 rGO 的加入，二维材料巨大的比表面积和较高的载流子迁移率使得 Zn_2SnO_4 在受光照后产生的光生电子能够迅速导出，从而促进了 Zn_2SnO_4 光生载流子的分离，进而改善光催化效果。

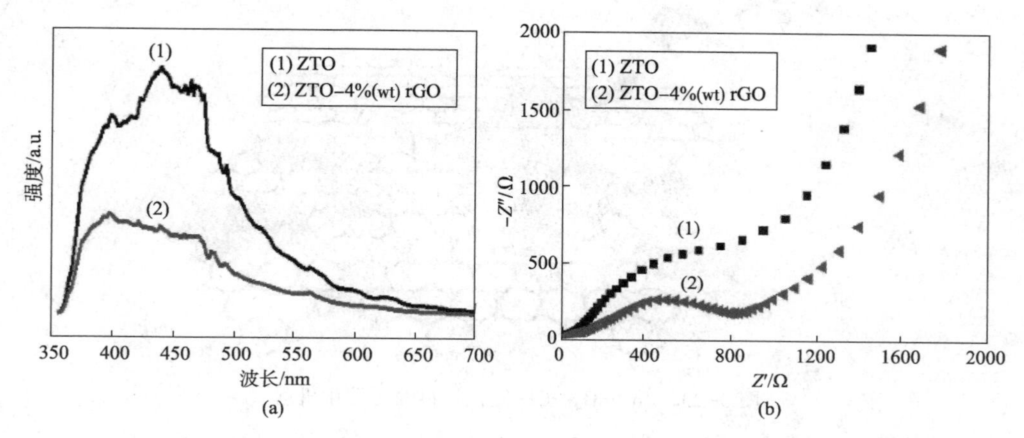

图 3-22　纯样 Zn_2SnO_4 和 Zn_2SnO_4-4%(wt) rGO 复合材料的 PL 谱图和 EIS 图谱

基于上述分析，提出了 Zn_2SnO_4-rGO 复合材料的光催化机理，如图 3-23 所示。结合紫外-可见光 DRS、PL 和 EIS 等表征，分析了 BNNs-SnS_2 复合光催化材料较单一相 SnS_2 具有较强可见光催化活性的原因。①BNNs 具有很高的比表面积和很多的的活性中心，从而可以对 RhB 产生较强的吸附作用。而通过扩散作用，吸附在 BNNs 表面上的 RhB 分子可以扩散到负载在 BNNs 的 SnS_2 六方纳米片反应中心，提高了 SnS_2 附近的 RhB 局部反应浓度，最终提高了 RhB 分子与 SnS_2 的有效接触，从而提高 SnS_2 的光催化活性。②复合光催化材料中的 BNNs 可能对光催化材料的光生电子-空穴的复合起到一定的抑制作用。理论和实验证明，BNNs 表面带有电负性，这对负载的光催化材料的光生载流子的分离起到了促进作用。尤其是光生空穴，在电负性的吸引下可以使其从 SnS_2 的内部快速转移到 BNNs 表面，从而提高了 BNNs 的量子利用率。③BNNs 中的 N 原子能与 SnS_2 发生一定的电子反应，从而使得 SnS_2 具有杂质能级，使得 SnS_2 禁带宽度变窄，导致光吸收范围发生变化，吸收波长产生红移，拓宽了吸收范围，使得光催化活性得到了提高。

基于以上分析和实验结果，推测光催化过程中主要发生了如下反应：

$$Zn_2SnO_4\text{-}rGO \longrightarrow Zn_2SnO_4(h^+)\text{-}rGO(e^-) \tag{3-11}$$

$$rGO(e^-)+O_2 \longrightarrow rGO+\cdot O^{2-} \tag{3-12}$$

$$Zn_2SnO_4(h^+)+RhB \longrightarrow Zn_2SnO_4+CO_2+H_2O \tag{3-13}$$

$$\cdot O^{2-}+RhB \longrightarrow CO_2+H_2O \tag{3-14}$$

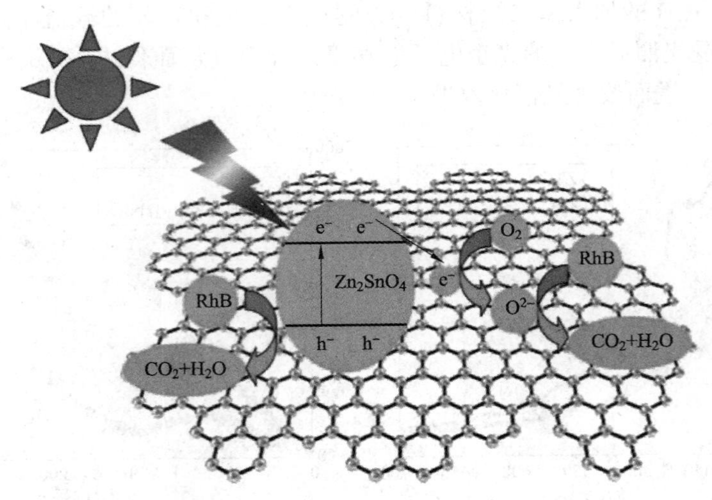

图 3-23　Zn_2SnO_4-rGO 复合材料的光催化机理

3.5　石墨烯/Bi@SnO_2 3D 高效复合材料制备及其光催化性能研究

SnO_2 是典型的 n-型半导体光催化材料，禁带宽度约为 3.60eV，在紫外光区间有一定的光催化反应活性。SnO_2 具有一定的光响应活性和较好的化学稳定性，且催化性能受形貌、尺寸和晶型的影响较为明显。然而需要指出的是：虽然 SnO_2 具备一定的光催化性能，但是催化材料内部光生载流子复合概率相对较高，从而严重影响了催化材料实际的催化性能。而石墨烯优异的电学性能非常有利于降低光生载流子的复合概率，有利于提升光催化材料的降解效率。

这里，我们首先采用水热法合成出前驱体 $Bi_2Sn_2O_7$，然后在水热环境下，利用 3D rGO 凝胶与三乙烯四胺协同还原 $Bi_2Sn_2O_7$ 制备出 rGO/Bi@SnO_2 3D 高效复合光催化材料，并探索了具有蛋黄壳结构的 rGO/Bi@SnO_2 的形成机理。

3.5.1　石墨烯/Bi@SnO_2 3D 高效复合材料的制备

1. $Bi_2Sn_2O_7$ 的制备

通过“一步水热法”制备 $Bi_2Sn_2O_7$ 颗粒。具体过程如下述：3mmol 的 K_2SnO_3，$Bi(NO_3)_3 \cdot 5H_2O$ 和 0.3mmol 的 CTAB 溶于 80mL 去离子水中，在室温下持续搅拌 30min，然后利用 2mol/L 的 KOH 溶液将上述混合悬浮液的 pH 值调节至 12，并迅速将反应液转业至 100mL 反应釜中 180℃下反应 12h。待反应自然冷却到室温，将反应釜中生成的反应物沉淀离心分离，用去离子水和乙醇反复清洗至 pH=7,然后在 60℃下真空干燥 24h，最终得到的产物为 $Bi_2Sn_2O_7$ 颗粒。

2. GO 的制备

GO 采用改进的 Hummers 法制备，并用去离子水洗涤至中性待用。

3. rGO/Bi@SnO_2 3D 高效复合光催化材料的制备

取 150mL 含有适当浓度 GO 的溶液在 260W 下超声 30min 分散后分成 5 组，每组 30mL；然后分别加入 15mL 三乙烯四胺并在室温下磁力搅拌 10min。分别称取 0mg、150mg、300mg、450mg、600mg $Bi_2Sn_2O_7$ 样品，分散于 30mL 的去离子水中，在 260W 下超声 10min 分散均匀，然后将不同含量的锡酸铋样品加入上述 GO 悬浮液中，在室温下搅拌 30min，将悬浮液转移至 100mL 聚四氟乙烯内胆水热釜中，在 180℃下水热 9h。待反应釜冷却至室温，将得到的凝胶用去离子水洗涤至中性，60℃下干燥后并研磨成粉，得到复合光催化材料样品。为了进一步探究 $Bi_2Sn_2O_7$ 被还原的机理，开展了如下实验：

实验一：取 90mL 去离子水，分成 3 组，每组 30mL，每组分别加入 15mL 三乙烯四胺，磁力搅拌 10min。分别称取 3 组 300mg $Bi_2Sn_2O_7$ 样品，分别分散在 30mL 去离子水中，在 260W 下超声 10min 分散均匀，然后将不同含量的 $Bi_2Sn_2O_7$ 样品加入上述溶液中，在室温下各搅拌 30min。将悬浮液转移至 100mL 聚四氟乙烯内胆水热釜中，在 180℃下水热 9h。反应釜冷却至室温，将得到的悬浮液用去离子水洗涤至中性，在 60℃恒温干燥箱中干燥并研磨成粉，得到样品。

实验二：取 30mLGO 溶液在 260W 下超声 30min 分散。称取 300mg $Bi_2Sn_2O_7$ 样品，分散在 30mL 去离子水中，在 260W 下超声 10min 分散均匀。将两悬浮液混合，搅拌 0.5h 后水热。水热条件、洗涤及干燥操作同上，得到样品。

3.5.2 石墨烯/Bi@SnO_2 3D 高效复合材料的光催化性能研究

1. 石墨烯/Bi@SnO_2 3D 高效复合材料的形貌及结构表征

图 3-24 是前驱体 $Bi_2Sn_2O_7$ 的 TEM 和 SAED 表征(插图为 SAED 照片)。可以看出，$Bi_2Sn_2O_7$ 样品平均粒径约为 15nm 呈现颗粒状形貌具有一定的团聚性。由 SAED 可知：所获得的样品为多晶。从图 3-24(b)中可以清晰地看见 $Bi_2Sn_2O_7$ (222)晶面的晶格，证实制备的成功性。

图 3-25 是前驱体 $Bi_2Sn_2O_7$ 的 XRD 谱图，$Bi_2Sn_2O_7$ 的特征衍射峰分别处在 2θ 为 28.8°、33.4°、48.0°、56.9°、59.7°、70.2°和 77.6°的位置，其分别对应(222)(400)(440)(622)(444)(800)和(622)特征衍射晶面，并与 PDF 卡片 JCPDS 87-0284 相吻合。在复合材料中未发现 rGO 衍射峰，这可能是掺杂量较少

的原因。XRD 结果表明：前驱体样品与 $Bi_2Sn_2O_7$ 的标准图谱相符合，证明了制得的产品为 $Bi_2Sn_2O_7$。

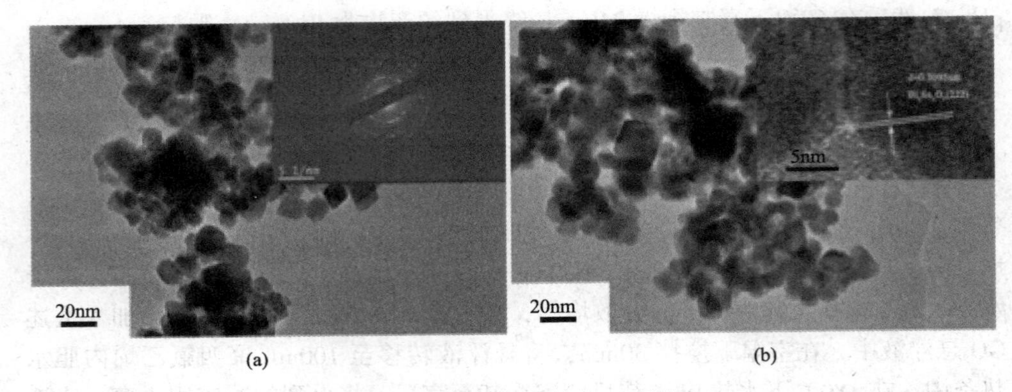

图 3-24　$Bi_2Sn_2O_7$ 的 TEM 照片

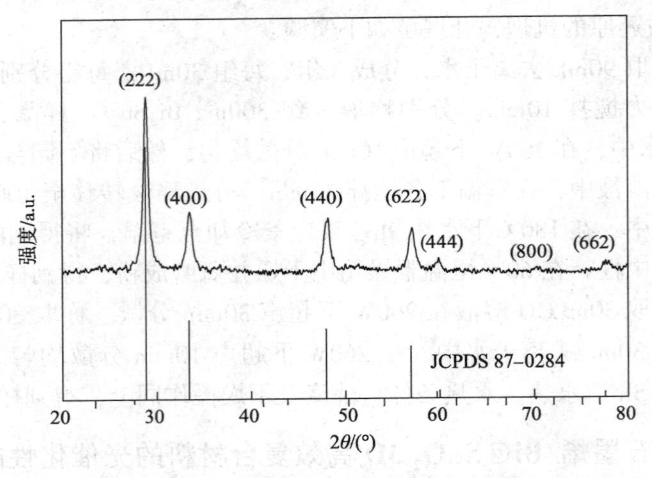

图 3-25　$Bi_2Sn_2O_7$ 的 X 射线衍射图

在图 3-26 中分析了不同 $Bi_2Sn_2O_7$ 添加量下样品的 XRD 图，进而讨论 $Bi_2Sn_2O_7$ 的添加量对产品的结构影响。可以看出，当 $Bi_2Sn_2O_7$ 添加量分别为 150mg、300mg 和 450mg 时，XRD 特征衍射图谱上只有 Bi 和 SnO_2 的特征衍射峰，没有出现 $Bi_2Sn_2O_7$ 的特征衍射峰。这时，我们可以分析出 $Bi_2Sn_2O_7$ 已经被完全还原为 Bi 和 SnO_2，但是在添加量为 600mg 时，$Bi_2Sn_2O_7$ 的特征衍射峰出现，说明了 $Bi_2Sn_2O_7$ 的用量控制在 300mg 及以下比较适宜。

图 3-27(a)(b)为制备的样品的宏观光学照片。可以看出，制备出的 rGO 凝胶形状良好，是直径 30mm 左右的圆柱，经过实验其具有一定的机械强度。外表

颜色均一，可以表明物相均匀。从图 3-27(c)(d)中可以看出，有 3 种不同的相，其中褶皱膜状材料为 rGO，在膜上负载有直径大约 50nm 的方形或椭圆形片状结构，该材料为 SnO_2，可以看出有小的 Bi 单质负载在 SnO_2 的表面。

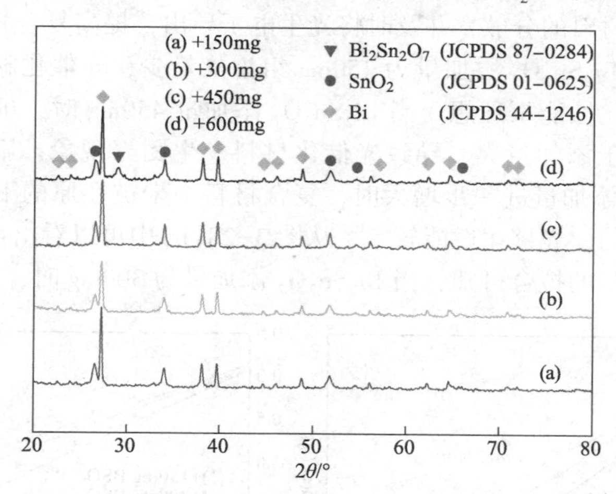

图 3-26 不同 $Bi_2Sn_2O_7$ 添加量下样品的 XRD 图

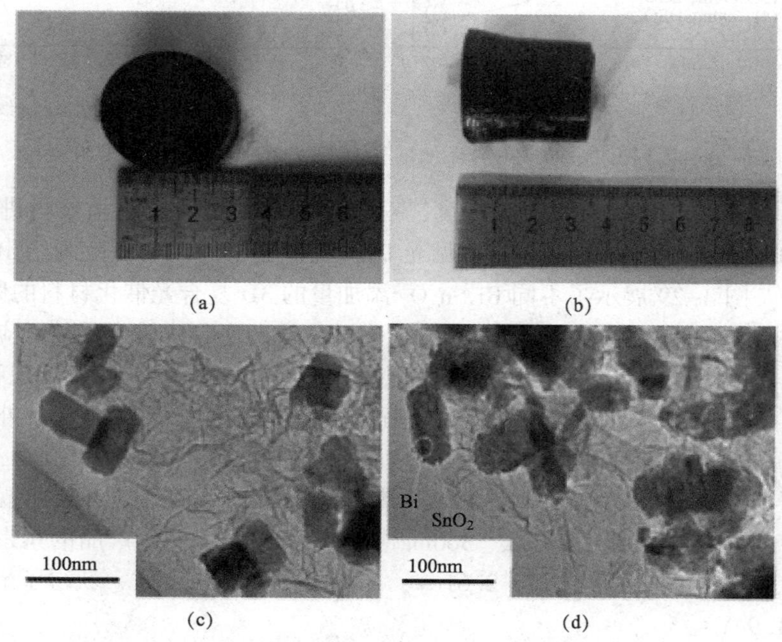

(a) (b) (c) (d)

图 3-27 制备的样品的宏观光学照片和微观 TEM 照片

2. 石墨烯/Bi@SnO_2 3D 高效复合材料的光催化性能研究

图 3-28 展示的是不同 $Bi_2Sn_2O_7$ 添加量下制备的复合光催化材料的光催化性

能结果。从图 3－28(a)中可以看出：复合光催化材料降解的效率较好，在 $Bi_2Sn_2O_7$ 添加量为 300mg 的组中，210min 内 RhB 降解了 89%。在此条件下，rGO 与 Bi@ SnO_2 的复合效率较高，初步估计是因为 rGO 可以提供较大的比表面积，便于光催化材料的分散，并及时将光生电子导出，提高复合材料光生载流子的分离效率。而 $Bi_2Sn_2O_7$ 添加量为 150mg 组添加量少，光催化材料间没有有效联系，导致光催化性能不理想。当 $Bi_2Sn_2O_7$ 添加量 450mg 时，虽然 $Bi_2Sn_2O_7$ 被完全还原，但由于添加量大，导致光催化材料发生团聚现象，影响其光催化性能。当 $Bi_2Sn_2O_7$ 添加量进一步增大时，复合材料中未被还原的 $Bi_2Sn_2O_7$ 导致复合材料分布不均匀，光催化性能较差。从图 3-28(b)中可以看出：由各个样品的准一级反应动力学的拟合可知，当 $Bi_2Sn_2O_7$ 添加量为 300mg 时，降解速率最快。

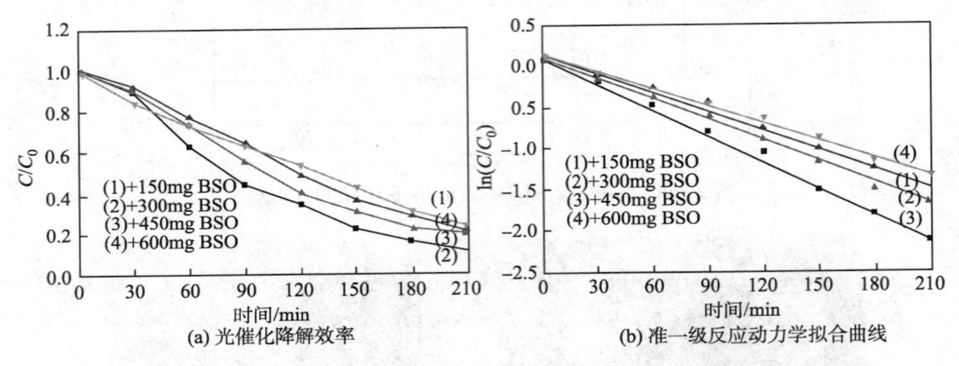

图 3-28　不同 $Bi_2Sn_2O_7$(BSO)添加量下 3D 复合光催化材料的光催化性能

为了测定光响应范围和禁带宽度，对获得的 3D 复合光催化材料进行了紫外-可见光 DRS 表征，根据紫外-可见光 DRS 光谱显示的光响应范围给出相应的禁带宽度。图 3-29 展示了不同 $Bi_2Sn_2O_7$ 添加量的 3D 复合光催化材料的紫外-可见光 DRS 谱图，其中图 3-29(a)(b)分别为样品的光响应波长范围和对应的禁带宽度值。从图 3-29(a)中可以直观地发现：样品在 400nm 左右开始出现吸收峰，而在 300~400nm 波长区间出现明显的特征吸收峰，表明样品可能在紫外光区间具有较好的光响应，而在可见光区显示较弱的光响应。当添加量为 300mg 时，在可见光下的响应程度最佳。图 3-29(b)禁带宽度结果也显示了类似的规律，当 $Bi_2Sn_2O_7$ 的添加量分别为 150mg、300mg、450mg、600mg 时，产品的禁带宽度分别为 2. 50eV、1. 9eV、2. 42eV、2. 61eV；当添加量为 300mg 时，获得了最小的禁带宽度(1. 9eV)。

这可能是由于：在 $Bi_2Sn_2O_7$ 可以被三乙烯四胺和 3D-rGO 协同还原为 Bi 和 SnO_2，当 $Bi_2Sn_2O_7$ 的添加量较少时(如 150mg)，虽然可以彻底还原，但 3D 复合光催化材料中的 Bi 和 SnO_2 含量较少，对光响应的范围较为狭窄；随着添加量的增加，光响应范围得到改善，在 300mg 时获得最佳值；当其添加量进一步增加时，出现还原不彻底的现象（如 600mg），3D 复合光催化材料中存在 $Bi_2Sn_2O_7$、Bi 和 SnO_2 多种产品，反而恶化复合材料的光响应范围。

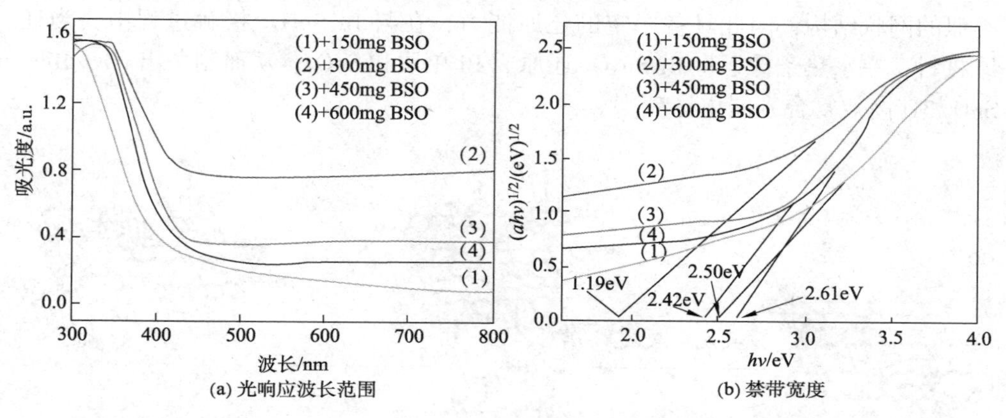

图 3-29　不同 $Bi_2Sn_2O_7$ 添加量下 3D 复合光催化材料的紫外-可见光 DRS 图

随后，我们对具有蛋黄壳结构的 rGO/Bi@ SnO_2 复合材料的形成机理进行了探索。由图 3-30（a）可知，XRD 图谱中只有 $Bi_2Sn_2O_7$ 的特征衍射峰和微弱的 rGO 的特征衍射峰，GO 对 $Bi_2Sn_2O_7$ 并没有还原作用，在高温下 GO 还原成了 rGO。而由图 3-30（b）可知，随着三乙烯四胺添加量的增多，$Bi_2Sn_2O_7$ 的特征衍射峰仍然存在并且没有明显减弱。然而，3 组谱图中均出现了还原的 Bi 单质以及 SnO_2 的特征衍射峰，表明三乙烯四胺虽然对 $Bi_2Sn_2O_7$ 有一定的还原作用，但是不能完全还原，且与添加量并无较大关联。可以得出结论：在复合材料制备过程中，$Bi_2Sn_2O_7$ 是被三乙烯四胺和生成的 rGO 凝胶协同还原成 Bi 单质和 SnO_2 的。

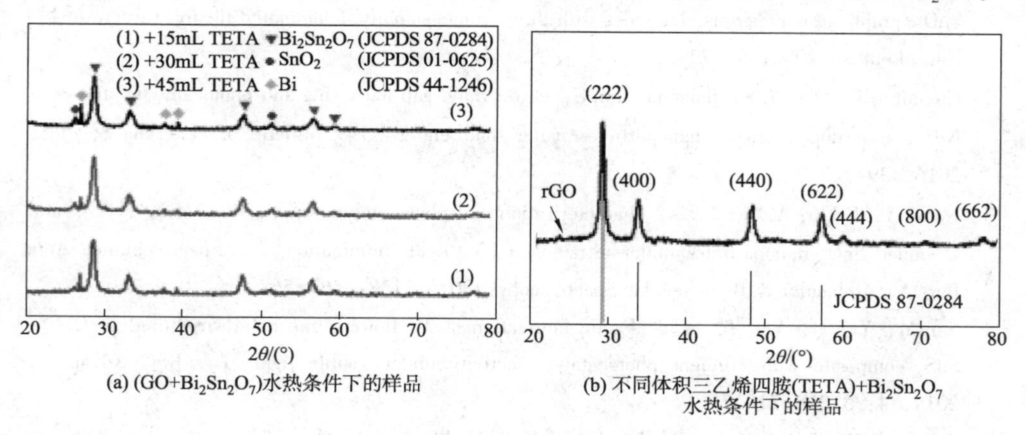

图 3-30　样品的 XRD 图

在完整的合成过程中(图 3-31)，三乙烯四胺先与 GO 在高温下水热反应生成水凝胶，将 $Bi_2Sn_2O_7$ 微粒“锁”在交联的网状结构中，同时三乙烯四胺对 $Bi_2Sn_2O_7$ 有微弱的还原作用；而生成的 rGO 水凝胶因其有着与自然界中存在的碳类似的网状结构，因此具备一定的还原能力，在与 $Bi_2Sn_2O_7$ 接触过程中充当还原材料，在水热条件下将 $Bi_2Sn_2O_7$ 还原成 Bi 单质和 SnO_2，从而制备出 rGO/Bi@SnO_2 3D 高效复合光催化材料。

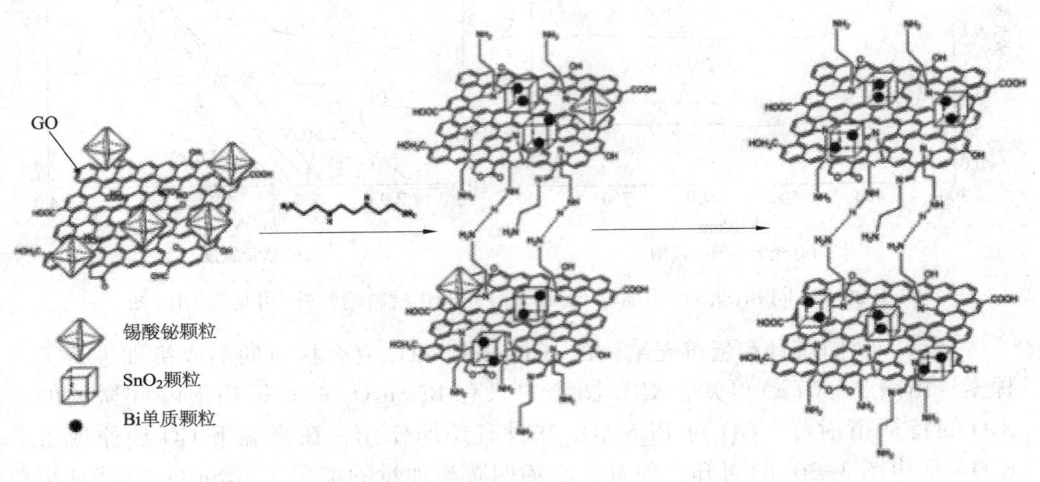

图 3-31　反应机理示意图

参 考 文 献

[1] Paek S M, Yoo E J, Honma I. Enhanced cyclic performance and lithium storage capacity of SnO_2/graphene nanoporous electrodes with three-dimensionally delaminated flexible structure[J]. Nano Letters, 2008, 9: 72-75.

[2] Chandran D, Nair L S, Balachandran S, et al. Band gap narrowing and photocatalytic studies of Nd^{3+}, ion-doped SnO_2, nanoparticles using solar energy[J]. Bulletin of Materials Science, 2016, 39: 27-33.

[3] Nouri A, Fakhri A. Synthesis, characterization and photocatalytic applications of N-, S-, and C-doped SnO_2 nanoparticles under ultraviolet(UV) light illumination[J]. Spectrochimica Acta Part A: Molecular & Biomolecular Spectroscopy, 2015, 138: 563-568.

[4] Sun M, Yan Q, Yan T, et al. Facile fabrication of 3D flower-like heterostructured g-C_3N_4/SnS_2 composite with efficient photocatalytic activity under visible light[J]. RSC Advances, 2014, 4: 31019-31027.

[5] Zaikina J V, Kovnir K A, Sobolev A N, et al. Highly disordered crystal structure and thermoelectric properties of Sn_3P_4[J]. Chemistry of Materials, 2008, 20: 2476-2483.

[6] Wei R, Hu J, Zhou T, et al. Ultrathin SnS_2, nanosheets with exposed {0 0 1} facets and enhanced photocatalytic properties[J]. Acta Materialia, 2014, 66: 163-171.

[7] Li D, Xue J. Synthesis of $Bi_2Sn_2O_7$ and enhanced photocatalytic activity of $Bi_2Sn_2O_7$ hybridized with C_3N_4[J]. New Journal of Chemistry, 2015, 39: 5833-5840.

[8] Zhang F, Wong S S. Controlledsynthesis of semiconducting metal sulfide nanowires [J]. Chemistry of Materials, 2009, 21: 4541-4554.

[9] Luo M, Liu Y, Hu J, et al. General strategy for one - pot synthesis of metal sulfide hollow spheres with enhanced photocatalytic activity[J]. Applied Catalysis B: Environmental, 2012, 125: 180-188.

[10] Zhang G Z, Shan W Y, Bai X F. Theresearch progress of preparation of metal sulfide photocatalysts by microwave method[J]. Chemistry & Adhesion, 2012.

[11] Chen X, Dai Y, Wang X. Methods and mechanism for improvement of photocatalytic activity and stability of Ag_3PO_4: A review[J]. Journal of Alloys and Compounds, 2015, 649: 910-932.

[12] Wang P Q, Bai Y, Liu J Y, et al. Facile synthesis and activity of daylight-driven plasmonic catalyser Ag/AgX(X = Cl, Br)[J]. Micro & Nano Letters, 2012, 7: 838-841.

[13] Bai S. Assembly of Ag_3PO_4 nanocrystals on graphene-based nanosheets with enhanced photocatalytic performance[J]. Journal of Colloid and Interface Science, 2013, 405: 1-9.

[14] Xu D, Cao S, Zhang J, et al. Effects of the preparation method on the structure and the visible-light photocatalytic activity of Ag_2CrO_4[J]. Beilstein Journal of Nanotechnology, 2014, 5: 658-666.

[15] Li X, Zhu J, Li H. Comparative study on the mechanism in photocatalytic degradation of different-type organic dyes on SnS_2 and CdS[J]. Applied Catalysis B: Environmental, 2012, 123-124: 174-181.

[16] Jia T, Min Z, Cao J, et al. Hydrothermal synthesis and visible-light photocatalytic activities of SnS_2 nanoflakes [J]. Journal of Wuhan University of Technology - Materials Science Edition, 2015, 30: 276-281.

[17] An X, Yu J C, Tang J. Biomolecule-assisted fabrication of copper doped SnS_2 nanosheet-reduced graphene oxide junctions with enhanced visible-light photocatalytic activity[J]. Journal of Materials Chemistry A, 2013, 2: 1000-1005.

[18] Duan X, Yang Z, Chen L, et al. Review on the properties of hexagonal boron nitride matrix composite ceramics[J]. Journal of the European Ceramic Society, 2016, 36: 3725-3737.

[19] Wang M, Li M, Xu L, et al. High yield synthesis of novel boron nitride submicro-boxes and their photocatalytic application under visible light irradiation[J]. Catalysis Science & Technology, 2011, 1: 1159-1165.

[20] Skvortsova L N, Batalova V N, Chukhlomina L N, et al. Use of composites based on boron nitride in combined photocatalytic process for generation of hydrogen and degradation of soluble organic substances[J]. Russian Journal of Applied Chemistry, 2014, 87: 561-566.

[21] Song Y, Xu H, Wang C, et al. Graphene-analogue boron nitride/Ag_3PO_4 composite for efficient visible-light-driven photocatalysis[J]. RSC Advances, 2014, 4: 56853-56862.

[22] Wei R, Hu J, Zhou T, et al. Ultrathin SnS_2, nanosheets with exposed {0 0 1} facets and enhanced photocatalytic properties[J]. Acta Materialia, 2014, 66: 163-171.

[23] Shirodkar S N, Waghmare U V, Fisher T S, et al. Engineering the electronic bandgaps and band edge positions in carbon-substituted 2D boron nitride: a first-principles investigation. [J]. Physical Chemistry Chemical Physics, 2015, 17: 13547-13552.

[24] Choi J, Reddy D A, Kim T K. Enhanced photocatalytic activity and anti-photocorrosion of AgI Nanostructures by coupling with graphene-analogue boron nitride nanosheets[J]. Ceramics International, 2015, 41: 13793-13803.

[25] Zheng Y, Liu J, Liang J, et al. Graphitic carbon nitride materials: controllable synthesis and applications in fuel cells and photocatalysis[J]. Energy & Environmental Science, 2012, 5: 6717-6731.

[26] Li X, Zhao J, Yang J. Semihydrogenated BN sheet: a promising visible-light driven photocatalyst for water splitting[J]. Scientific Reports, 2013, 3: 1858.

[27] Lian G, Zhang X, Tan M, et al. Facile synthesis of 3D boron nitride nanoflowers composed of vertically aligned nanoflakes and fabrication of graphene-like BN by exfoliation[J]. Journal of Materials Chemistry, 2011, 21: 9201-9207

[28] Fujishima A. Electrochemical photolysis of water at a semiconductor electrode[J]. Nature, 1972, 238: 37-38.

[29] Lee S M, Jun Y, Cho S N, et al. Single-crystalline star-shaped nanocrystals and their evolution: programming the geometry of nano-building blocks[J]. Journal of the American Chemical Society, 2002, 124: 11244-11245.

[30] Kovtyukhova N I, Mallouk T E. Nanowires as building blocks for self-assembling logic and memory circuits[J]. Chemistry-A European Journal, 2002, 8: 4354-4363.

[31] Wu Y, Yan H, Huang M, et al. Inorganic semiconductor nanowires: rational growth, assembly, and novel properties[J]. Chemistry-A European Journal, 2002, 8: 1260-1268.

[32] 周晓明. Ⅱ-Ⅵ族半导体/二氧化锡纳米结构复合薄膜的制备及其应用性能研究[D]. 吉林大学, 2013.

[33] Gracia L, Beltrán A, Andrés J. A theoretical study on the pressure-induced phase transitions in the inverse spinel structure Zn_2SnO_4[J]. Journal of Physical Chemistry C, 2011, 115: 7740-7746.

[34] Dorraji M S S, Amani-Ghadim A R, Rasoulifard M H, et al. The role of carbon nanotube in zinc stannate photocatalytic performance improvement: experimental and kinetic evidences[J]. Applied Catalysis B: Environmental, 2017, 205: 559-568.

[35] Murcia-López S, Hidalgo M C, Navío J A. Degradation of rhodamine B/phenol mixtures in water by sun-like excitation of a Bi_2WO_6-TiO_2 photocatalyst[J]. Photochemistry & Photobiology, 2013, 89: 832-840.

[36] Ren Y, Ma Z, Bruce P G. Ordered mesoporous metal oxides: synthesis and applications[J]. Chemical Society Reviews, 2012, 41: 4909.

[37] Wang H, Yuan X, Wu Y, et al. Photodeposition of metal sulfides on titanium metal-organic frameworks for excellent visible-light-driven photocatalytic Cr(VI) reduction[J]. RSC Advances, 2015, 5: 32531-32535.

[38] Wang C, Wang X, Zhao J, et al. Synthesis, characterization and photocatalytic property of nano-sized Zn_2SnO_4[J]. Journal of Materials Science, 2002, 37: 2989-2996.

[39] Sun Z, Zhu S, Zhang D. The Application of Graphene Matrix Nanocomposites in Photocatalytic Hydrogen Evolution[J]. Materials Review, 2014, 28: 30-41.

[40] Chang D W, Baek J. ChemInform Abstract: Nitrogen-Doped Graphene for Photocatalytic Hydrogen Generation[J]. ChemInform, 2016, 47: 1125-1137.

[41] Yang M Q, Xu Y J. Photocatalytic conversion of CO_2 over graphene-based composites: current status and future perspective[J]. Nanoscale Horizons, 2016, 1: 185-200.

[42] Zhang N, Yang M Q, Liu S, et al. Waltzing with the versatile platform of graphene to synthesize composite photocatalysts[J]. Chemical Reviews, 2015, 115: 150903062055001.

[43] Pan H, Zhu S, Lou X, et al. Graphene-based photocatalysts for oxygen evolution from water [J]. RSC Advances, 2015, 5: 6543-6552.

[44] Hu C, Lu T, Chen F, et al. Cheminform abstract: a brief review of graphene-metal oxide composites synthesis and applications in photocatalysis[J]. ChemInform, 2014, 45: 21-39.

[45] Chen Z, Chen S, Wang J, et al. Review on graphene nanocomposites in photocatalytic applications[J]. Materials Review, 2015, 29: 146-151.

[46] Li X, Yu J, Wageh S, et al. Graphene in photocatalysis: A Review[J]. Small, 2016, 12: 6640-6696.

[47] Xu Y, Bai H, Lu G, et al. Flexible graphene films via the filtration of water-soluble noncovalent functionalized graphene sheets[J]. Journal of the American Chemical Society, 2008, 130: 5856-5857.

[48] Wang W S, Wang D H, Qu W G, et al. Large ultrathin anatase TiO_2 nanosheets with exposed {001} facets on graphene for enhanced visible light photocatalytic activity[J]. Journal of Physical Chemistry C, 2016, 116: 19893-19901.

[49] Stankovich S, Dikin D A, Dommett G H B, et al. Graphene-based composite materials[J]. Nature, 2006, 442: 282-286.

[50] Whinfrey C G, Eckart D W, Tauber A. Preparation and X-ray diffraction data1 for some rare earth stannates[J]. Journal of the American Chemical Society, 1960, 82: 2695-2697.

[51] Subramanian M A, Aravamudan G, Rao G V S. Oxide pyrochlores-a review[J]. Progress in Solid State Chemistry, 1983, 15: 55-143.

[52] Ishida S, Ren F, Takeuchi N. New yellow ceramic pigment based on codoping pyrochlore-type $Y_2Ti_2O_7$ with V^{5+} and Ca^{2+}[J]. Journal of the American Ceramic Society, 1993, 76: 2644-2648.

[53] Zhao J H, Kunkel H P, Zhou X Z, et al. Critical behavior of the magnetoresistive pyrochlore $Tl_2Mn_2O_7$[J]. Physical Review Letters, 1999, 83: 219-222.
[54] Li K W, Wang H, Yan H. Hydrothermal preparation and photocatalytic properties of $Y_2Sn_2O_7$ nanocrystals[J]. Journal of Molecular Catalysis A: Chemical, 2006, 249: 65-70.
[55] 刘斌. 不同微结构 SnO、SnO_2 纳米材料的水热法制备及其气敏和光催化性能研究[D]. 陕西师范大学, 2013.
[56] Walsh A, Watson G W. Polymorphism in bismuth stannate: a first-principles study[J]. Chemistry of Materials, 2007, 19: 5158-5164.
[57] Wu S, Cao H, Yin S, et al. Amino acid-assisted hydrothermal synthesis and photocatalysis of SnO_2 nanocrystals[J]. The Journal of Physical Chemistry C, 2009, 113: 17893-17898.
[58] Fang C, Geng B, Liu J, et al. D-fructose molecule template route to ultra-thin $ZnSnO_3$ nanowire architectures and their application as efficient photocatalyst[J]. Chemical Communication, 2009, 17: 2350-2352.
[59] 陈浪. 高效含铋复合光催化剂的设计、合成与应用研究[D]. 长沙: 湖南大学, 2013.
[60] 孙洋. Sn 基复合材料的制备及其光催化性能研究[D]. 石家庄: 石家庄铁道大学, 2017.
[61] Zhang K L, Liu C M, Huang F Q, et al. Study of the electronic structure and photocatalytic activity of the BiOCl photocatalyst[J]. Applied Catalysis B: Environmental, 2006, 68: 125-129.
[62] Geng J, Hou W H, Lv Y N, et al. One-dimensional $BiPO_4$ nanorods and two-dimensional BiOCl lamellae: fast low-temperature sonochemical synthesis, characterization, and growth mechanism[J]. Inorganic Chemistry, 2005, 44: 8503-8509.
[63] Zhang S, Ren F, Wu W, et al. Controllable synthesis of recyclable core-shell γ-Fe_2O_3@SnO_2 hollow nanoparticles with enhanced photocatalytic and gas sensing properties[J]. Physical Chemistry Chemical Physics, 2013, 15: 8228-8236.
[64] Yin L W, Ran L. Highlycrystalline Ti-doped SnO_2 hollow structured photocatalyst with enhanced photocatalytic activity for degradation of organic dyes[J]. CrystEngComm, 2015, 17: 4225-4237.

第4章 钙钛矿型铌/钛酸盐复合光催化剂的制备及其光催化性能研究

4.1 引言

随着社会发展，水环境中有机污染物已经成为全球性问题。传统水体治理手段成本高，而半导体光催化作为治理水体污染的一种新手段，其具有高效、清洁的特点和广阔的应用前景，成为人们的新选择。在光照条件下，半导体光催化材料价带上的电子吸收能量跃迁到导带，空穴和光生电子可以催化降解水体污染物，半导体表面可以吸附重金属离子，羟基自由基和超氧自由基利用其强氧化作用对细菌进行杀灭。其中，TiO_2 是最早被研究的半导体也是被应用最广的半导体。TiO_2 在地壳中含量丰富，化学性质稳定，可以高效氧化污染物，毒性低，具有极好的光催化活性。但是，TiO_2 的带隙约为 3.0eV，只在 390nm 以下的紫外光响应，光电转换效率不足，仅为5%左右。而商业化应用必须达到16%以上，故其远远达不到实际应用要求。因此，开发其他具有可见光效应且活性较高的光催化剂是必然要求。

在众多的半导体材料中，钙钛矿型复合氧化物以其结构稳定、来源丰富、光活性高等渐受青睐。20 世纪 70 年代，由 Voorhoeve 等首次发现的钙钛矿型复合金属氧化物作为光催化剂具有优异的催化活性。之后，该类材料在世界范围内受到研究者的广泛研究，并在很多领域(如光解水、光催化降解有机污染物、净化空气等)得以应用。钙钛矿(Perovski)是当前的研究热点话题，是由俄国的一位地质学家用自己的名字(Count Lev Aleksevichvon Perovski)命名的，它具有良好的催化性、超导性、压电性、磁电阻性等，其中光催化领域的钙钛矿材料研究更为广泛，比如钨酸盐、钽铌酸盐、钛酸盐等。相比于其他类光催化剂，钙钛矿型催化剂材料有更多的优点：①晶体构型易调整；②成本低、资源丰富；③稳定性高，可多次重复使用等。钙钛矿晶体结构最基本的是 ABO_3，如 $SrTiO_3$、$BaTiO_3$ 和 $PbTiO_3$。但是，大多数的钙钛矿光催化材料具有宽禁带、仅对紫外光响应强和几乎不吸收可见光的缺点，造成光生载流子的有效分离低，阻碍了该类材料的发展。因此，设计合成异质结型复合光催化剂进而降低带隙、拓宽光响应范围、提高催化活性成为研究热点。

4.2 $Ag_2SO_3/NaNbO_3$ 复合材料的制备及其光催化性能研究

近年来，研究发现 $NaNbO_3$ 作为一种典型的钙钛矿 IA-VB 铌酸盐材料，具有优异的物理和化学性质，如非线性光学、离子导电性、光折变等，尤其是在光降解有机污染物方面，体现出良好的光催化活性。然而，纯相的 $NaNbO_3$ 存在禁带宽度较大、对可见光不响应的缺点，因此，尝试改善 $NaNbO_3$ 的禁带宽度，提高其对可见光响应性，就成了科技工作者需要考虑的问题。Ag 基半导体材料以其优异的光催化活性，在光催化领域具有十分优越的应用前景。而在众多 Ag 基半导体材料中，Ag_2SO_3 因其对可见光敏感、在可见光诱导下可分解还原为 Ag/Ag_2SO_3 等离子体光催化剂的优点，在有机污染物降解领域受到广泛关注，但是成本过高。因此，用成本较低的非贵金属如钙钛矿代替昂贵的 Ag 基光催化材料，则具有非常现实的意义。

在此，我们通过原位合成方法将钙钛矿型 $NaNbO_3$ 与纳米尺寸的 Ag_2SO_3 构建异质结，研究了产品的结构、光响应、形貌、电化学阻抗、元素价态等性质，并尝试探索其光催化降解机理。

4.2.1 $Ag_2SO_3/NaNbO_3$ 复合材料的制备

1. $NaNbO_3$ 的制备

利用一步水热法合成块状的 $NaNbO_3$。首先，天平称取 10g NaOH 固体并缓慢溶解在 100mL 去离子水的烧杯中，利用磁力缓慢搅拌 10min，直到 NaOH 溶液变澄清，之后称取 0.6400g Nb_2O_5 白色粉末边搅拌边缓慢加入上述 NaOH 溶液烧杯中，室温条件下持续搅拌 2h，观察到溶液由澄清逐渐变成白色悬浮液为止。随后，将所得的白色悬浮液转移至 150mL 以聚四氟乙烯为内衬的不锈钢高压釜中，在 180℃恒温烘箱中保持 48h。待反应完成，将反应釜取出自然冷却至室温。之后真空抽滤除去反应的沉淀物，并用去离子水洗涤直到呈中性，最后将收集的沉淀物在 70℃的电热鼓风干燥箱中干燥 12h，研磨得到白色产物。

2. $Ag_2SO_3/NaNbO_3$ 复合光催化材料的制备

$Ag_2SO_3/NaNbO_3$ 复合材料的制备：原位合成法。首先，称量一定量上一步制备好的 $NaNbO_3$ 粉末，缓慢溶解在装有 30mL 去离子水的烧杯中，超声 15min 并用玻璃棒不断搅拌直至均匀分散。再将 0.1700g $AgNO_3$ 加入上述溶液中记为溶液 A，改用磁力进行搅拌；同时将 0.0630g Na_2SO_3 溶解于另一只盛有 20mL 去离子水的烧杯中，记为溶液 B，磁力搅拌 10min。待溶液 A 和溶液 B 分散均匀后，拿胶头滴管将溶液 B 以 3s 一滴的滴速逐滴加入持续搅拌的溶液 A 中，待溶液 B 滴完后继续磁力搅拌 30min。最后将悬浮液抽滤，去离子水洗涤 6 次，得到的白色沉淀物置在 40℃ 电热鼓风干燥箱中干燥 8h，研磨获得的白色产物为 Ag_2SO_3/$NaNbO_3$-0.5（Ag_2SO_3 与 $NaNbO_3$ 的摩尔质量比，Ag_2SO_3 为 1mmol，$NaNbO_3$ 为 0.5mmol）。同样的方法分别制备了 Ag_2SO_3/$NaNbO_3$-0.7 和 Ag_2SO_3/$NaNbO_3$-0.9，（按照不同配比，即 Ag_2SO_3 的量不变为 1mmol，$NaNbO_3$ 的摩尔质量分别为 0.7mmol 和 0.9mmol）。对照组，采用上述制备复合光催化材料的方法制备了纯 Ag_2SO_3，但是不加入 $NaNbO_3$ 粉末。

4.2.2 Ag_2SO_3/$NaNbO_3$ 复合材料的光催化性能研究

1. Ag_2SO_3/$NaNbO_3$ 复合材料的形貌及结构表征

图 4-1(a) 和图 4-1(b) 为单相的 $NaNbO_3$ 的微观形貌的 TEM 图。可以看出，制得的 $NaNbO_3$ 白色粉末形貌为块状，其直径范围在 0.3~0.8μm，其表面光滑，为立方块结构。

图 4-1　纯 $NaNbO_3$ 的 TEM 图

图 4-2 为单相的 Ag_2SO_3、$NaNbO_3$ 和多相的 Ag_2SO_3/$NaNbO_3$-0.7 复合光催化材料的微观形貌的 SEM 和 EDS 谱。从图 4-2(a) 中可以看出，Ag_2SO_3 是类似不规则球形的纳米颗粒，表面光滑，均匀分散。粒径分布在 100~120nm。在图 4-2(b) 中观察到，单相的 $NaNbO_3$ 为立方块结构，几何形状规则，其直径范围为 0.3~0.8μm。图 4-2(c) 为 Ag_2SO_3/$NaNbO_3$-0.7 复合光催化材料的微观形貌，由图可知，Ag_2SO_3 类球形颗粒负载到了 $NaNbO_3$ 立方体块上，但是本来分散均匀的 Ag_2SO_3 纳米颗粒此时出现团聚现象。相比于单相的样品，该种结构比表面积更大。更大的比表面积可以增加光的捕获率，达到提高复合光催剂的催化降解活性的效果。为进一步验证复合材料中各元素的分布，采用 X 射线能谱分析，

如图4-2(d)为复合材料 $Ag_2SO_3/NaNbO_3$-0.7 的 EDS 光谱图，可以看出制备的复合材料中存在 O、Na、Nb、S 和 Ag 元素，并未发现其他杂质，说明制备的样品纯度高，未被其他杂质污染。

图 4-2　样品的 SEM 图

(a)纯 Ag_2SO_3 的 EDS 光谱；(b)纯 $NaNbO_3$ 的 EDS 光谱；

(c) $Ag_2SO_3/NaNbO_3$-0.7 的 EDS 光谱；(d)复合材料 $Ag_2SO_3/NaNbO_3$-0.7 的 EDS 光谱

图 4-3 为纯样和 $Ag_2SO_3/NaNbO_3$ 复合光催化材料的 XRD 谱图。从图 4-3(a)和(e)中可以看出，纯 Ag_2SO_3 和纯 $NaNbO_3$ 的 XRD 衍射峰分别与标准卡片(Ag_2SO_3 JCPDS：23-0644；$NaNbO_3$ JCPDS：33-1270)衍射图谱符合，并且 NaN-bO_3 具有很尖锐的衍射峰，说明制备得到 $NaNbO_3$ 结晶性好。在 22.7°、32.5°、46.4°、52.7°、58.1°和 68.11°处出现的衍射峰分别与正交晶相平面(001)(110)(002)(021)(112)和(022)相符合，在图 4-3(b)~(d)中，随着 $NaNbO_3$ 的用量的增加，可以看到复合材料位于 22.7°和 32.5°处的衍射峰变得越来越尖锐，衍射峰强度也不断增加，说明 Ag_2SO_3 成功复合到 $NaNbO_3$ 上。同时，在复合材料的 XRD 谱图中并没有出现其他杂的衍射峰，说明制备的样品结晶性好、纯度高。

图 4-4(a)为单相 Ag_2SO_3、$NaNbO_3$ 和 $Ag_2SO_3/NaNbO_3$-0.7 复合光催化材料的 XPS 谱。从图中我们可以发现，Ag_2SO_3 中存在 O、Ag 和 S 元素的结合峰，$NaNbO_3$ 中存在 O、Nb 和 Na 元素的结合峰，$Ag_2SO_3/NaNbO_3$-0.7 复合材料包含 O、Ag、S、Nb 和 Na5 种元素的结合峰，除在 284.8eV 处出现的 C 1s 峰来自用于

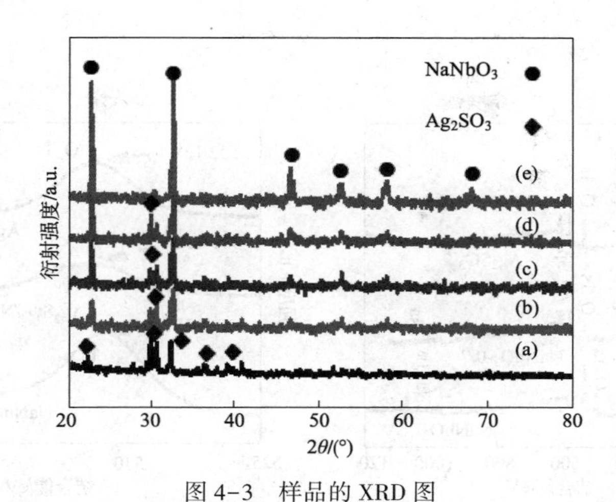

图 4-3　样品的 XRD 图

(a)纯 Ag_2SO_3 的 XRD 图；(b) $Ag_2SO_3/NaNbO_3$-0.5 的 XRD 图；
(c) $Ag_2SO_3/NaNbO_3$-0.7 的 XRD 图；(d) $Ag_2SO_3/NaNbO_3$-0.9 的 XRD 图；(e)纯 $NaNbO_3$ 的 XRD 图

校准 XPS 的不定碳以外，无其他元素结合峰出现，这与 XRD 分析结果相一致，说明 Ag_2SO_3 成功复合在 $NaNbO_3$ 表面。由图 4-4(b)可知，O 元素出现 O 1s 轨道，$Ag_2SO_3/NaNbO_3$-0.7 复合物中 O 1s 的结合能为 531.4eV，而纯 Ag_2SO_3 和 $NaNbO_3$ 中 O 1s 的结合能分别为 532.1eV 和 530.2eV。比较复合材料，结合能发生较小的位移，这是由于氧元素所处的化学环境不同而造成的。在图 4-4(c)中，Ag 元素出现了两个原子轨道，分别是 Ag $3d_{5/2}$ 和 Ag $3d_{3/2}$，$Ag_2SO_3/NaNbO_3$-0.7 复合物中 Ag 3d 的两个结合能为 368.8eV 和 374.9eV，这表明 Ag 以 Ag^+ 状态存在，与文献报道的位置基本一致。与纯 Ag_2SO_3 中相应的 Ag 3d 结合能 368.6eV、374.6eV 相比，这两个峰也有小位移发生。图 4-4(d)是样品中关于 S 元素的 XPS 光谱，可以看出，S 元素存在 S $2p_{3/2}$ 和 S $2p_{1/2}$ 两个原子轨道，对于纯 Ag_2SO_3，S 2p 的结合能位于 162.8eV 和 167.4eV，相比于 $Ag_2SO_3/NaNbO_3$-0.7 复合物中 S 2p 的结合能 161.3eV 和 166.7eV 有所提高，但是基本符合 Ag_2SO_3 中 +4 价态的 S，说明复合物中 S 的价态并未改变。在图 4-4(e)中，Nb 元素由 Nb 3d 一个原子轨道组成。对于纯 $NaNbO_3$，Nb 3d 的结合能为 209.9eV，而复合物 $Ag_2SO_3/NaNbO_3$-0.7 中 Nb 3d 的结合能减小为 207.5eV，对应于 $NaNbO_3$ 中+5 价态的 Nb。Ag 和 Nb 结合能降低，说明二者的化合键状态发生变化，可能有化学键合。在图 4-4(f)中，复合物 $Ag_2SO_3/NaNbO_3$-0.7 中的 Na 元素出现 Na 1s 一个轨道，其结合能位于 1070.5eV，与纯 $NaNbO_3$ 相比，其结合能位置也显示出轻微的偏移(位于 1072.2eV 处)。基于以上 XPS 分析结果，可以得出：Ag_2SO_3 与 $NaNbO_3$ 是通过化学键原位复合的。

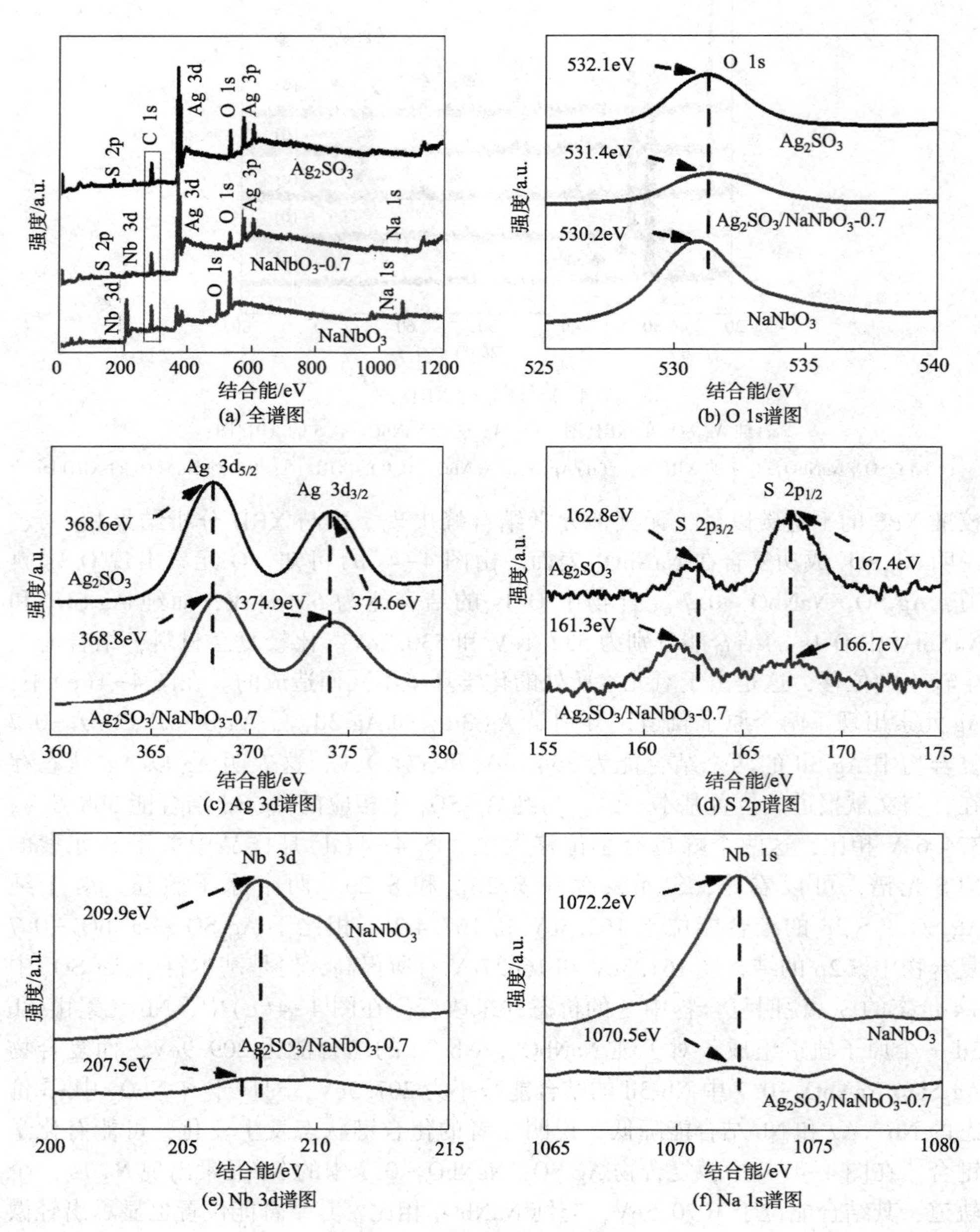

图 4-4 样品的 XPS 谱图

2. Ag_2SO_3/$NaNbO_3$ 复合材料的光催化性能研究

图 4-5(a)是单相 Ag_2SO_3、$NaNbO_3$ 和 Ag_2SO_3/$NaNbO_3$-0.7 复合光催化材料的紫外-可见光 DRS 测试。从图中我们可以看出，纯 Ag_2SO_3 和纯 $NaNbO_3$ 的吸收限分别位于波长 350nm 和 400nm 处，在可见光照射前，复合材料 Ag_2SO_3/$NaNbO_3$-0.7 在可见光区域光响应范围比较纯 Ag_2SO_3 和 $NaNbO_3$ 拓宽，吸收强度很弱。如图 4-5(b)所示，随着可见光照射时间不断增加，在 0min 和 60min 之间，复合材料 Ag_2SO_3/$NaNbO_3$-0.7 的紫外-可见光 DRS 吸收强度变得越来越大，这是由于银盐的光致分解造成的。光照下 Ag_2SO_3 可以被还原为 Ag/Ag_2SO_3 等离子体光催化剂，等离子体的 Ag 在光照条件下热电子参与到光生载流子的分离中，在光降解中起很大作用。这表明复合材料 Ag_2SO_3/$NaNbO_3$-0.7 的光催化活性主要来源于 Ag_2SO_3，这与已报道的情况相一致。此外，所制备的复合材料在可见光照射下能够产生更多的电荷载流子，大大提高其光催化活性。

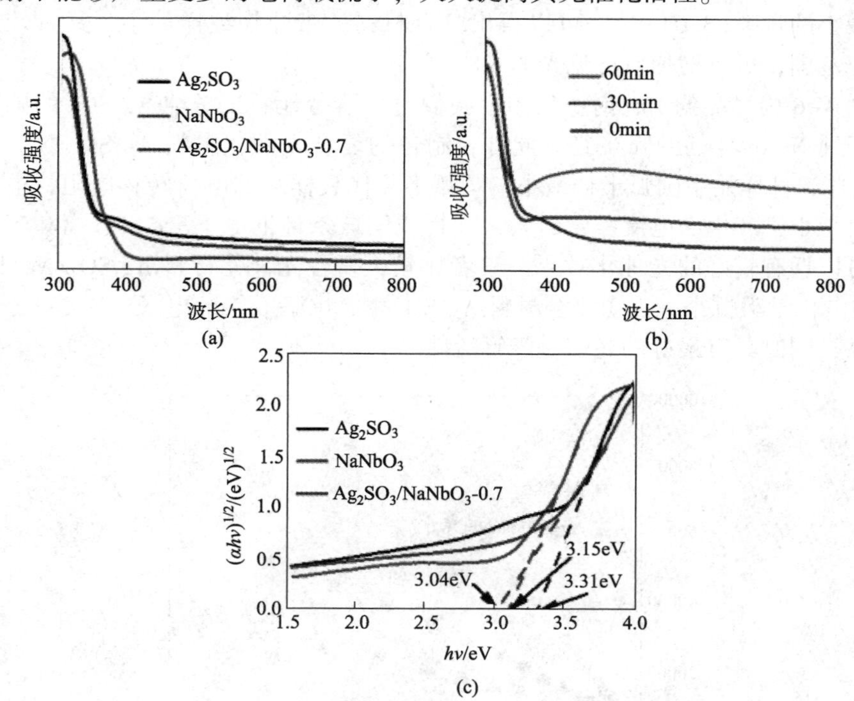

图 4-5 Ag_2SO_3/$NaNbO_3$ 复合材料的光催化性能

(a)样品的紫外-可见光 DRS；(b) Ag_2SO_3/$NaNbO_3$-0.7 在不同时间下的紫外-可见光 DRS；(c)禁带宽度图

半导体的带隙能越窄，说明对光越响应。对于半导体材料的禁带宽度，可以利用 Kubelka-Munk 函数光能转换公式粗略计算得到，如下为 Kubelka-Munk 公式：

$$\alpha h\nu = A(h\nu - E_g)^{n/2} \tag{4-1}$$

式中，α 为吸收系数；ν 为光频率；h 为普朗克常量；E_g 为带隙能量；A 为常数；n 为比例常数。

其中，n 值是由半导体的光跃迁类型所决定的，$n=1$ 表示半导体是一种直接带隙半导体；$n=4$ 表示半导体是一种间接带隙半导体。对于 Ag_2SO_3 和 $NaNbO_3$ 来说，为直接带隙半导体，所以 $n=1$，复合材料 $Ag_2SO_3/NaNbO_3$ 也是直接带隙半导体。

由此根据上面的公式，分别以光子能 hv 为横坐标，以 $(\alpha h\nu)^2$ 为纵坐标，建立坐标图[如图 4-5(c)所示]，经过曲线的拐点作切线与横坐标的交点即为 E_g，可以推算出单一相 Ag_2SO_3 和纯 $NaNbO_3$ 的带隙分别是 3.31eV 和 3.15eV。由此也可以确定，随着 $NaNbO_3$ 的添加量增加，$Ag_2SO_3/NaNbO_3$ 复合材料的带隙逐渐减小。当 Ag_2SO_3 与 $NaNbO_3$ 的摩尔质量比为 1∶0.7 时，$Ag_2SO_3/NaNbO_3$ 复合材料具有最小的带隙(3.04eV)。可以得出复合材料的带隙较纯样都小，具有较宽的光响应范围，可以增加对可见光的吸收。

图 4-6 为样品的 EIS 谱，从图中我们可以清楚地看出，纯 Ag_2SO_3 的圆弧半径小于纯 $NaNbO_3$ 的圆弧半径。此外，制备的复合光催化材料 $Ag_2SO_3/NaNbO_3$-0.7 在这 3 种样品中圆弧半径最小。圆弧半径代表样品的电荷转移电阻，电荷转移电阻越小，产生的电流密度越大，并且说明该条件下电子-空穴分离和转移稳定，可以拥有较好的光催化效果。三者比较，复合光催化材料 $Ag_2SO_3/NaNbO_3$-0.7 的电化学阻抗小，表明复合材料 $Ag_2SO_3/NaNbO_3$-0.7 的电子-空穴对分离效率最高，同时具有最好的光催化降解活性。

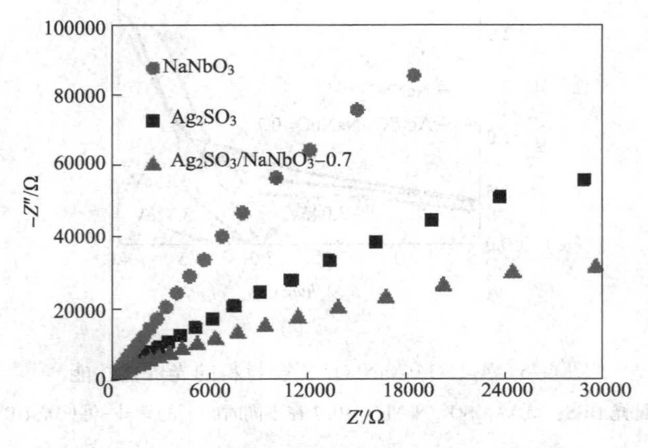

图 4-6 样品的 EIS 图

随后，我们用 MO 和 RhB 作为降解物来评估 $Ag_2SO_3/NaNbO_3$ 复合材料的光催化活性。图 4-7(a)为样品在可见光照射下光催化降解 RhB 的降解图。由图可知，黑暗搅拌条件下将光催化剂加入 RhB 溶液中进行吸附-解析，二者的平衡建立在 30min 以后。之后给予可见光照射，在可见光下，$NaNbO_3$ 在 30min 时降解约 10%，与 P25 类似。Ag_2SO_3 在 30min 内对 RhB 的降解率为 54.0%。对于 $Ag_2SO_3/NaNbO_3$ 复合材料，随着复合材料中 $NaNbO_3$ 比重增加，光催化效率呈现一种向下抛物线，先上升后下降。当 Ag_2SO_3 与 $NaNbO_3$ 的摩尔比为 1：0.7 时，在 30min 内达到 96.4%的最高降解效率。对比纯物质的效率。复合光催化剂的效果得到了明显提升。图 4-7(b)为样品在可见光下降解 MO 的效率图。黑暗条件下搅拌 60min，光催化剂达到溶液的吸附-解吸平衡；复合材料 $Ag_2SO_3/NaNbO_3$-0.7 对 MO 的降解效率良好，高达 97.1%，较纯 Ag_2SO_3 的 57.1%和纯 $NaNbO_3$ 的 6.4%有大幅度提升。这说明在该复合体系中，Ag_2SO_3 和 $NaNbO_3$ 存在协同作用，有效促进了光生载流子的分离和迁移效率，最终大幅度提高复合体系光催化活性。但是，随着 $NaNbO_3$ 添加量的增加，复合材料中 Ag_2SO_3 与 $NaNbO_3$ 的协同作用减弱，从而导致 $Ag_2SO_3/NaNbO_3$ 复合光催化材料的光催化活性降低。在图 4-7(c)和图 4-7(d)为图 4-7(a)与图 4-7(b)相应的降解反应动力学拟合。可以看出，对 RhB 和 MO 两种染料的光降解符合伪一级动力学。从图 4-7(c)中可以看到，降解 RhB 溶液时样品，$Ag_2SO_3/NaNbO_3$ - 0.7 具有最高的降解速率 k ($0.112min^{-1}$)，且线性关系较好，是 Ag_2SO_3($0.049min^{-1}$)的 2.29 倍，是 $NaNbO_3$ ($0.002min^{-1}$)的 56 倍。同样在图 4-7(d)中，降解 MO 溶液时，$Ag_2SO_3/NaNbO_3$-0.7 降解速率 k 值仍最高，为 $0.134min^{-1}$，分别是 Ag_2SO_3($0.030min^{-1}$)和 $NaNbO_3$ ($0.011min^{-1}$)的 4.47 倍和 12.18 倍。这与图 4-7(a)和图 4-7(b)的结果对应。为进一步检测光催化对染料的降解效果，对反应液中的 RhB 和 MO 两种染料分子的浓度做了评估。如图 4-7(e)和图 4-7(f)为复合光催化剂 $Ag_2SO_3/NaNbO_3$-0.7 不同时间液体样品的紫外-可见光 DRS 光谱图。由图可知，随着反应时间的延长，RhB 和 MO 溶液在紫外-可见光 DRS 吸收度减小。染料分子对光有响应，当染料分子被分解以后，产物对光无响应。因此从吸光度的变化就可以看出染料浓度的变化。由图 4-7(e)看出，在光照 30min 后，RhB 在波长为 554nm 处的吸收峰基本平衡；同样，在图 4-7(f)中，在光照 60min 后，MO 在波长为 464nm 处的吸收峰也逐步降低。这表明，染料分子随着反应时间延长逐渐分解，光催化剂对 RhB 和 MO 溶液有很高的光催化效果。

为了明晰具体是哪种活性组分在光催化过程中起作用，我们利用 EDTA、p-BQ 和 TBA 这三种活性种淬灭剂分别作为空穴(h^+)、超氧自由基($\cdot O_2^-$)和羟基自由基($\cdot OH$)的捕捉材料。从图 4-8 中可以得出，在(a)曲线中，当不加入捕获剂时，降解率为 96.4%，当加入 EDTA 时，复合材料 $Ag_2SO_3/NaNbO_3$-0.7 的光降解效率由原来的 96.4%急剧下降到 10.3%，说明绝大部分空穴被空穴捕获剂捕捉，无法在光催化体系发挥催化作用。在曲线(c)和曲线(d)中，当加入 p-BQ 和 TBA 时，光降解效率也都由 96.4%下降到 24.7%和 39.9%，这也表明超氧自由基和羟基自由基在光催化降解过程中起一定的辅助作用，但是效果没有空穴捕捉剂好。所以光催化材料活性组分在降解过程按照作用大小排序为 $h^+ > \cdot O_2^- > \cdot OH$。

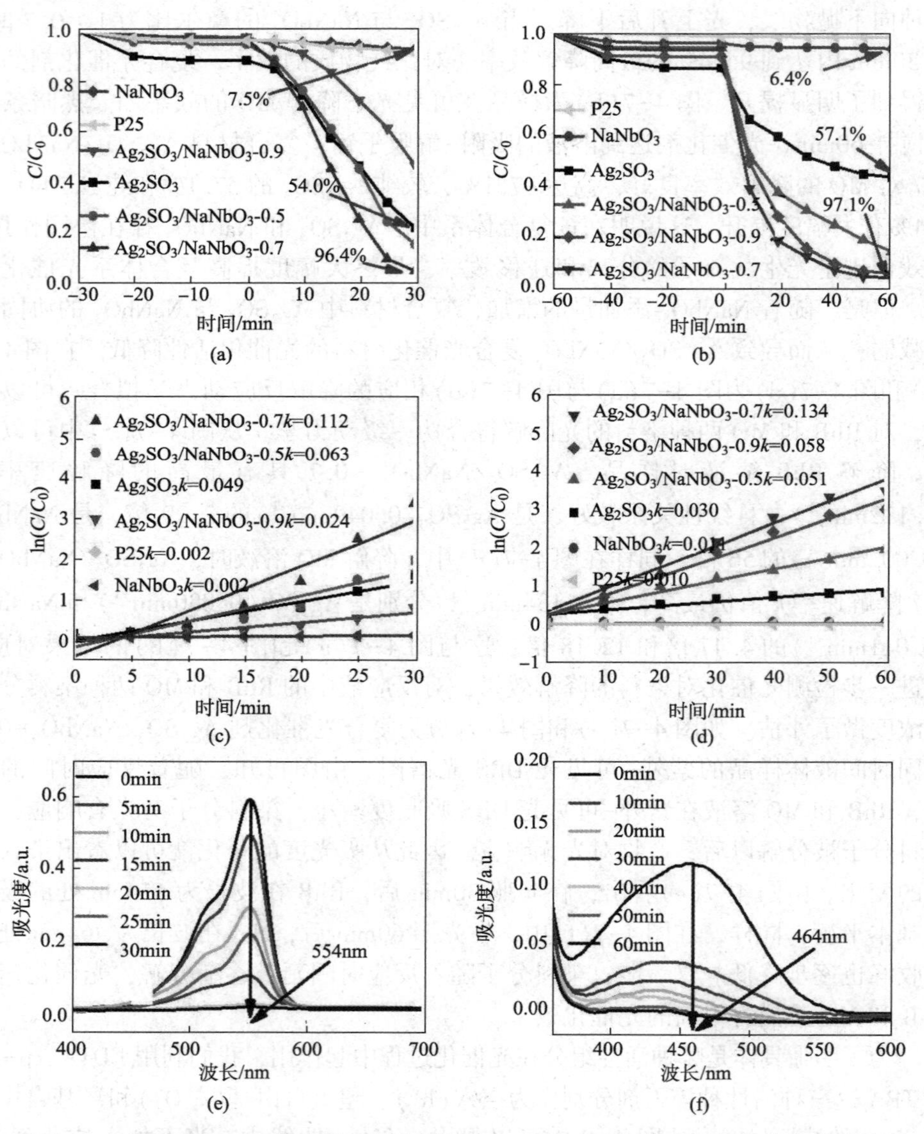

图 4-7　以 MO 和 RhB 作为降解物来评估 $Ag_2SO_3/NaNbO_3$ 复合材料的光催化活性

(a)和(b)为样品光催化降解 RhB 和 MO 的效率图；(c)和(d)为降解动力学拟合；

(e)和(f)为复合光催化剂 $Ag_2SO_3/NaNbO_3$-0.7 不同时间液体样品的紫外-可见吸收光谱

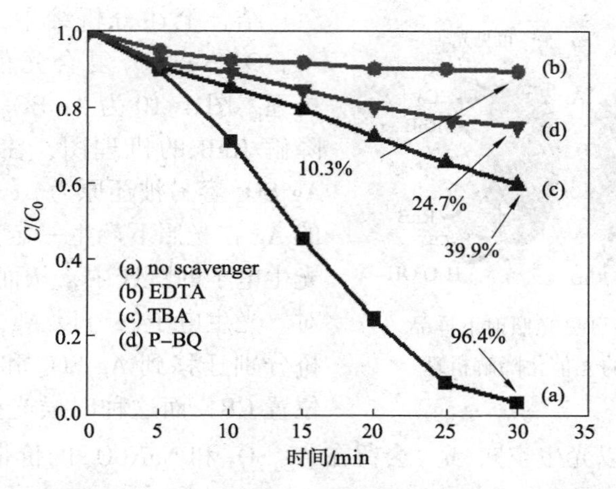

图 4-8 不同活性种淬灭剂下样品 $Ag_2SO_3/NaNbO_3$-0.7 的光催化活性

光催化反应过程中的电荷分离可以通过能带调节原理进行解释。半导体催化材料的导带(CB)和价带(VB)位置可以利用马利肯电负性理论计算，如下所示：

$$
\begin{aligned}
E_{CB} &= \chi - E_e - 0.5E_g \\
E_{VB} &= E_g + E_{CB}
\end{aligned}
\tag{4-2}
$$

式中，E_g、E_{VB} 和 E_{CB} 分别为带隙能量、价带电位和导带电位；χ 为半导体的电负性；E_e 是氢的自由电子能(4.50eV)。

由图 4-4(c)已经推算得到，Ag_2SO_3 和纯 $NaNbO_3$ 禁带宽度分别是 3.31eV 和 3.15eV。另外，根据样品的 XPS 价带光谱，如图 4-9(a)和图 4-9(b)所示，Ag_2SO_3 和 $NaNbO_3$ 的 E_{VB} 分别为 2.85eV 和 2.54eV。因此，由公式(4-2)可以算出 Ag_2SO_3 和 $NaNbO_3$ 的 E_{CB} 分别为-0.46eV 和-0.61eV。

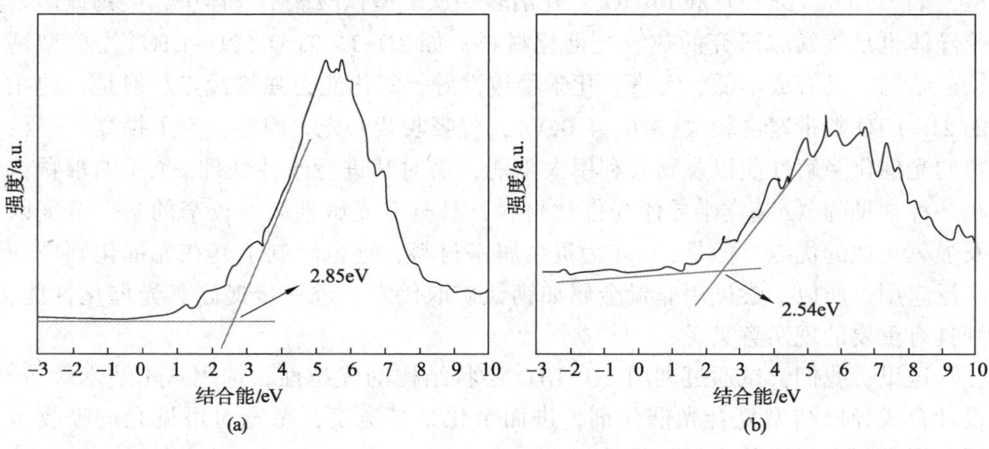

图 4-9 Ag_2SO_3 和 $NaNbO_3$ 的 XPS 价带谱

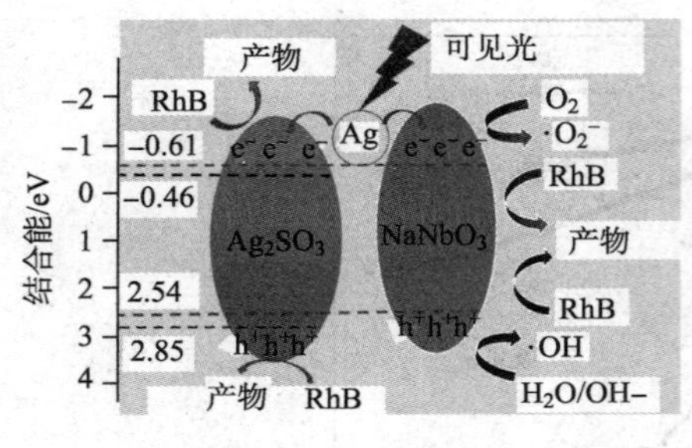

图 4-10　在可见光照射下样品降解 RhB 的光催化降解机理

结合上述分析结果，我们尝试总结 $Ag_2SO_3/NaNbO_3$ 复合光催化材料的工作机理。图 4-10 为 $Ag_2SO_3/NaNbO_3$ 光催化降解 RhB 的机理图，在可见光照射下，Ag_2SO_3 容易被还原为 Ag 单质，等离子体的 Ag 在光照下产生一定热电子也参与到光生电子的跃迁中，从而产生空穴-电子对。光生电子(e^-)以 Ag 粒子电子为导电桥分别迁移到 Ag_2SO_3 和 $NaNbO_3$ 的导带位置 CB，而这种时候光生电子与空穴无法直接复合，所以光生空穴(h^+)会留在 Ag_2SO_3 和 $NaNbO_3$ 的价带位置 VB，最终有效地提高了光生 e^-与 h^+的分离效率。发生迁移的光生 e^-可以与 O_2 反应生成有极强氧化能力的 O_2^-，光生 h^+可以与 H_2O 或者 OH^- 反应生成 · OH，生成的 · O_2^- 和 · OH 将 RhB 分子逐步降解生成 H_2O 和 CO_2。在这个过程中，h^+也可以直接参与 RhB 分子的降解，因此通过原位制备的 $Ag_2SO_3/NaNbO_3$ 异质结光催化材料能够有效地提高光生载流子的分离，从而提高复合光催化材料的光催化性能。

4.3　AgI/2D-$La_2Ti_2O_7$ 复合材料的制备及其光催化性能研究

钙钛矿型钛酸盐复合氧化物半导体以其结构稳定、来源丰富、光活性高等优点而渐受青睐。已报道的钛酸盐型光催化降解染料研究工作主要集中在 ABO_3 型，如 $SrTiO_3$、$BaTiO_3$ 和 $PbTiO_3$。在诸多钙钛矿型钛酸盐半导体中，类钙钛矿型半导体也是该领域研究的热点光催化材料，如 2D-$La_2Ti_2O_7$(2D-LTO)为典型钙钛矿结构，具有成本低、无毒、化学稳定性好、氧化能力强等优点。但是，纯相的 2D-LTO 禁带宽度较大(3.0 ~4.0eV)，仅吸收紫外光。因此，为了提高单一材料的光催化降解性能以及高效利用太阳能，需对其进行改性处理。AgI 纳米颗粒是一种常见的 Ag 基类半导体光催化材料，其具有光敏性高、较窄的禁带宽度以及强氧化性的优点。但是，AgI 为贵金属基材料，这也限制了其在光催化领域的广泛应用。所以，尝试用非贵金属如钙钛矿取代它，进一步提高其光催化性能，则具有重要的现实意义。

这里，我们尝试通过利用 2D-LTO 层状结构的优越性，选用 AgI 纳米颗粒，设计合成异质结型复合光催化剂，进而窄化禁带宽度，拓宽对可见光的吸收范围，提高复合材料的光催化活性。

4.3.1 $AgI/2D-La_2Ti_2O_7$ 复合材料的制备

1. 2D-LTO 的制备

水热法：在室温下称取 0.8660g $La(NO_3)_3 \cdot 6H_2O$ 和 0.4800g $Ti(SO_4)_2$，溶解在 10mL 去离子水的烧杯中，将 10mL 浓度为 2mol/L NaOH 溶液逐滴加入上述混合物中，磁力缓慢搅拌 4h。然后将所得悬浮液转移到 150mL 以聚四氟乙烯为内衬的不锈钢高压釜中，在 220℃恒温烘箱中保持 24h，待水热反应完成，将高压釜自然冷却至室温。最后，将聚四氟乙烯内衬中的沉淀物过滤，去离子水洗涤 5~6 次至呈中性，并将沉淀物放置于 60℃的电热鼓风干燥箱中干燥 12h，研磨得到白色产物。

2. AgI/2D-LTO 复合材料的制备

原位沉淀法：首先，将 1mmol$AgNO_3$ 和已经合成的 AgI/2D-LTO 纳米片，按照不同的添加量(分别为 0.0850g、0.0170g 和 0.0255g)混合，溶解在装有 20mL 去离子水的烧杯中，超声 15min 直至均匀分散，记为溶液 A。然后，将 1mmol NH_4I 溶解在另一只盛有 20mL 去离子水的烧杯中，磁力搅拌至溶液澄清，记为溶液 B。拿胶头滴管将溶液 B 以 3s 一滴的滴速逐滴加入持续搅拌的混合溶液 A 中，待溶液 B 滴完后继续磁力搅拌 1h。最后将悬浮液抽滤，去离子水洗涤 5~6 次至呈中性，得到的浅绿色沉淀物置于温度在 60℃的电热鼓风干燥箱中干燥 12h。这些样品标记为 AgI/2D-LTO-X，其中，X 是指 2D-LTO 与 AgI 的理论质量比，分别为 5%、10%和 15%。为了将制备的复合材料与纯 AgI 做对照，纯 AgI 同样采用上述制备复合光催化材料的方法，但是不加入 2D-LTO 粉末。

4.3.2 $AgI/2D-La_2Ti_2O_7$ 复合材料的光催化性能研究

1. $AgI/2D-La_2Ti_2O_7$ 复合材料的形貌及结构表征

由图 4-11(a)可以看出，制得的 AgI 样品颗粒较小，直径范围在 100~150nm。而从图 4-11(b)中我们可以看到，通过水热法制备的 2D-LTO 为不太规整的纳米薄片，厚度 3~7nm，大小为 0.3~1.0μm。

图 4-11　AgI(a)和纯 2D-LTO(b)的 TEM 图

由图 4-12(a)可以观察到，AgI 呈球状或者椭圆状纳米颗粒，某些区域有团聚，直径范围在 100~150nm。由图 4-12(b)可以明显看出，纯 2D-LTO 为不太规则的片状，平均尺寸为 0.3~1.0μm，与 TEM 测试形貌相一致。在图 4-12(c)中，复合光催化材料为 AgI/2D-LTO-10%的微观形貌，由图中画出的实线可以看到，AgI 颗粒均匀地负载到了片状 2D-LTO 的表面上。这种异质结型形貌可以有效改善材料的光催化性能。

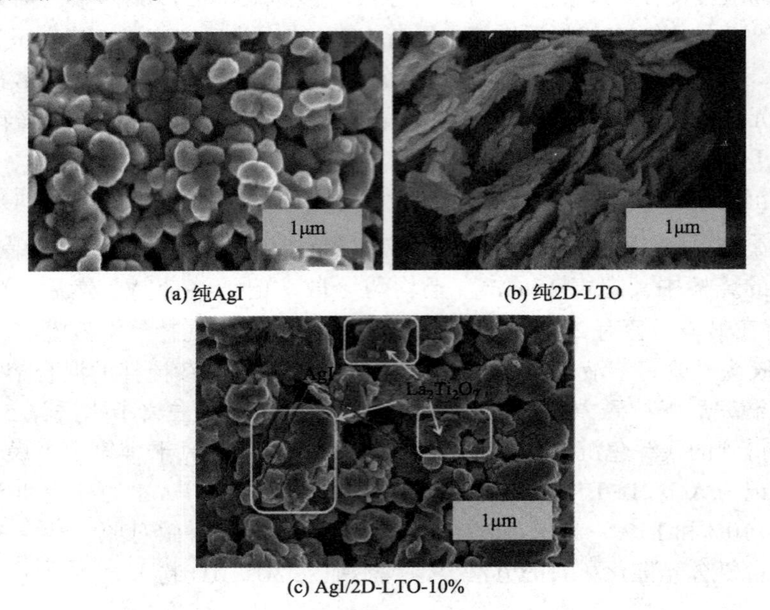

(a) 纯AgI (b) 纯2D-LTO

(c) AgI/2D-LTO-10%

图 4-12 样品的 SEM 图

随后，我们通过 X 射线粉末衍射仪对光催化剂样品的晶体结构进行表征以及物相分析。图 4-13 为单相的 AgI、2D-LTO 和复合材料的 AgI/2D-LTO-X 的 XRD 谱图。图 4-13(a)可以看出，2D-LTO 存在衍射峰，分别在 2θ 为 21.14°、28.23°、29.91°、32.24°、33.05°、39.90°、43.07°、46.53°、48.27°和 57.85°处，与正交晶相平面(210)(112)(212)(020)(212)(112)(420)(104)(422)和(124)相对应，与 2D-LTO 的标准卡片衍射图谱相对应(JCPDS：70-0903)。在图 4-13(b-d)可以看出，随着 2D-LTO 用量增加，2θ=23.68°处的衍射峰逐渐变强，但峰的位置没有发生明显偏移，这说明加入 2D-LTO 不会改变 AgI 的晶体结构。图 4-13(e)分别在 2θ 为 22.32°、23.71°、39.20°和 46.31°处出现衍射峰，对应于正交晶相平面(100)(002)(110)和(112)，与 AgI 的标准卡片衍射图谱相对应(JCPDS：70-0903)。结果表明，所制备的 2D-LTO 和 AgI 纯度较高。在复合光催化材料的 XRD 谱图中并没有出现其他杂峰，表明制备的样品纯度高。

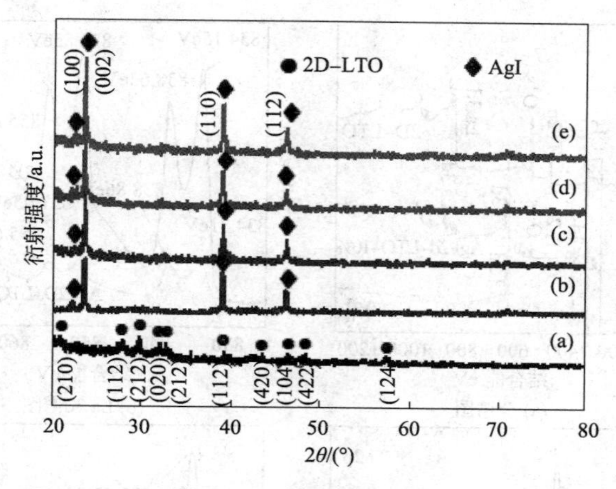

图 4-13　样品的 XRD 图

(a)纯 2D-LTO；(b)AgI/2D-LTO-5%；(c)AgI/2D-LTO-10%；(d)AgI/2D-LTO-15%；(e)纯 AgI

XPS 可以对光催化材料的元素成分、价态分析以及价带位置进行测试分析。图 4-14(a)为 AgI、2D-LTO 和 AgI/2D-LTO-10%光催化材料的全谱图。可以明显看出，2D-LTO 中含有 La、Ti、O 元素，AgI 中含有 Ag 和 I 元素。在 284.8eV 处出现的 C 1s 峰来自用于校准 XPS 的不定碳，在复合样 AgI/2D-LTO-10%中存在 La、Ti、O、Ag 和 I 元素。如图 4-14(b)所示，在 La 元素的 800~900 波长段，XPS 光谱线呈现 4 个强峰，为 La $3d_{5/2}$和 La $3d_{3/2}$两个原子轨道，$3d_{5/2}$的结合能为 834.31eV 和 838.86eV，$3d_{3/2}$的结合能为 851.05eV 和 855.67eV。单相 2D-LTO 中 La 元素的结合能与复合样 AgI/2D-LTO-10%相比出现微弱的位移，可能是因为化学环境变化而引起的。图 4-14(c)(d)是元素 Ti 2p 和 O 1s 的 XPS 光谱。在复合样 AgI/2D-LTO-10%中，Ti $2p_{3/2}$、Ti $2p_{1/2}$和 O 1s 的结合能分别位于 458.35eV、464.10eV、529.75eV 处，峰强明显减弱；但是在 AgI/2D-LTO-10%中，Ti $2p_{3/2}$、Ti $2p_{1/2}$和 O 1s 的结合能都高于单相 2D-LTO 中 Ti $2p_{3/2}$、Ti $2p_{1/2}$和 O1s 的结合能。可以解释为，此时钛原子化合价为正三价，这可能是形成 Ti 原子或氧空位。在图 4-14(e)中，Ag 元素出现了两个原子轨道，分别是 Ag $3d_{5/2}$和 Ag $3d_{3/2}$，$3d_{5/2}$结合能为 368.41eV，$3d_{3/2}$结合能为 374.42eV。复合样 AgI/2D-LTO-10%中 Ag 3d 的两个结合能为 367.75eV 和 373.75eV。较纯相，这两个峰也有微弱的位移，这表明，此时 Ag 为正一价，AgI 与 2D-LTO 为化学键合。在图 4-14(f)中，可以看出 AgI/2D-LTO-10%中 I 元素有两个原子轨道，分别是 I $3d_{5/2}$和 I $3d_{3/2}$，结合能为 618.95eV 和 630.51eV。与纯 AgI 的峰相比，强度大大降低，其结合能有所增大，分别为 619.75eV 和 631.24eV。基于以上分析，可以得出：AgI 纳米颗粒与 2D-LTO 纳米片结合是通过化学键合。

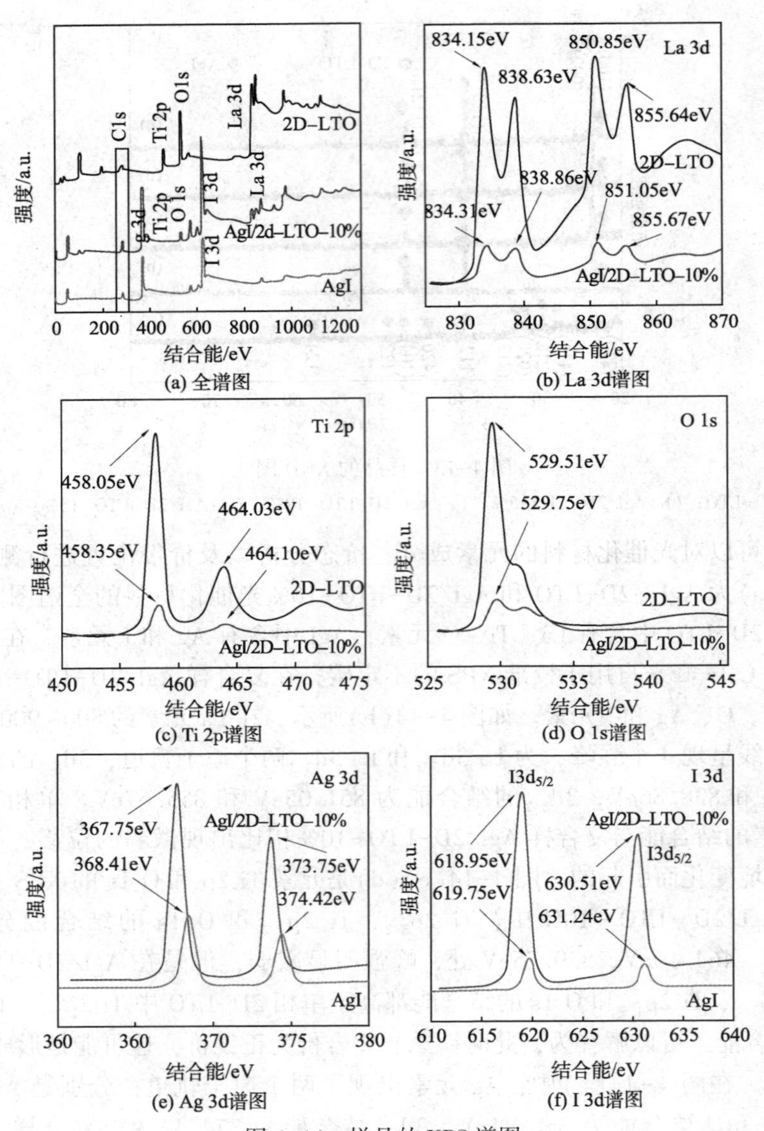

图 4-14　样品的 XPS 谱图

2. AgI/2D-$La_2Ti_2O_7$ 复合材料的光催化性能研究

图 4-15(a)是纯样以及复合光催化材料 AgI/2D-LTO 的紫外-可见光 DRS 分析。从图中我们可以明显地观察到，纯 2D-LTO 的光吸收边缘位于波长 300～400nm 处，纯 AgI 的光吸收边缘位于波长 300～480nm 处。随着 2D-LTO 用量的增加，复合光催化材料 AgI/2D-LTO 的光吸收强度逐渐增大，在可见光区的吸收强度也增大，说明 AgI 与 2D-LTO 复合后在可见光照射下能够产生更多的电荷载

流子，大大提高其光催化活性。

对于半导体的带隙，同样使用前面提到的 Kubelka-Munk 公式(4-1)进行计算。根据文献报道可知，对于 AgI 和 2D-LTO 而言，它们的 $n=1$，这表明两个样品都是直接半导体。如图 4-15(b)所示，经过曲线的拐点作切线与横坐标的交点值分别是 2.58eV 和 3.36eV，即 AgI 和 2D-LTO 的带隙，由此也可以确定，随着 2D-LTO 添加量增加，复合光催化材料 AgI/2D-LTO 的带隙逐渐减小，当 2D-LTO 的质量分数为 10%时，其具有最小的带隙值为 2.53eV，可以得出复合材料 AgI/2D-LTO-10%的带隙较纯样都小，拓宽了对可见光的响应。

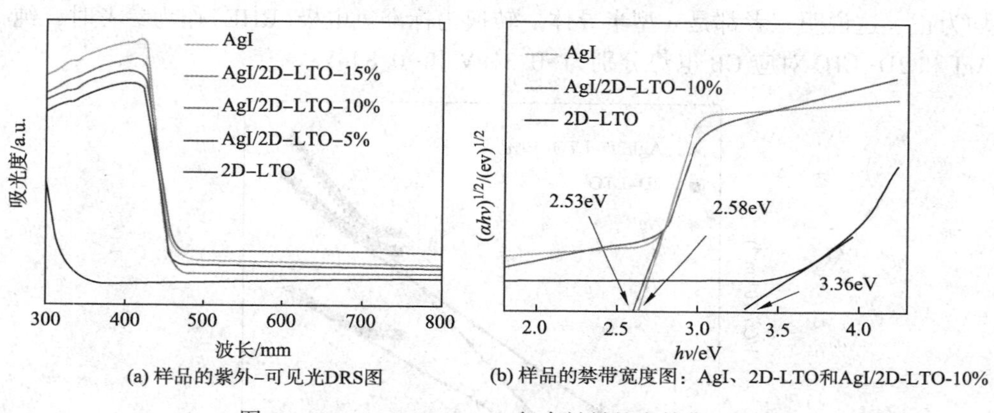

(a) 样品的紫外-可见光DRS图

(b) 样品的禁带宽度图：AgI、2D-LTO和AgI/2D-LTO-10%

图 4-15　AgI/2D-$LaTi_2O_7$ 复合材料的光催化性能

图 4-16 为样品的 EIS 谱。在图中我们可以看到，纯 AgI 比 2D-LTO 的圆弧半径小。此外，所合成的复合光催化材料 AgI/2D-LTO-10%在这 3 种样品中圆弧半径最小。这一结果表明，随着 2D-LTO 的加入，由于二维材料较大的比表面积和较高的载流子迁移率这一特点，使得 AgI 在受光激发后产生的载流子很快分

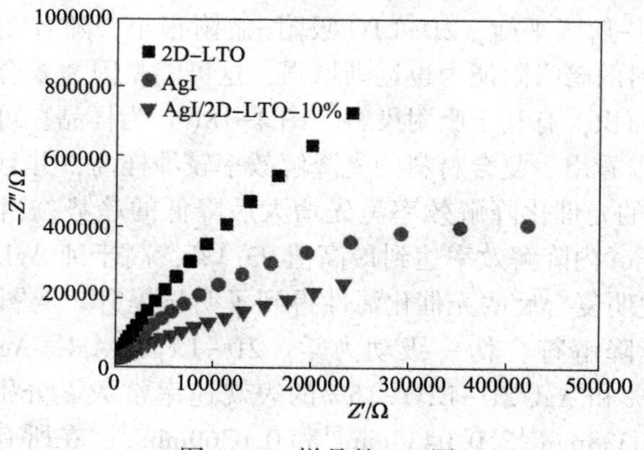

图 4-16　样品的 EIS 图

离，提高了分离效率且有效抑制了载流子复合。在这两者的协同作用下，AgI/2D-LTO 复合光催化材料具有较高的光催化活性。

半导体类型（n 型或 p 型）可以由莫特-肖特基（MS）图中曲线的斜率来确定，当斜率为正时，半导体为 n 型；当斜率为负时，则半导体为 p 型。半导体的平带电位（E_{fb}）可以由经过 MS 曲线的拐点作切线与横坐标的截距来确定。平带电位是影响光催化降解活性的一个重要参数，E_{fb}的大小影响到光生电子与空穴的复合概率，即 E_{fb}的值越负，光生电子越容易发生迁移。在图 4-17 中，以 Ag/AgCl 参比电极测试结果，可以看出 3 个样品 AgI、2D-LTO 和 AgI/2D-LTO-10%的斜率均为正，这说明三者都是 n 型半导体。转换为标准氢电极（RHE）作为参考时，纯 AgI 和 2D-LTO 对应 CB 电势分别为-0.31eV 和-0.84eV。

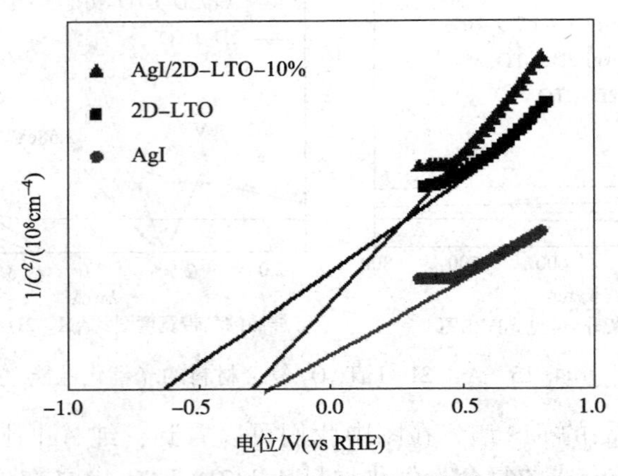

图 4-17　样品的莫特-肖特基曲线图

这里，我们利用光催化降解 RhB 来评估光催化剂的活性。图 4-18（a）为光催化剂对 RhB 溶液的吸附-解吸平衡。可以看出，在黑暗条件下，所有样品在 40min 内达到吸附-解吸平衡，2D-LTO 吸附-解附很小，随着 2D-LTO 用量的逐渐增加，复合材料的暗吸附能力也逐渐增强，这可能是因为复合材料的层状结构具有广阔的比表面积，有利于吸附染料。图 4-18（b）为样品在可见光照射下光催化降解效率。可以看出，复合材料的光降解效率较纯样高，并且随着 2D-LTO 的增加，对于 RhB 的光催化降解效率呈先增大后降低的趋势，当 2D-LTO 用量为 10%（wt）时，60min 内降解效率达到最高值 93.1%，高于纯 AgI 的 80.9%和 2D-LTO 的 2.1%，说明复合后的光催化活性得到了明显提升。从图 4-18（c）中可以看出，对 RhB 光降解符合伪一级动力学。2D-LTO、AgI、AgI/2D-LTO-5%、AgI/2D-LTO-10%和 AgI/2D-LTO-15%的表观速率常数 k 分别为 0.0030min^{-1}、0.0273min^{-1}、0.0338min^{-1}、0.0434min^{-1}和 0.0369min^{-1}。在所有样品中，复合材料 AgI/2D-LTO-10%的表观速率常数 k 值最大为 0.0434min^{-1}，它分别是 AgI 和

2D-LTO 的 1.59 倍和 14.45 倍。图 4-18(d)为复合光催化剂 AgI/2D-LTO-10%不同时间液体样品的紫外-可见光 DRS 光谱图。从图中可以看出，在 60min 内，污染物的吸光度逐渐降低。RhB 在波长为 554nm 处的吸收峰逐渐降低，60min 后吸收峰几乎完全消失，说明随着反应时间的进行，光催化剂逐渐将污染物进行分解，使得污染物浓度降低，污染物浓度减少，吸光度自然随之下降。

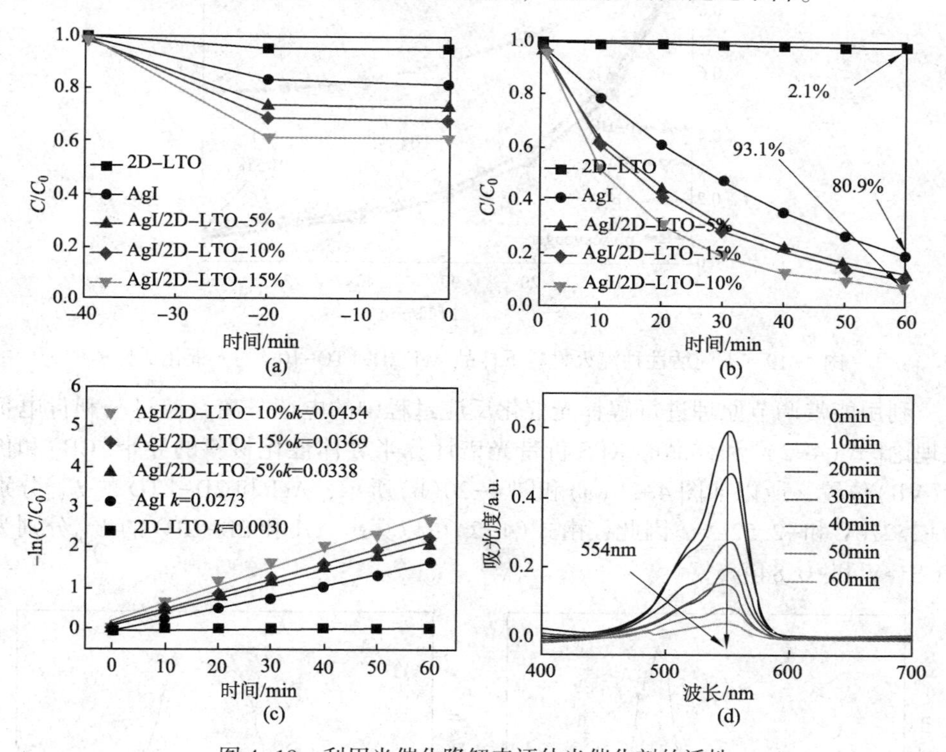

图 4-18　利用光催化降解来评估光催化剂的活性

(a)RhB 的吸附-解吸平衡；(b)可见光下 RhB 的光催化效率；(c)样品的反应动力学曲线；(d)复合光催化剂 AgI/2D-LTO-10%不同时间液体样品的紫外-可见光 DRS 图

为了明晰光降解过程中的哪种或者哪几种活性组分起作用，我们在光催化降解 RhB 的反应液中添加抑制剂进行活性组分捕获实验。3 种抑制剂 EDTA、p-BQ和 TBA 分别作为空穴(h^+)、超氧自由基($\cdot O_2^-$)和羟基自由基(OH)的捕获剂。从图 4-19 中可以明显看出，加入 p-BQ 时，复合材料 AgI/2D-LTO-10%的光降解效率由原来的 93.1%急剧下降到 2.5%，说明 $\cdot O_2^-$ 在光催化降解过程中有很大作用。当抑制剂为 EDTA 时，光降解效率降低为 48.5%，这表明空穴 h^+起辅助作用。当添加的抑制剂为 TBA 时，从图中可以看出光催化降解效率几乎与原来相同，降低了 1.6%，这表明羟基自由基·OH 的作用基本不起作用，所以光催化材料在降解过程中作用效果的活性种顺序是 $\cdot O_2^- > h^+ > \cdot OH$（图 4-19）。

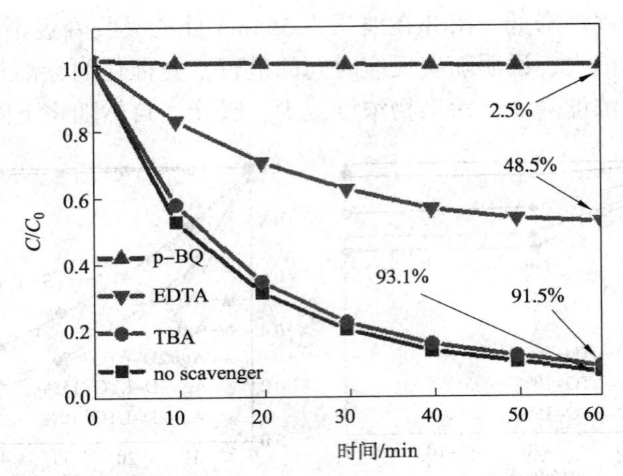

图 4-19　不同活性种淬灭材料下样品 AgI/2D-LTO-10%的光催化活性

利用能带调节原理进行解释光催化反应过程中的电荷分离，通过马利肯电负性理论[式(4-2)]和样品的 XPS 价带光谱计算半导体催化材料的导带(CB)和价带(VB)位置，所以如图 4-20(a)和图 4-20(b)所示，AgI 和 2D-LTO 的 E_{VB}分别为+2.27eV 和+2.52eV。因此，由式(4-2)可以算出 AgI 和 2D-LTO 的 E_{CB}分别为-0.31eV 和-0.84eV。

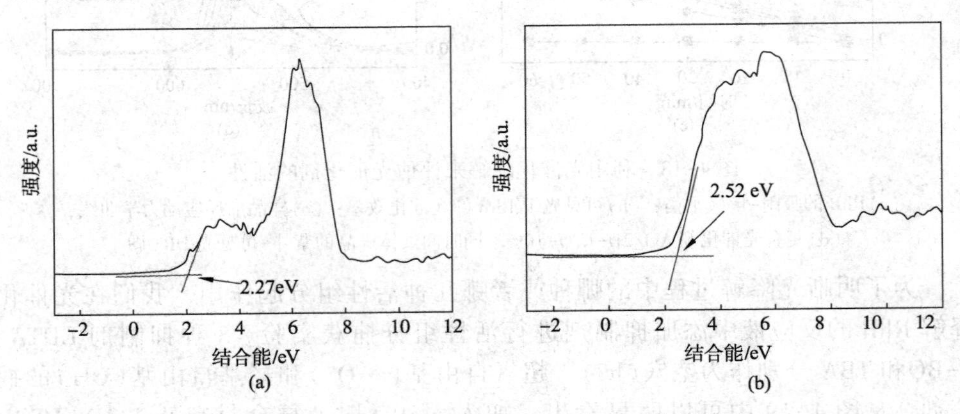

图 4-20　AgI(a)和 2D-LTO(b)的 XPS 价带谱

在上述分析的基础上，我们尝试提出了复合材料 AgI/2D-LTO 光催化降解 RhB 的机理过程。如图 4-21 所示，在纯 AgI 和 2D-LTO 复合之前，各自的导价带位置不同，但是在纯 AgI 和 2D-LTO 复合之后，二者形成异质结结构，相应的复合材料的费米能级发生变化。在可见光照射下，复合光催化材料吸收能量并进而激发，生成光生电子空穴对。具体来说，2D-LTO 上价带产生的光生空穴转移到 AgI 的价带上，AgI 上导带的光生电子转移到 2D-LTO 的导带上，这种转变最终使得光生电子与空穴无法直接复合。此时，光生电子或空穴各自进行表面迁移，形成超氧自由基、羟基自由基。生成的超氧自由基和羟基自由基与 RhB 分子反应，逐步将其降解生成 H_2O 和 CO_2。基于以上分析和实验结果，推测光催化过程中主要发生了如下反应：

$$AgI/La_2Ti_2O_7+h\nu \longrightarrow AgI(e^-)+La_2Ti_2O_7(h^+) \tag{4-3}$$

$$AgI(e^-)+O_2 \longrightarrow \cdot O_2^- \tag{4-4}$$

$$O_2+2H^+ \longrightarrow H_2O_2 \tag{4-5}$$

$$\cdot O_2^-+H_2O_2 \longrightarrow \cdot OH+OH^-+O_2 \tag{4-6}$$

$$La_2Ti_2O_7(h^+)+H_2O/OH^- \longrightarrow \cdot OH \tag{4-7}$$

$$La_2Ti_2O_7(h^+)+RhB \longrightarrow 降解产物 \tag{4-8}$$

$$\cdot OH+RhB \longrightarrow 降解产物 \tag{4-9}$$

$$\cdot O_2^-+RhB \longrightarrow 降解产物 \tag{4-10}$$

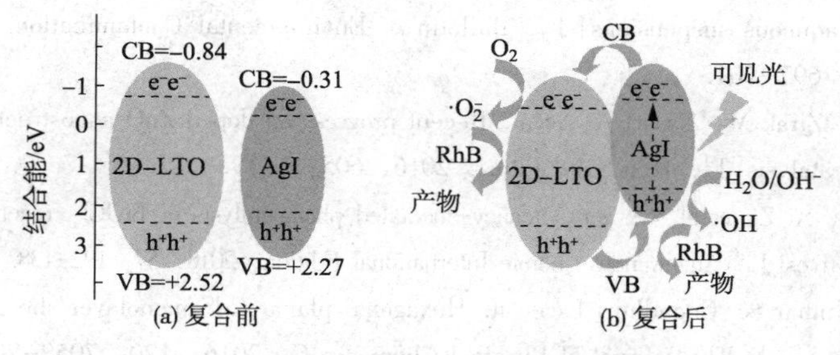

图 4-21　在可见光照射下样品降解 RhB 的光催化降解机理

参 考 文 献

[1] Chen W, Liu T Y, Huang T, et al. In situ fabrication of novel Z-scheme Bi_2WO_6 quantum dots/g-C_3N_4 ultrathin nanosheets heterostructures with improved photocatalytic activity [J]. Applied Surface Science, 2015, 355: 379-387.

[2] Chen Y, Zeng D, Cortie M B, et al. Seed-induced growth of flower-like Au-Ni-ZnO metal-semiconductor hybrid nanocrystals for photocatalytic applications [J]. Small, 2015, 11: 1460-1469.

[3] Zhu X, Wang P, Huang B, et al. Synthesis of novel visible light response$Ag_{10}Si_4O_{13}$ photocatalyst [J]. Applied Catalysis B: Environmental, 2016, 199: 315-322.

[4] Wu X F, Zhang J, Zhuang Y F, et al. Template-free preparation of a few-layer graphene nanomesh via a one-step hydrothermal process [J]. Journal of Materials Science, 2014, 50: 1317-1322.

[5] 冯彦梅. 钙钛矿型铌/钛酸盐复合光催化剂的制备、性能及机理研究[D]. 太原：中北大学，2019.

[6] Gómez S C, Ballesteros J C, Torres L M, et al. RuO_2-$NaTaO_3$ heterostructure for its application in photoelectrochemical water splitting under simulated sunlight illumination[J]. Fuel, 2016, 166: 36-41.

[7] Wang P, Huang B, Qin X, et al. Ag@AgCl: a highly efficient and stable photocatalyst active under visible light[J]. Angewandte Chemie-International Edition, 2008, 47: 7931-7933.

[8] Bayart A, Saitzek S, Ferri A, et al. Microstructure and nanoscale piezoelectric/ferroelectric properties in $Ln_2Ti_2O_7$(Ln=La, Pr and Nd) oxide thin films grown by pulsed laser deposition[J]. Thin Solid Films, 2014, 553: 71-75.

[9] Nsib M F, Hajji F, Mayoufi A, et al. In situ synthesis and characterization of TiO_2/HPM cellulose hybrid material for the photocatalytic degradation of 4-NP under visible light[J]. Comptes Rendus Chimie, 2014, 17: 839-848.

[10] Fujishima A, Honda K. Electrochemical photolysis of water at a semiconductor electrode[J]. Nature, 1972, 238: 37-38.

[11] Carey J H, Lawrence J, Tosine H M. Photodechlorination of PCB's in the presence of titanium dioxide in aqueous suspensions[J]. Bulletin of Environmental Contamination and Toxicology, 1976, 16: 697-701.

[12] Samadi M, Zirak M, Naseri A, et al. Recent progress on doped ZnO nanostructures for visible-light photocatalysis[J]. Thin Solid Films, 2016, 605: 2-19.

[13] Li H, Li J, Ai Z, et al. Oxygen Vacancy-mediated photocatalysis of BiOCl: reactivity, selectivity, and perspectives[J]. Angewandte Chemie International Edition, 2018, 57: 122-138.

[14] Garg P, Kumar S, Choudhuri I, et al. Hexagonal planar CdS monolayer sheet for visible light photocatalysis[J]. The Journal of Physical Chemistry C, 2016, 120: 7052-7060.

[15] Qu L, Lang J, Wang S, et al. Nanospherical composite of WO_3 wrapped $NaTaO_3$: improved photodegradation of tetracycline under visible light irradiation[J]. Applied Surface Science, 2016, 388: 412-419.

[16] Da Silva G T S T, Carvalho K T G, Lopes O F, et al. g-C_3N_4/Nb_2O_5 heterostructures tailored by sonochemical synthesis: enhanced photocatalytic performance in oxidation of emerging pollutants driven by visible radiation[J]. Applied Catalysis B: Environmental, 2017, 216: 70-79.

[17] Zhang Z, Jiang D, Li D, et al. Construction of $SnNb_2O_6$ nanosheet/g-C_3N_4 nanosheet two-dimensional heterostructures with improved photocatalytic activity: synergistic effect and mechanism insight[J]. Applied Catalysis B: Environmental, 2016, 183: 113-123.

[18] Pelaez M, De La Cruz A A, Stathatos E, et al. Visible light-activated N-F-codoped TiO_2 nanoparticles for the photocatalytic degradation of microcystin-LR in water [J]. Catalysis Today, 2009, 144(1-2): 19-25.

[19] Voorhoeve R J H, Jr D W J, Remeika J P, et al. Perovskite oxides: materials science in catalysis[J]. Science, 1977, 195: 827-833

[20] Tanaka H, Misono M. Advances in designing perovskite catalysts[J]. Current Opinion in Solid State and Materials Science, 2001, 5: 381-387.

[21] Mi L, Feng Y, Cao L, et al. Photocatalytic ability of $Bi_6Ti_3WO_{18}$ nanoparticles with a mix-layered aurivillius structure[J]. Journal of Nanoparticle Research, 2018, 20: 2.

[22] Thaweesak S, Lyu M, Peerakiatkhajohn P, et al. Two-dimensional $g-C_3N_4/Ca_2Nb_2TaO_{10}$ nanosheet composites for efficient visible light photocatalytic hydrogen evolution[J]. Applied Catalysis B: Environmental, 2017, 202: 184-190.

[23] Zhao Y, Fan H, Fu K, et al. Intrinsic electric field assisted polymeric graphitic carbon nitride coupled with $Bi_4Ti_3O_{12}/Bi_2Ti_2O_7$ heterostructure nanofibers toward enhanced photocatalytic hydrogen evolution[J]. International Journal of Hydrogen Energy, 2016, 41: 16913-16926.

[24] Grabowska E. Selected perovskite oxides: characterization, preparation and photocatalytic properties-A review[J]. Applied Catalysis B: Environmental, 2016, 186: 97-126.

[25] Wei X, Xu G, Ren Z, et al. PVA-assisted hydrothermal synthesis of $SrTiO_3$ nanoparticles with enhanced photocatalytic activity for degradation of RhB[J]. Journal of the American Ceramic Society, 2008, 91: 3795-3799.

[26] Maeda K. Rhodium-doped barium titanate perovskite as a stable p-Type semiconductor photocatalyst for hydrogen evolution under visible light[J]. ACS Applied Materials Interfaces, 2014, 6: 2167-2173.

[27] Li L, Liu X, Zhang Y, et al. Heterostructured(Ba, Sr)TiO_3/TiO_2 core/shell photocatalysts: influence of processing and structure on hydrogen production[J]. International Journal of Hydrogen Energy, 2013, 38: 6948-6959.

[28] Kudo A, Kato H, Nakagawa S. Water splitting into H_2 and O_2 on new $Sr_2M_2O_7$($M = Nb$ and Ta) photocatalysts with layered perovskite structures: factors affecting the photocatalytic activity [J]. The Journal of Physical Chemistry B, 2000, 104: 571-575.

[29] Wan Y, Liang C, Xia Y, et al. Fabrication of graphene oxide enwrapped Z-schemeAg_2SO_3/AgBr nanoparticles with enhanced visible-light photocatalysis[J]. Applied Surface Science, 2017, 396: 48-57.

[30] Grabowska E. Selected perovskite oxides: characterization, preparation and photocatalytic properties-A review[J]. Applied Catalysis B: Environmental, 2016, 186: 97-126.

[31] Ao Y, Xu L, Wang P, et al. Preparation of heterostructuredAg@ AgCl/$La_2Ti_2O_7$ plasmonic photocatalysts with high visible light photocatalytic performance for the degradation of organic pollutants[J]. RSC Advances, 2016, 6: 19223-19232.

[32] Shao Z, Saitzek S, Roussel P, et al. Microstructure and nanoscale piezoelectric/ferroelectric properties in $La_2Ti_2O_7$ thin films grown on(110)-oriented doped Nb: $SrTiO_3$ substrates[J]. Advanced Engineering Materials, 2011, 13: 961-969.

[33] Cai X, Zhang J, Fujitsuka M, et al. Graphitic-C_3N_4 hybridized N-doped $La_2Ti_2O_7$ two-dimensional layered composites as efficient visible-light-driven photocatalyst[J]. Applied Catalysis B: Environmental, 2017, 202: 191-198.

[34] Zhou M, Shi H, Huang H, et al. $Bi_2O_2(OH)NO_3/AgI$ heterojunction with enhanced UV and visible-light responsive photocatalytic activity and mechanism investigation [J]. Materials Research Bulletin, 2018, 108: 120-129.

[35] Liu J, Chen G, Li Z, et al. Hydrothermal synthesis and photocatalytic properties of $ATaO_3$ and $ANbO_3$ (A = Na and K) [J]. International Journal of Hydrogen Energy, 2007, 32: 2269-2272.

[36] Zhao X, Yang H, Li S, et al. Synthesis and theoretical study of large-sized $Bi_4Ti_3O_{12}$ square nanosheets with high photocatalytic activity [J]. Materials Research Bulletin, 2018, 107: 180-188.

第5章 g-C_3N_4 基复合光催化剂的制备及其光催化性能研究

5.1 引言

现代工业的集聚发展使得化石能源的消耗日益增多，造成有害物质的排放也与日俱增，环境问题日益严峻，迫使人们开始探索清洁能源。利用地球储量丰富且不会造成二次污染的非金属元素(如C、N、O等)制备性能优异的光催化材料，是实现太阳能清洁转换的理想途径。在各种可再生环保项目中，光催化技术因其清洁高效的特点，受到了广泛的关注。目前报道的光催化剂大多都是半导体材料，如金属氧化物、金属磷酸物、金属硫化物等等。石墨相氮化碳(g-C_3N_4)是一种独特的2D层状非金属材料，其在空气氛围中600℃下仍保持较好的热稳定性；具有良好的化学稳定性、抗渗透性、电学性能以及难溶解性。g-C_3N_4 早期主要应用于固体润滑剂领域，但作为一种不含金属的光催化剂成功地应用于降解有机物使之迅速成为光催化领域中的热点研究材料，获得了快速发展。被普遍视为具有广阔应用前景的光催化材料，在光催化分解水产氢、人工光合成、有机污染物降解以及二氧化碳还原等领域具有重要的研究价值。然而，目前 g-C_3N_4 在光催化反应中仍然面临禁带宽度较宽等问题的困扰。采用热解法合成的 g-C_3N_4 通常具有较宽的禁带宽度(约2.7eV)，仅能吸收可见光中很少部分的短波长光。如何对其能带结构进行调控，进而拓宽可见光的吸收能力，充分利用占太阳能总能量40%以上的可见光部分成为该领域的研究热点之一。而且块状 g-C_3N_4 比表面积小、颗粒直径大，表现出的光催化性能低下，因此需要对其进行改性以提高光催化活性。

5.2 BNNS/块状 g-C_3N_4 复合光催化剂的制备及其光催化性能研究

BNNS具有优良的综合性能，如介电常数低、化学稳定性高、热导率大、无毒，能有效阻止光生电子与空穴的复合。已有的报道显示：氮化硼/Ag_2CrO_4、氮化硼/Ag_3PO_4 等已经展现出良好的光催化性能。据调研，氮化硼纳米烯(BNNS)/g-C_3N_4 复合光催化材料未见报道。基于上述事实，我们针对体型 g-C_3N_4 光催化活性有待提高的问题，尝试对 BNNS/g-C_3N_4 复合光催化体系进行了较为系统的研究。首先通过煅烧法，制备了纯样 BNNS 和 g-C_3N_4。在此基础上，通过两步法，将 BNNS 负载于 g-C_3N_4 的表面，获得了 BNNS/g-C_3N_4 复合光催化剂，并尝试探索了该复合光催化剂的微观结构和宏观光催化性能之间的关系，并给出了其协同光催化机理。

5.2.1 BNNS/块状 g-C_3N_4 复合光催化剂的制备

1. BNNS 的制备

基于实验室已有的技术：将 0.2g 的六方氮化硼加入 40mL 去离子水中，在超声波细胞粉碎机中超声 30min；然后加入适量的 NaCl，静置后将其放入坩埚中，置于鼓风干燥烘箱中 100℃下烘干至恒重；研磨后在马弗炉 1000℃中煅烧 4h。反应结束冷却至室温，加入适量的盐酸和水，静置 12h；抽滤、洗涤，直到滤液变为中性，60℃下干燥 6h。

2. g-C_3N_4 的制备

取 3g $C_3H_6N_6$ 置于坩埚中，在马弗炉中先由室温升温至 600℃（升温速率为 5℃/min），保温 4h；然后缓慢降至室温取出、研磨，即得淡黄色的 g-C_3N_4 粉末。

3. BNNS/g-C_3N_4 复合光催化剂的制备

将 0.5g 自制的 g-C_3N_4 于超声波细胞粉碎机中超声 30min，加入一定量的 BNNS，常温搅拌 1h 后使其在 105℃下回流 4h，洗涤、过滤、干燥后将样品在马弗炉 400℃下煅烧 2h，冷却后即可获得 BNNS/g-C_3N_4 复合光催化剂。

5.2.2 BNNS/块状 g-C_3N_4 复合光催化剂的光催化性能研究

1. BNNS/g-C_3N_4 复合光催化剂的形貌及结构表征

首先，我们利用 TEM 对 BNNS、g-C_3N_4 和 8%(wt)-BNNS/g-C_3N_4 复合光催化剂进行了形貌表征，结果如图 5-1 所示。从图 5-1(a)中可以看出：自制的 BNNS 直径为 500nm 的圆片，均匀分散。从图 5-1(b)中可以看出：自制的 g-C_3N_4 为体型结构，其形貌与文献上一致。从图 5-1(c)中可以看出，BNNS 成功地负载于 g-C_3N_4 的表面，形成了类似异质结的复合材料，有利于提高光降解性能。

图 5-2 为 BNNS、g-C_3N_4 和不同用量的 BNNS/g-C_3N_4 复合光催化剂的 XRD 图。从图 5-2(a)中可以看出，在 27.6°出现一个强衍射峰，在 13.1°出现一个弱衍射峰，这与文献中报道的纯 g-C_3N_4 的特征衍射峰一致。从图 5-2(b)～(e)中可以看出：BNNS/g-C_3N_4 复合材料中出现了 g-C_3N_4 的特征峰，但 BNNS 的特征

衍射峰不易观察到，这可能是由于复合材料中 BNNS 的相对含量低以及特征峰强度较低。从图 5-2(f) 中可以看出：样品在 24.25°有一个 BNNS 的特征峰，证明 BNNS 的成功制备。

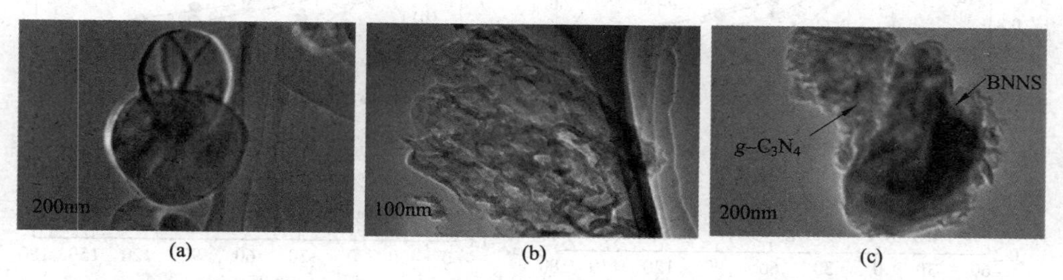

图 5-1　BNNS(a)、g-C_3N_4(b)、8%(wt)-BNNS/g-C_3N_4 复合光催化剂(c)的 TEM 图

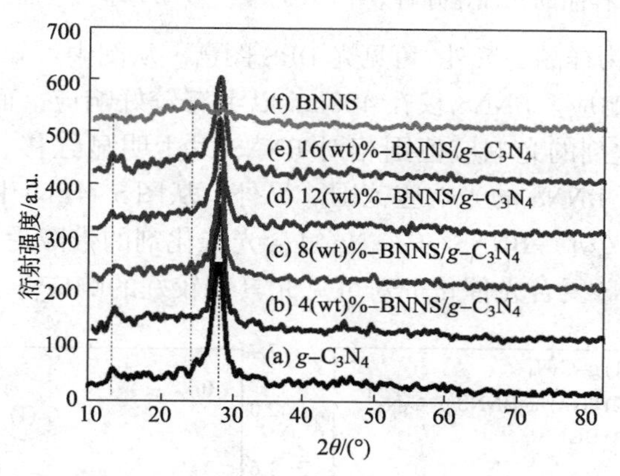

图 5-2　BNNS、g-C_3N_4 和不同配比 BNNS/g-C_3N_4 复合光催化剂的 XRD 图

2. BNNS/g-C_3N_4 复合光催化剂的光催化性能研究

接下来，我们尝试探索 BNNS/g-C_3N_4 复合光催化剂的光电性能。图 5-3 显示为样品的光催化降解染料图，其中图 5-3(a)为不同含量的 BNNS/g-C_3N_4 复合光催化剂降解 RhB 溶液的光催化图。从图 5-3(a)中可知：在黑暗条件下 60min 以后达到吸附-解附平衡。在可见光下辐照 180min 时，g-C_3N_4 纯样对 RhB 的降解效率为 41.29%。g-C_3N_4 和 BNNS 复合后，降解效率明显增加，且随着 BNNS 质量的增加，降解效率呈现出先升高后降低的趋势。当 BNNS 的质量含量为 8%时，其光催化降解效率达到最大值 73.34%，比 g-C_3N_4 和 P25 (TiO_2，对比样)分别提高了 32.05%和 40.47%。图 5-3(b)为样品的光催化效果图的一级动力学拟合曲线图。从图 5-3(b)也可知：各样品的反应速率符合一阶动力学常数。与图 5-3(a)获得结果相似，复合样的一阶动力学常数大于纯样，g-C_3N_4 光催化活性明显提高，且复合样中 BNNS 的质量含量为 8%时获

得最优的降解效率。

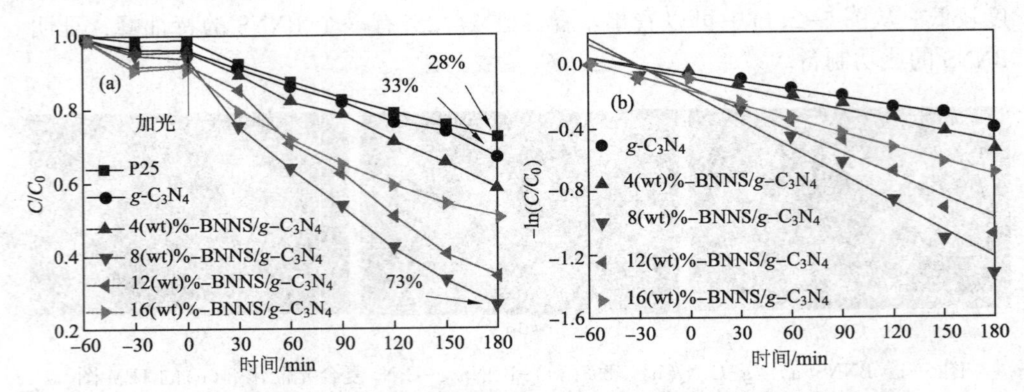

图 5-3 样品的光催化降解效率图(a)和一级动力学拟合曲线图(b)

图 5-4 显示的为样品的紫外-可见光 DRS 图谱。从图中可知：$g-C_3N_4$ 在 200~800nm 范围内均有响应。BNNS 仅在 400nm 以下有较好响应，而 8%(wt)-BNNS/$g-C_3N_4$ 复合光催化剂的光响应范围相对 BNNS 发生明显红移。该现象表明，$g-C_3N_4$ 的引入拓宽了 BNNS 的光响应范围。另外，从图 5-4(b)中可知：$g-C_3N_4$ 的带隙为 2.5eV，8%(wt)-BNNS/$g-C_3N_4$ 复合光催化剂的带隙为 2.61eV，说明 8%(wt)-BNNS/$g-C_3N_4$ 复合光催化剂对可见光具有较好的响应。

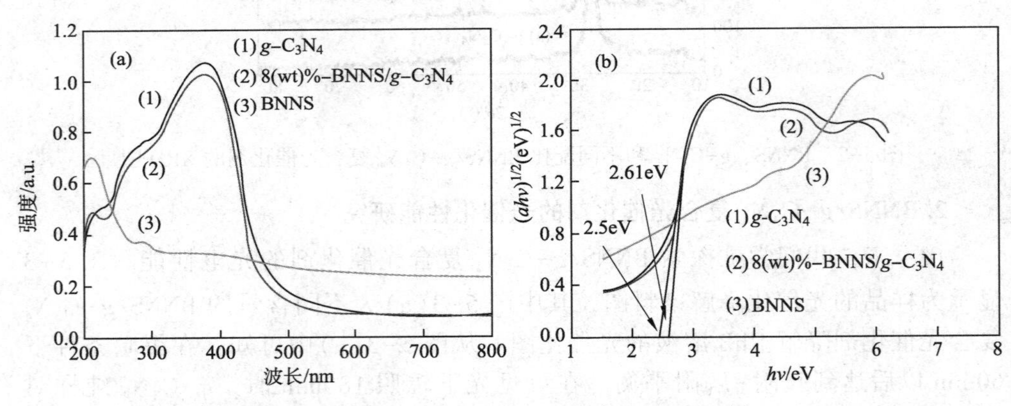

图 5-4 样品的紫外-可见光 DRS 图(a)和 DRS 图(b)

EIS 是表征半导体材料中光生载流子分离效率的良好途径。图 5-5 显示的为样品的 EIS 图谱。从图中可以得知：8%(wt)-BNNS/$g-C_3N_4$ 复合光催化剂的圆弧半径明显比 $g-C_3N_4$ 小。该结果表明：当 BNNS 的用量为 8%(wt)时，光生载流子的分离和传输效率高，从而提高复合材料的光催化性能。

基于以上实验结果，可以初步得到 BNNS/$g-C_3N_4$ 复合光催化剂对 RhB 的协同降解机理，如图 5-6 所示。在可见光照射下，$g-C_3N_4$VB 上的电子激发到 CB，从而产生光生电子-空穴对。之后 $g-C_3N_4$ 将导带上的电子转移到 BNNS 的导带上。此时，BNNS 和 $g-C_3N_4$ 形成了具有类异质结的结构，提高了复合材料光生载流子的分离效率和复合材料的光催化性能。

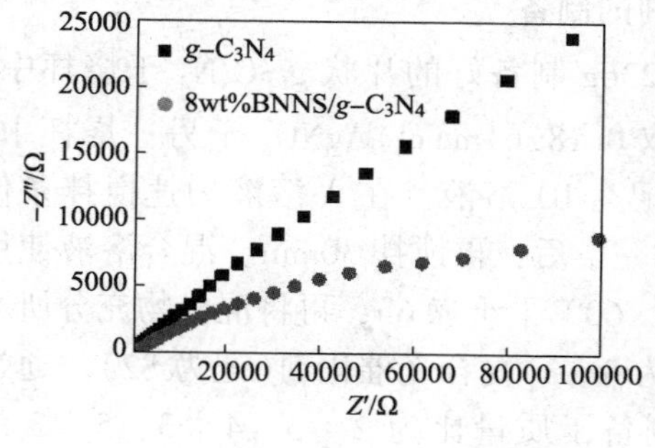

图 5-5 样品的 EIS 图

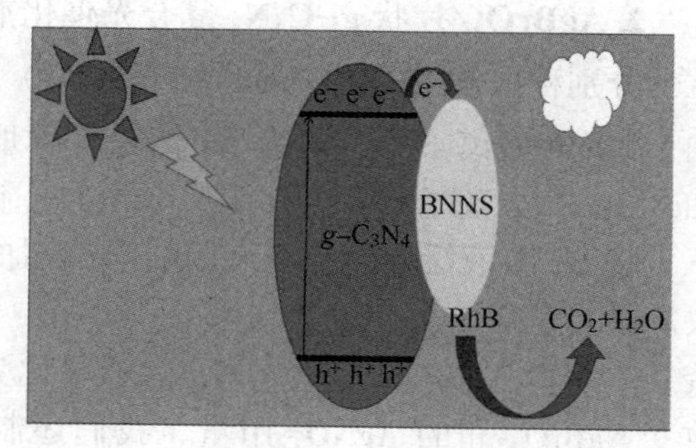

图 5-6 BNNS/$g-C_3N_4$ 复合光催化剂对 RhB 的协同降解机理图

5.3 $AgBrO_3$/片状 $g-C_3N_4$ 复合光催化剂的制备及其光催化性能研究

Ag 基半导体对可见光响应且具有合适的 VB 和 CB 位置和光催化活性。其中，$AgBrO_3$ 因其独特新颖的理化特性而逐渐被人们关注。但是 $AgBrO_3$ 见光易分解，特别是在光催化实验过程中，易受到光照而发生还原反应生成其他 Ag 基物质，使其变质不能连续使用，从而严重限制了 $AgBrO_3$ 在光催化领域的广泛应用。近期研究结果表明，将 Ag 基化合物与半导体 $g-C_3N_4$ 材料相结合，利用 $g-C_3N_4$ 大的附着面积和 Ag 基化合物高的光响应强度，来实现优势互补，从而构建具有高效可见光催化活性的半导体异质结构，这样既可以明显地提高载流子的分离和迁移率，同时又可提升催化剂的光稳定性，从而整体提高复合光催化剂的光催化性能。

基于上述分析，我们尝试构建了 $AgBrO_3$/$g-C_3N_4$ 复合光催化剂。通过一步原位法将 $AgBrO_3$ 颗粒负载于 $g-C_3N_4$ 纳米片上，通过一系列测试研究复合光催化剂的物相、结构、形貌、光学性能、宏观光催化性能等，探讨 $AgBrO_3$ 的含量对复合光催化剂光催化活性的影响，并尝试对复合光催化剂的协同光催化机理进行了研究。

5.3.1 $AgBrO_3$/片状 $g-C_3N_4$ 复合光催化剂的制备

1. 片状 $g-C_3N_4$ 的制备

分别称取 3g $C_3H_6N_6$、10mg NH_4Cl 于烧杯中，加入 30mL 去离子水，80℃下搅拌蒸干。将所得混合粉末(弃掉杯壁的固体)放置于鼓风干燥烘箱中，60℃下保温 6h，直至完全干燥，再将混合物充分研磨备用。将混合粉末置于陶瓷坩埚中(均匀放置)，再置于马弗炉中，以 5℃/min 的升温速率，升温至 550℃，保温 4h，冷却至室温取出，研磨装袋。至此，片状 $g-C_3N_4$ 已制备完成。

2. $AgBrO_3$/片状 $g-C_3N_4$ 复合光催化剂的制备

分别称取 0. 151g(1mmol) $NaBrO_3$、0. 236g 制备好的片状 $g-C_3N_4$ 于烧杯中，加入 30mL 去离子水，记为 A1 溶液。称取 0. 18g(1mmol) $AgNO_3$ 于另一烧杯中，加入 30mL 去离子水，搅拌至完全溶解，记为 B1 溶液。在 A 溶液匀速搅拌条件下，将 B1 溶液缓慢滴加至 A1 溶液。滴加完毕后，再搅拌 30min。混合溶液使用去离子水洗涤 3 次，置于鼓风干燥烘箱中，60℃下干燥 6h，再将混合物充分研磨装袋。制得 $AgBrO_3$/片状 $g-C_3N_4$(质量比为 3 : 3)复合光催化剂(记为 S2)。通过改变 $NaBrO_3$ 和的 $AgNO_3$ 用量，我们还制备了质量比为 2 : 3、4 : 3、5 : 3 的 $AgBrO_3$/片状 $g-C_3N_4$ 复合光催化剂(分别记为 S1、S3、S4)，以此来研究 $AgBrO_3$ 的含量对片状 $g-C_3N_4$ 光催化活性的影响，从而找到最优比。

5. 3. 2　$AgBrO_3$/片状 $g-C_3N_4$ 复合光催化剂的光催化性能研究

1. $AgBrO_3$/片状 $g-C_3N_4$ 复合光催化剂的形貌及结构分析

图 5-7 为 $AgBrO_3$/片状 $g-C_3N_4$ 复合光催化剂的 TEM 图。图 5-7(a)为片状 $g-C_3N_4$纯样。由图可以看出，制备的 $g-C_3N_4$ 厚度较薄，厚度为 2~4μm，且表面含有孔洞，较大的比表面积有利于吸附污染物颗粒。图 5-7(b)为 $AgBrO_3$ 纯样。由图可以看出，制备的 $AgBrO_3$ 为球形颗粒，粒径约为 20nm。图 5-7(c)为 $AgBrO_3$/片状 $g-C_3N_4$ 复合光催化剂。由图可以看出，$AgBrO_3$ 纳米颗粒在片状 $g-C_3N_4$的表面均匀分散。

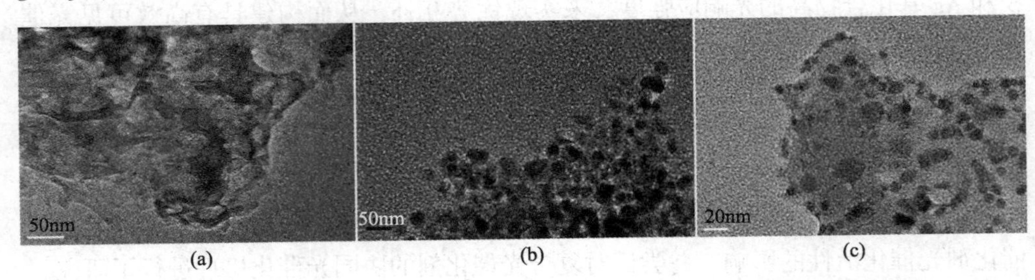

图 5-7　片状 $g-C_3N_4$(a)、$AgBrO_3$(b)和 $AgBrO_3$/片状 $g-C_3N_4$(c)复合光催化剂 TEM 图

图 5-8 为 $AgBrO_3$/片状 $g-C_3N_4$ 复合光催化剂的 XRD 图谱。其中，$AgBrO_3$ 在 26°、29°、31°、45°、53°左右的主要衍射峰与标准卡片 PDF#06-0385 的主要出峰位置相对应，表明物相信息基本一致，制得了结晶度较高的 $AgBrO_3$。$g-C_3N_4$ 在 13°和 28°左右有两个明显的特征衍射峰，而其他位置无明显衍射峰，与

文献中 $g-C_3N_4$ 的出峰位置一致，表明制备出结晶度较高的 $g-C_3N_4$。由 S1～S4 的衍射图可以看出，不同用量复合样中均存在 $AgBrO_3$ 和 $g-C_3N_4$ 的衍射峰，且无其他杂质峰。随着 $AgBrO_3$ 含量的增加，代表着 $AgBrO_3$ 的衍射峰在逐渐增强，代表着 $g-C_3N_4$ 的衍射峰在逐渐减弱。

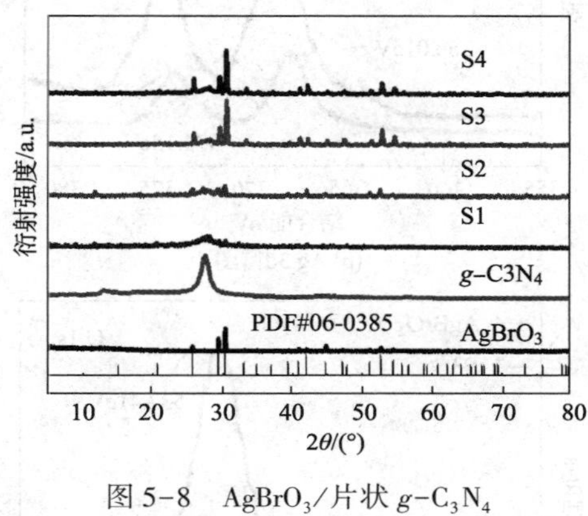

图 5-8　$AgBrO_3$/片状 $g-C_3N_4$ 复合光催化剂的 XRD 图

图 5-9 为 $AgBrO_3$/片状 $g-C_3N_4$ 复合光催化剂的 XPS 图谱。由图 5-9(a) 可以观察到，存在 Ag、Br、O、C 和 N 元素的衍射峰，表明实验成功制备 $AgBrO_3$/片状 $g-C_3N_4$ 复合材料。在图 5-9(b)中，Ag 中存在 $3d_{3/2}$ 和 $3d_{5/2}$ 轨道，二者的结合能分别为 368.55eV 和 374.58eV，该结合能与 Ag^+ 的结合能一致，表明 $AgBrO_3$ 中仅存在 Ag^+，而不存在 Ag 单质，说明制备的样品光稳定性有所提高。在图 5-9(c)中，发现 Br 3d 的结合能只有 74.74eV 处的衍射峰，证明了 Br 元素为单价态，进一步表明制备的 $AgBrO_3$ 具有良好的光稳定性。在图 5-9(d)中的 O 1s 的结合能只存在 532.41eV 的衍射峰，没有发现杂峰，表明样品的纯度高。在图 5-9(e)中，N 1s 的结合能于 398.80eV 和 398.60eV 处分别可以观察唯一衍射峰，说明 N 元素只存在于片状 $g-C_3N_4$ 和复合样品中。在图 5-9(f)中，284.68eV 和 398.80eV 处可以看到两个峰。其中主峰为片状 $g-C_3N_4$ 中 C 1s 的衍射峰，而另一个新峰则有可能是复合产物在界面处，形成了新的化学键导致的，如 C—O 化学键。复合物中 Ag 3d、Br 3d、O 1s、C 1s 和 N 1s 相对应的结合能均略低于纯样品，可能是 $AgBrO_3$ 和片状 $g-C_3N_4$ 的界面处进行化学键合。

2. $AgBrO_3$/片状 $g-C_3N_4$ 复合光催化剂的光催化性能研究

图 5-10 为 $AgBrO_3$/片状 $g-C_3N_4$ 复合光催化剂的光催化效果图。图 5-10(a) 是在黑暗条件下吸附解附图。图 5-10(b)是在可见光照射下样品对染料的降解图。由图 5-10(a)可知，复合样品的暗吸附均大于纯样，表明负载 $AgBrO_3$ 之后 $g-C_3N_4$ 的比表面积有了提高；同时，随着 $AgBrO_3$ 含量的增加，暗吸附量逐渐降低，表明 $AgBrO_3$ 可以有效抑制暗吸附。由图 5-10(b)可以看出，复合样品在可见光照射下，降解效果均优于纯样，表明负载 $AgBrO_3$ 提高了 $g-C_3N_4$ 的光催化活性；同时，随着 $AgBrO_3$ 含量的增加，复合样品的光催化活性呈现先增大后减小的趋势。当 $AgBrO_3$ 与 $g-C_3N_4$ 的质量比为 4∶3 时，对 TC 的光降解效率达到

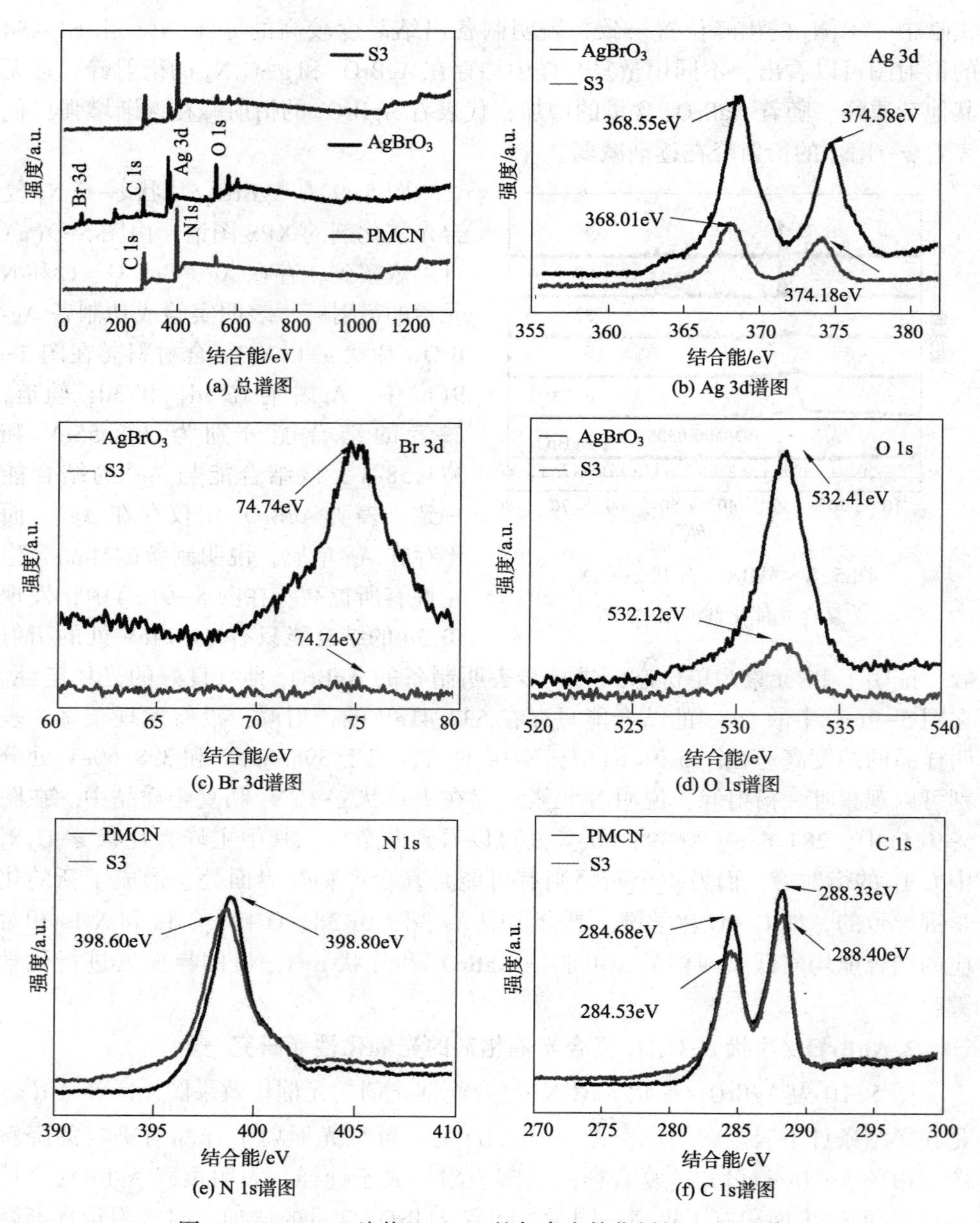

图 5-9　$AgBrO_3$/片状 $g-C_3N_4$ 的复合光催化剂的 XPS 图谱

79%。图 5-10(c)为复合光催化剂的一阶动力学拟合曲线。由图可以看出，所测数据均在拟合曲线附近。图 5-10(d)为复合样在光催化反应过程中对于降解物液态紫外可见漫反射光谱图。由图可知，随着光催化的进行，污染物溶液中有机染料浓度降低，吸光度在逐渐下降；表明 TC 溶液正在逐渐被降解。

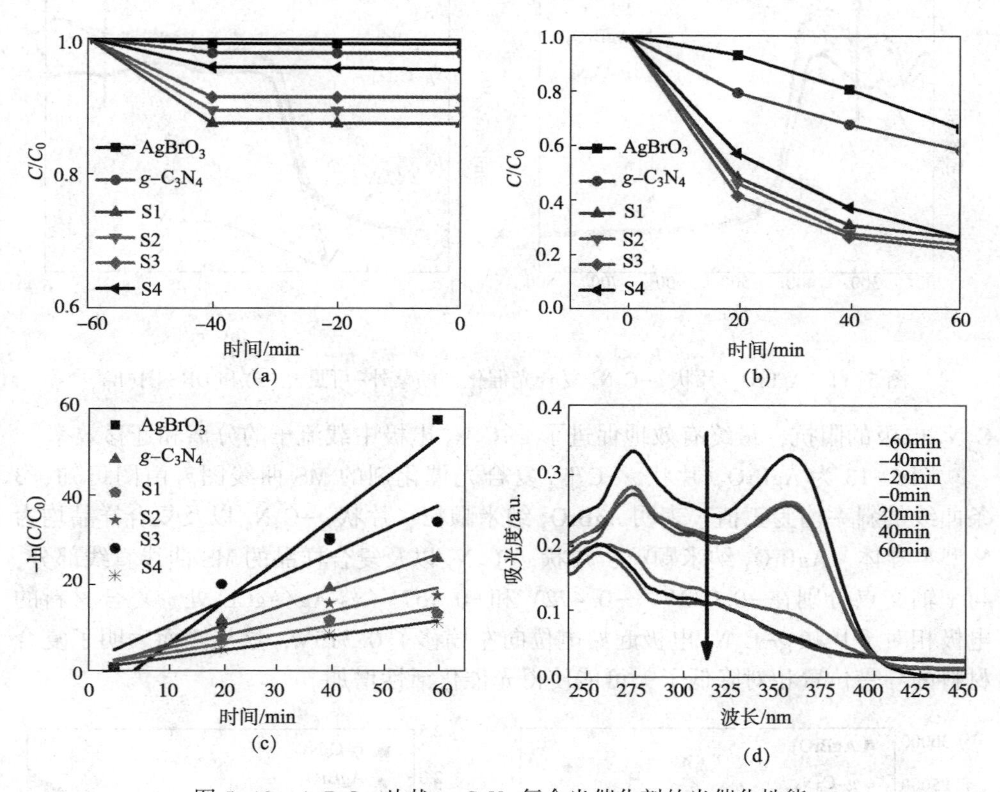

图 5-10　$AgBrO_3$/片状 $g-C_3N_4$ 复合光催化剂的光催化性能

(a)暗吸附效果图；(b)光降解效果图；(c)一维动力学拟合曲线；(d)液态紫外可见漫反射光谱图

图 5-11 为 $AgBrO_3$/片状 $g-C_3N_4$ 复合光催化剂的紫外-可见光 DRS 图。由图 5-11(a)可以看出，复合样品与纯样相比，光响应范围无明显变化，主要集中在 400nm 以下，而相对光吸收效率则有所增高，光捕获增加可以使得样品光催化活性变好。图 5-11(b)为 3 种物质的带隙图谱。由图 5-11(b)可以看出，片状 $g-C_3N_4$ 的禁带值为 2.52eV，而 $AgBrO_3$ 纳米颗粒和复合样品的禁带值均为 2.47eV，表明二者的带隙较片状 $g-C_3N_4$ 窄，且对光响应增加，有利于光生载流子分离和传输。

图 5-12 为 $AgBrO_3$/片状 $g-C_3N_4$ 复合光催化剂的 EIS 图谱。由图可以看出，片状 $g-C_3N_4$ 的圆弧半径比 $AgBrO_3$ 小，而 $AgBrO_3$/片状 $g-C_3N_4$ 的圆弧半径比另外二者的都要小。这证明了 $AgBrO_3$ 纳米颗粒复合到 $g-C_3N_4$ 上可以增加 $g-C_3N_4$ 的载流子分离与传输。$AgBrO_3$ 纳米颗粒的光生电子传输性能，加速了 Helmholtz 层光生电子-空穴对的分离速率，改善了耗尽层的电荷分布情况，进而改善了 $g-$

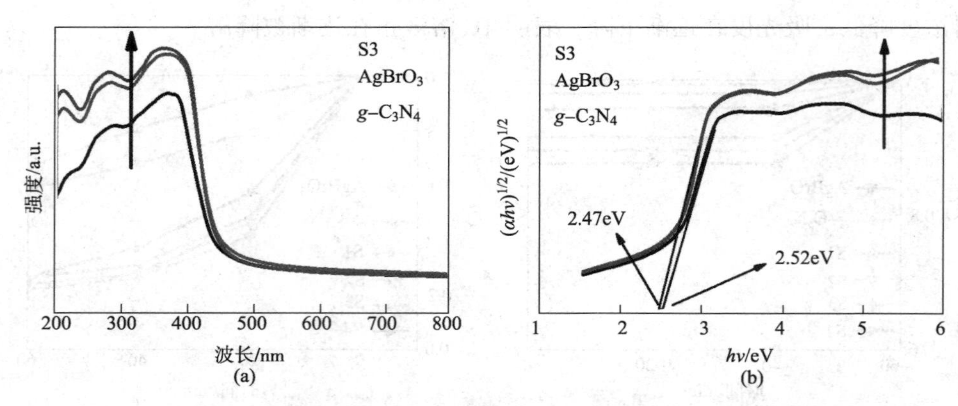

图 5-11　$AgBrO_3$/片状 g-C_3N_4 复合光催化剂的紫外-可见光(a)和 DRS 图(b)

C_3N_4 电极的阻抗，最终有效地促进了 g-C_3N_4 电极中载流子的分离和迁移效率。

图 5-13 为 $AgBrO_3$/片状 g-C_3N_4 复合光催化剂的 MS 曲线图。由图可知，3 条曲线的斜率均为正值，表明 $AgBrO_3$ 纳米颗粒、片状 g-C_3N_4 以及复合样品均为 N 型半导体。$AgBrO_3$ 纳米颗粒、片状 g-C_3N_4 以及复合样品的 MS 曲线直线部分，与 x 轴交点分别在-0.033V、-0.472V 和-0.157V(vs Ag/AgCl)处。复合材料的电极相对于片状 g-C_3N_4 电极起始电位向左偏移了 0.315V，这从侧面表明了复合材料的导带位置相对降低了，可能使得光催化活性增加。

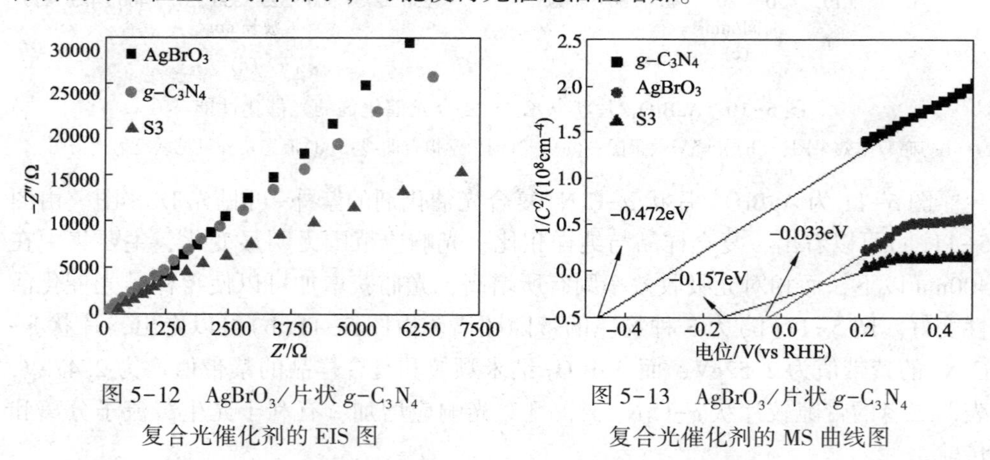

图 5-12　$AgBrO_3$/片状 g-C_3N_4 复合光催化剂的 EIS 图

图 5-13　$AgBrO_3$/片状 g-C_3N_4 复合光催化剂的 MS 曲线图

图 5-14 为 $AgBrO_3$/片状 g-C_3N_4 复合光催化剂的活性种捕获实验图。我们分别采用 EDTA、PBQ、IPA 作为超氧自由基、羟基自由基、空穴的捕捉剂。由图可知，当使用 PBQ 活性种捕捉剂时，复合光催化剂的光催化活性略有降低，而使用 EDTA 和 IPA 活性种捕捉剂时，复合光催化剂的光催化活性则大大减弱。这表明在 $AgBrO_3$/片状 g-C_3N_4 复合光催化剂降解 TC 的过程中，活性种中的空穴和

超氧自由基起主导作用。

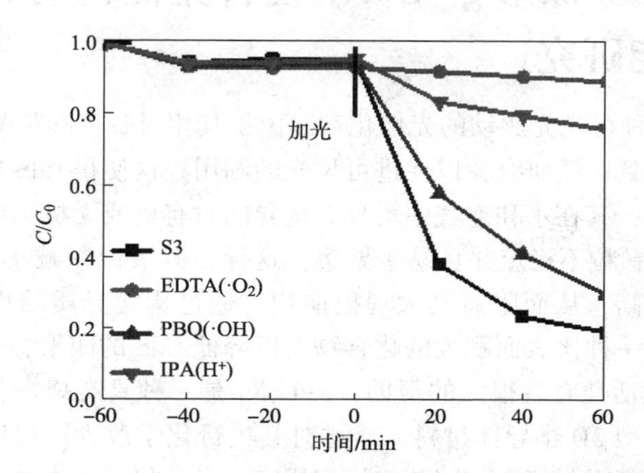

图 5-14　$AgBrO_3$/片状 $g-C_3N_4$ 复合光催化剂的活性种捕捉实验图

基于上述研究结果，我们尝试解释 $AgBrO_3$/片状 $g-C_3N_4$ 复合光催化剂的工作机理。如图 5-15 所示，在可见光照射下，$AgBrO_3$ 和多孔片状 $g-C_3N_4$ 吸收光子能量使得价带上的电子受激发跃迁到导带上，价带上形成光生空穴。$AgBrO_3$ 和多孔片状 $g-C_3N_4$ 之间的键合作用，使得片状 $g-C_3N_4$ CB 的光生电子转移至 $AgBrO_3$纳米颗粒的 CB，而位于 $AgBrO_3$ 纳米颗粒 VB 的光生空穴则跃迁至多孔片状 $g-C_3N_4$的 VB。光生电子-空穴对与吸附在光催化剂表面的 H_2O 和 O_2 发生作用，进而生成 ·OH 和 $\cdot O_2^-$。这些具有强氧化还原性的活性种再与光催化剂吸附的 TC 发生化学反应，最终将污染物降解。由于光生电子-空穴对在不同的催化剂上无法直接复合，因此这种异质结大大提高了光生电子-空穴对的分离和迁移效率，进而提高了 $AgBrO_3$/片状 $g-C_3N_4$ 复合光催化剂的光催化活性。

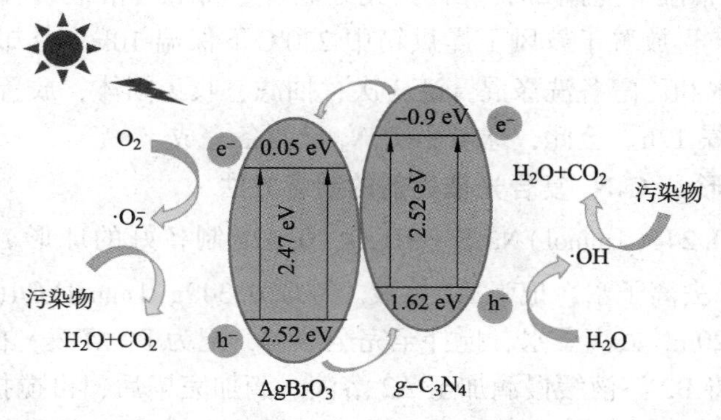

图 5-15　$AgBrO_3$/片状 $g-C_3N_4$ 复合光催化剂的机理示意图

5.4 CdS/球形 $g-C_3N_4$ 复合光催化剂的制备及其光催化性能研究

CdS 作为一种可见光驱动的光催化剂，由于其相对较窄的带隙(2.42eV)且光吸收效率高而受到广泛研究，以促进可见光的利用。这使得 CdS 成为具有竞争性的备选光催化剂，其在水和空气中均具有优异的对有机或无机污染物的光降解性能。然而，CdS 颗粒不稳定并且易于聚集，这导致其表面积减小和光生电子-空穴对的复合率更高，从而阻碍其大规模应用。通过构建异质结提高 CdS 的稳定性，并且负载于一种比表面积大的化合物上以降低 CdS 的团聚，这种方法对于提高 CdS 的光催化活性有着很大的帮助。$g-C_3N_4$ 是一种具有蜂窝状晶体结构和原子层厚特征的新型 2D 半导体材料，通过对其进行化学改性，可以使其具有优异的电子传导性和高吸附能力。因此，许多研究人员已将其用作电子受体和光催化剂颗粒的支撑基质，以提高有机污染物降解的效率。

基于上述研究结论，我们采用简单的原位合成法，将 CdS 颗粒原位负载到球形 $g-C_3N_4$ 上，从而成功制备了 CdS/$g-C_3N_4$ 复合光催化材料；通过多种测试手段，综合分析了样品的物相、结构、形貌等微观和宏观性能；成功探讨了 CdS 的含量，对 $g-C_3N_4$ 光催化活性的影响，并尝试对复合光催化剂的协同光催化机理做出了解释。

5.4.1 CdS/球形 $g-C_3N_4$ 复合光催化剂的制备

1. 球形 $g-C_3N_4$ 的制备方法

分别称取 0.922g(5mmol)三聚氯氰、0.21g(2.5mmol)双氰胺于烧杯中，加入 50mL 乙腈，于常温下搅拌 2h，保证其充分混合。将混合溶液转移至四氟乙烯内衬的反应釜中，再放置于鼓风干燥烘箱中 220℃下保温 10h。冷却至室温，取出混合液，使用水和乙醇各洗涤混合液 3 次，抽滤、收集固体，放置于鼓风干燥烘箱中 60℃下干燥 12h。至此，球形 $g-C_3N_4$ 已制备完成。

2. CdS/球形 $g-C_3N_4$ 复合光催化剂的制备方法

分别称取 0.24g(1mmol)$Na_2S \cdot 9H_2O$、0.02g 制备好的球形 $g-C_3N_4$ 于烧杯中，加入 20mL 去离子水，记为 A2 溶液。称取 0.349g(1mmol)$Cd(NO_3)_2$ 于另一烧杯中，加入 20mL 去离子水，搅拌至完全溶解，记为 B2 溶液。在 A2 溶液匀速搅拌条件下，将 B2 溶液缓慢滴加至 A2 溶液。滴加完毕后，再搅拌 30min。混合溶液使用去离子水洗涤 3 次，抽滤以获得固体产物，再置于鼓风干燥烘箱中，60℃下干燥 6h，将混合物充分研磨装袋。最终制得 CdS/球形 $g-C_3N_4$(质量比为 7

：1)，复合光催化剂(记为 M2)。通过改变 $Na_2S \cdot 9H_2O$ 和 $Cd(NO_3)_2$ 的用量，我们还制备了质量比为 6：1 和 8：1 的 CdS/球形 $g-C_3N_4$ 复合光催化剂(分别记为 M1、M3)，以此来研究 CdS 的含量对球形 $g-C_3N_4$ 光催化活性的影响，从而找到最优比。

5.4.2 CdS/球形 $g-C_3N_4$ 复合光催化剂的光催化性能研究

1. CdS/球形 $g-C_3N_4$ 复合光催化剂形貌及结构分析

图 5-16 为 CdS/球形 $g-C_3N_4$ 复合光催化剂的 TEM 图。其中，由图 5-16(a)可以看出，CdS 为纳米颗粒，粒径在 20nm 左右，但是其分散性不好，部分有团聚，易导致 CdS 吸附能力弱。图 5-16(b)为 $g-C_3N_4$ 的 TEM 照片，可以看出，$g-C_3N_4$为较规则的球形结构，直径在 50~200nm。球形中心位置颜色偏暗，表明制备的球形 $g-C_3N_4$ 为实心结构；同时，边缘较光滑，表明制备的球形$g-C_3N_4$结晶度较高，从而可以拥有更多的共有化电子，有利于载流子的运输。图 5-16(c)为最优比复合样品的 TEM 照片，可以明显地观察到，CdS 纳米粒子均匀地分散在球形 $g-C_3N_4$ 表面。

图 5-16　CdS、球形 $g-C_3N_4$ 和 CdS/球形 $g-C_3N_4$ 复合光催化剂的 TEM 图

图 5-17 为 CdS/球形 $g-C_3N_4$ 复合光催化剂的 XRD 图。由图可以看出，(a)曲线在 27°、44°和 52°左右的 3 个主衍射峰分别对应着 CdS 的(111)(220)(311)三个晶面，表明样品和标准的 CdS 物相符合，成功地制备了结晶度较高的 CdS 颗粒。而(b)曲线的衍射峰位置体型与 $g-C_3N_4$ 的衍射峰相符合，表明成功制备了 $g-C_3N_4$。由 M1、M2 和 M3 三条复合曲线可以看出，复合样品均具有 CdS 和 $g-C_3N_4$的衍射峰，且无杂峰。分析曲线可知，随着 CdS 含量的增加，CdS 的衍射峰强度增加，$g-C_3N_4$ 的衍射峰强度减弱。这符合实验预期效果。

图 5-18 为 CdS/球形 $g-C_3N_4$ 复合光催化剂的 XPS 图谱。由图 5-18(a)可以观察到，在 CdS 纳米颗粒中存在 Cd、S 元素的衍射峰，球形 $g-C_3N_4$ 中存在 C 和 N 元素的衍射峰，M2 样品中存在 Cd、S、C 和 N 元素的衍射峰，证明样品 M2 以及纯样的成功制备。图 5-18(b)~(e)为各元素的高分辨率 XPS 光谱。其中，图

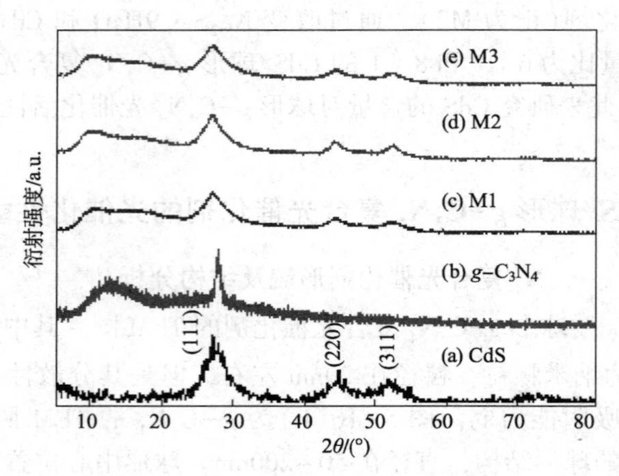

图 5-17　CdS/球形 $g-C_3N_4$ 复合光催化剂的 XRD 图

5-18(b)中，S 2p 只在 161.5eV 附近处存在唯一的衍射峰，这表明此时 S 元素为单价态，存在于 CdS 纳米颗粒和 M2 样品中，这也表明 CdS 的光稳定性得到一定程度改善。在图 5-18(c)中，Cd 存在两个轨道，分别是 Cd $3d_{3/2}$ 和 Cd $3d_{5/2}$，相应的结合能为 405eV 和 411.7eV，这表明 Cd^{2+} 仅存在于 CdS 纳米颗粒中。在图 5-18(d)中，可以看到球形 $g-C_3N_4$ 纯样中 N 1s 结合能为 404.8eV，且只存在唯一衍射峰。在 399.5eV 处的衍射峰属于 M2 样品中来自球形 $g-C_3N_4$。明显看出，相较于球形 $g-C_3N_4$ 纯样，M2 样品中 N 1s 结合能减小了，这可能是由于 M2 样品在复合界面处形成了新的化学键或其他相互作用导致的。通过观察图 5-18(e)可以得出，球状 $g-C_3N_4$ 中 C 1s 轨道的结合能存在 284.6eV 和 288.25eV 处两个衍射峰，主峰为球状 $g-C_3N_4$ 中 C 1s 的衍射峰，而另一个新峰则有可能是复合产物在界面处形成了新的化学键导致的，如 C-S 化学键等。在 M2 样品中的 S 2p、Cd 3d 和 C 1s 相对应的结合能均略低于纯样品，只有 N 1s 的结合能相较于纯样略有提高。这可能是，在 CdS 纳米颗粒和球形 $g-C_3N_4$ 的界面处形成了键复合材料界面存在相互作用或者进行成键作用。如图 5-18(f)所示，分析了样品的高分辨率 XPS 价带谱。CdS 纳米颗粒和球形 $g-C_3N_4$ 的 VB 分别为 1.49eV 和 2.34eV。

2. CdS/球形 $g-C_3N_4$ 复合光催化剂光催化性能研究

接下来，我们对所得样品的光催性能进行了研究。图 5-19 为 CdS/球形 $g-C_3N_4$ 复合光催化剂的光催化效果图。图 5-19(a)(b)分别为样品的暗吸附和光降解效果图。由图 5-19(a)可以看出，在黑暗条件下，$g-C_3N_4$ 的吸附能力很强，而 CdS 的吸附能力较差。而复合样品的暗吸附介于二者之间，说明复合以后 CdS 吸附能力增强。随着 CdS 含量的增加，暗吸附量也在增加，说明 $g-C_3N_4$ 可以改善 CdS 的吸附性能。由图 5-19(b)可以看出，复合样品光照下的催化效果均优于

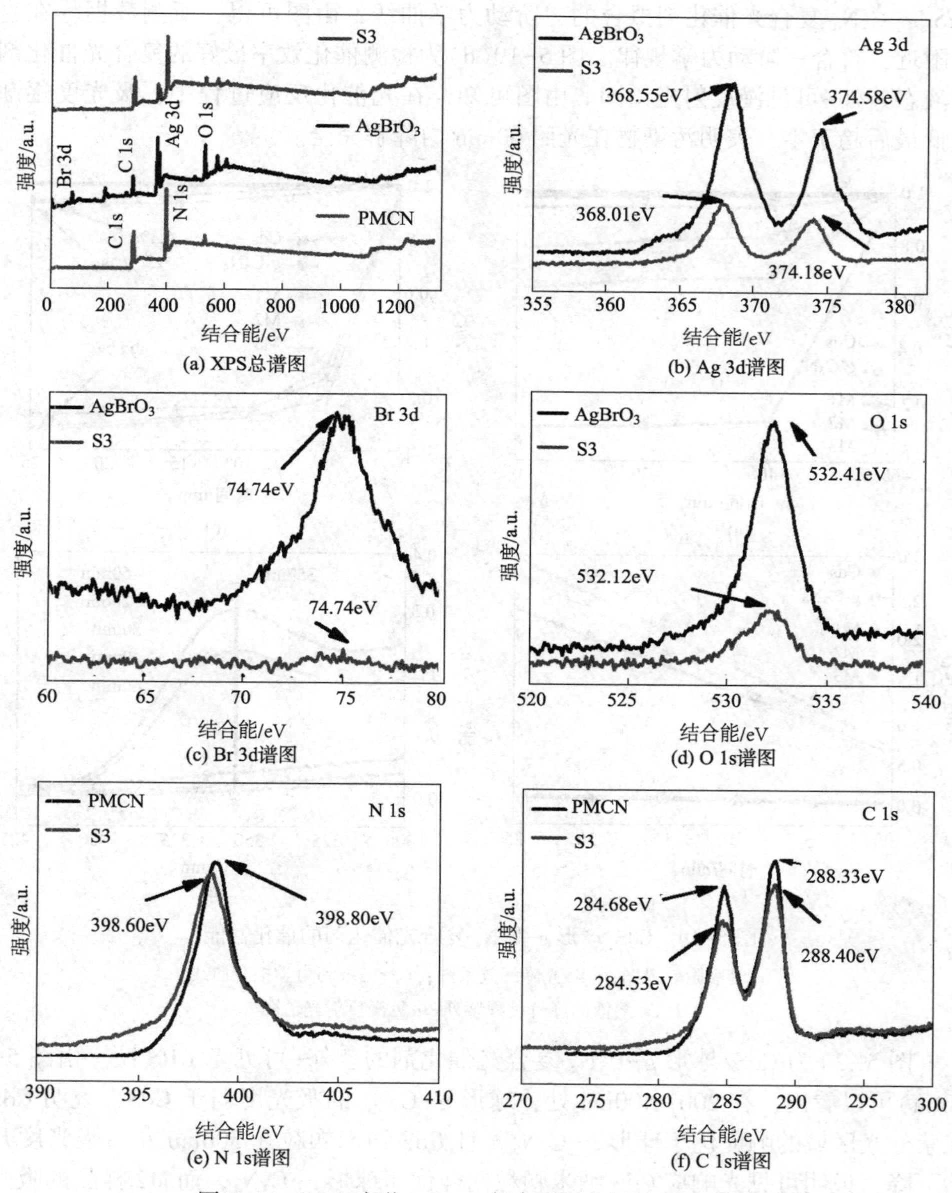

图 5-18　CdS/球形 $g-C_3N_4$ 复合光催化剂的 XPS 图谱

纯样，且 CdS、$g-C_3N_4$ 和最优复合样品的光降解效率分别为 6.3%、7.3% 和 93.2%，表明将 CdS 负载在 $g-C_3N_4$ 上可以提高 $g-C_3N_4$ 的光催化活性；同时，随着 CdS 含量的增加，复合样品的光催化活性呈现先增大后减小的趋势。当 CdS 与 $g-C_3N_4$ 的质量比为 7∶1 时，其对 TC 的光降解效率达到最高。图 5-19(c)为

CdS/g-C_3N_4 复合光催化剂拟合的一阶动力学曲线，由图可得，所测数据均在直线附近，符合一阶动力学规律。图 5-19(d)为检测催化效率最好的复合光催化剂的液态紫外-可见漫反射光谱图。由图可知，在光催化反应过程中，吸光度逐渐降低最后趋于零，表明污染物在光照 60min 内降解完全。

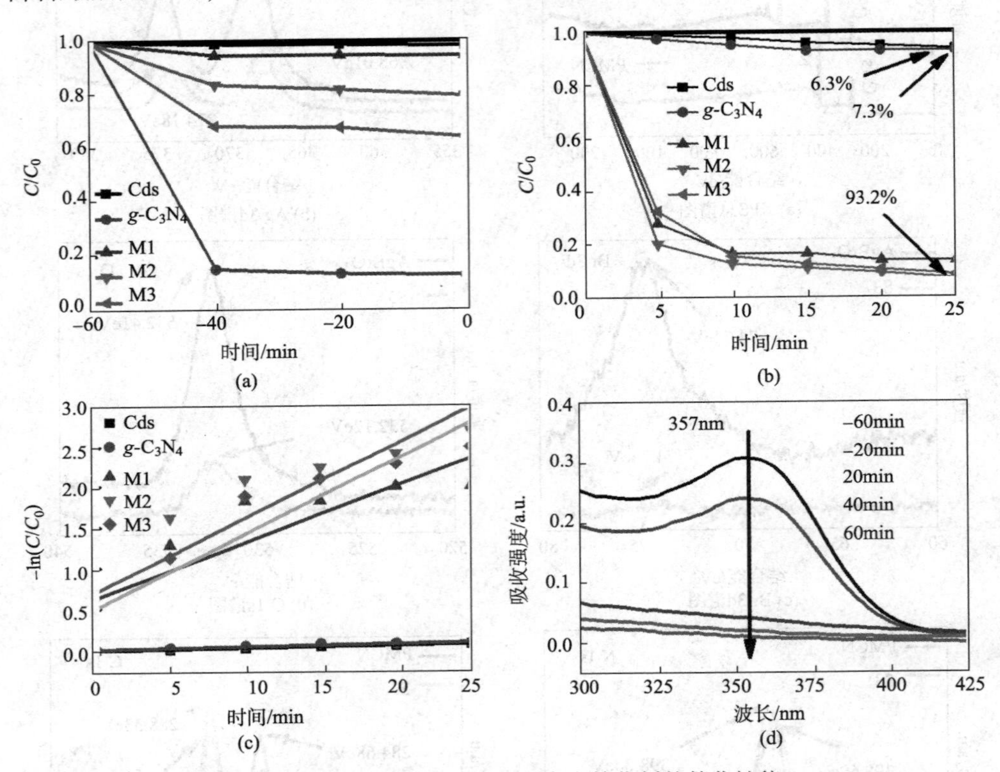

图 5-19　CdS/球形 g-C_3N_4 复合光催化剂的催化性能

(a)暗吸附效果图；(b)光降解效果图；(c)一级动力学拟合曲线；

(d)TC 溶液的降解过程紫外-可见漫反射光谱图

图 5-20 为 CdS/球形 g-C_3N_4 复合光催化剂的紫外-可见光 DRS 图。由图 5-20(a)可以看出，在 200~400nm 处，球形 g-C_3N_4 的吸光度弱于 CdS，说明 CdS 在紫外光区域的响应优于球形 g-C_3N_4，且 CdS 纳米颗粒在 500nm 左右吸光度开始下降，说明可见光响应 CdS 纳米颗粒同样优于球形 g-C_3N_4，而 M2 样品的吸光度介于 CdS 和球形 g-C_3N_4 之间，且更靠近于 CdS 纳米颗粒一端，表明加入 CdS 纳米颗粒可以提高球形 g-C_3N_4 的光响应程度。由图 5-20(b)可以观察到，CdS 纳米颗粒、球形 g-C_3N_4 和 M2 样品的带隙分别为 1.96eV、1.06eV 和 1.80eV。M2 的带隙小，有利于可见光响应，使其光捕获能力增强，从而达到提高复合样品的光催化活性的目的。

图 5-21 为 CdS/球形 $g-C_3N_4$ 复合光催化剂的 EIS 图。由图 5-21 可以看出，将 CdS 纳米颗粒负载在球形 $g-C_3N_4$ 上的圆弧半径小于两个纯样，这表明 CdS 纳米颗粒的存在可以改善球形 $g-C_3N_4$ 内部的电荷传输。CdS 纳米颗粒的光生电子传输性能，加速了 Helmholtz 层光生载流子的迁移效率，最终提高 $g-C_3N_4$ 电极中光生载流子的分离和迁移效率。

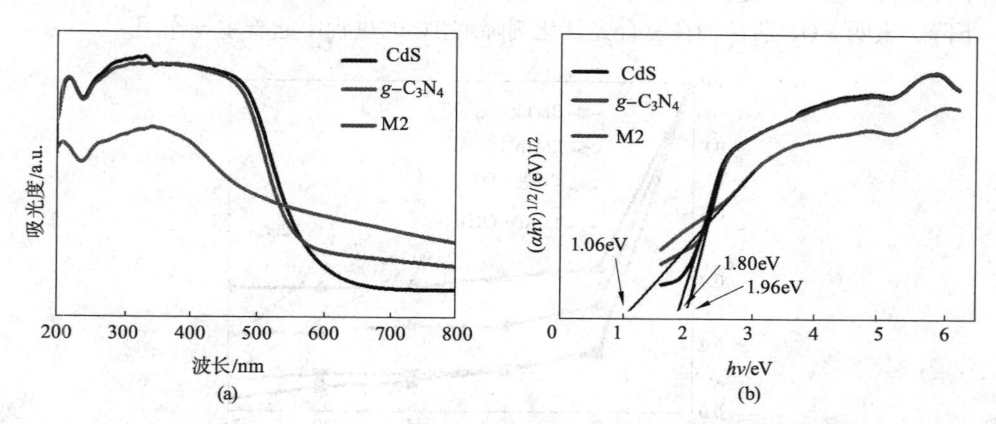

图 5-20　CdS/球形 $g-C_3N_4$ 复合光催化剂的紫外-可见光 DRS(a)和禁带宽度图(b)

图 5-22 为 CdS/球形 $g-C_3N_4$ 复合光催化剂的 MS 曲线图。由图可得，CdS 纳米颗粒、球形 $g-C_3N_4$ 以及 M2 样品的 3 条 MS 曲线斜率均为正值，表明所制备的样品均为 N 型半导体结构。CdS 纳米颗粒、球形 $g-C_3N_4$ 以及 M2 样品的 MS 曲线直线部分，与 x 轴的交点数值分别为 0.28V、0.07V 和 0.43V(vs Ag/AgCl)处，M2 样品电极的起始电位相较于球形 $g-C_3N_4$ 电极向右发生 0.36V 的偏移，这使得复合材料的导带位置相对下降。在同样情况下，更小的带隙能就可以使电子发生跃迁从而提高光催化活性。

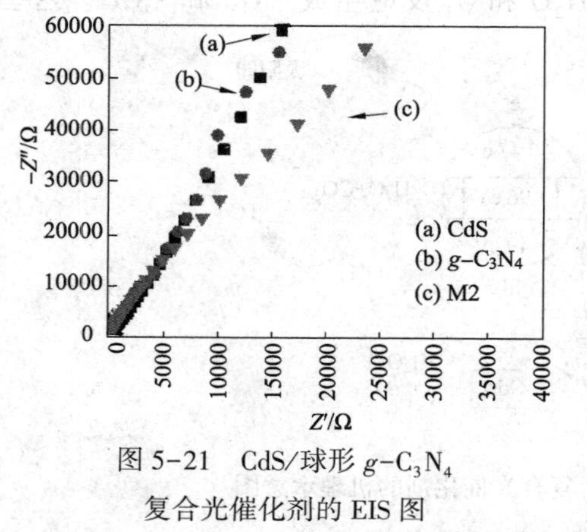

图 5-21　CdS/球形 $g-C_3N_4$
复合光催化剂的 EIS 图

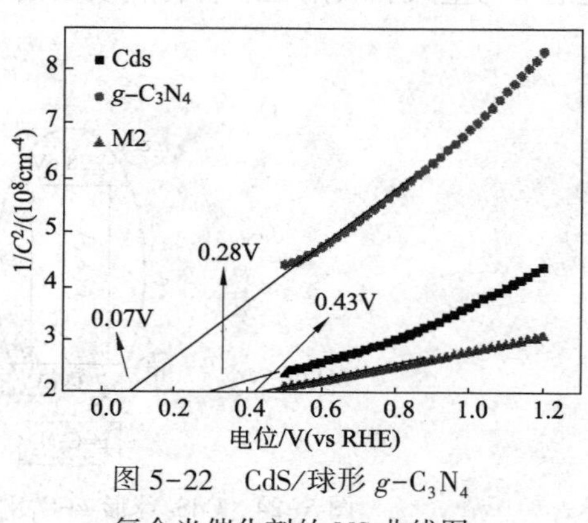

图 5-22　CdS/球形 $g-C_3N_4$
复合光催化剂的 MS 曲线图

图 5-23 为 CdS/球形 $g-C_3N_4$ 复合光催化剂的活性种捕捉实验图。其中，我们分别使用 IPA、PBQ 和 TBA 作为 h^+、$\cdot O_2^-$和 $\cdot OH$ 活性种捕捉剂，来探究不同活性种在光催化反应过程的作用效果。由图可得，加入 TBA 以后，光降解效率基本无变化，表明 $\cdot OH$ 活性种在复合光催化剂中作用不大。当加入 IPA 后，光降解率下降，说明空穴在复合催化剂中有作用。而当加入 PBQ 以后，光催化活性又开始下降，表明 $\cdot O_2^-$活性种在复合光催化剂降解 TC 的过程中起着主导作用。

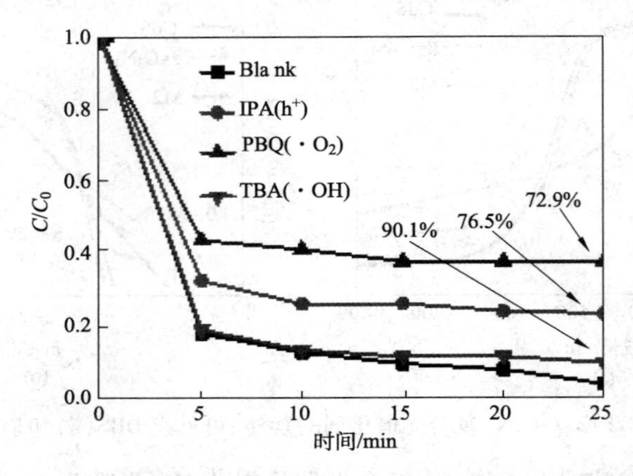

图 5-23　CdS/球形 $g-C_3N_4$ 复合光催化剂的活性种捕捉实验图

最后，我们尝试探索了 CdS/球形 $g-C_3N_4$ 复合光催化剂的工作机理。如图 5-24所示，在光照条件下，CdS 纳米颗粒和球形 $g-C_3N_4$ VB 上的电子吸收能量跃迁到各自导带上，价带上则产生光生空穴。CdS 纳米颗粒和球形 $g-C_3N_4$ 界面接触从而产生的相互作用，使得位于球形 $g-C_3N_4$CB 的光生电子较易回迁至 CdS 纳米颗粒的 CB，而位于 CdS 纳米颗粒 VB 的 h^+则跃迁至球形 $g-C_3N_4$的 VB 上。光生电子与空穴和吸附在复合材料表面的 H_2O 和 O_2 反应生成 $\cdot O_2^-$和 $\cdot OH$。这些

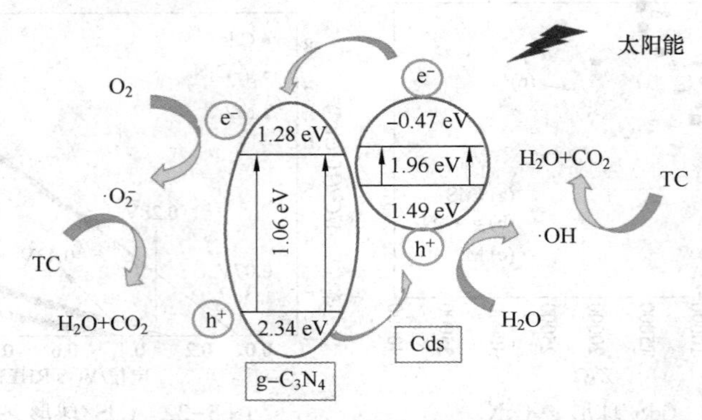

图 5-24　CdS/球形 $g-C_3N_4$ 复合光催化剂的机理示意图

活性种与吸附在复合光催化剂表面上的 TC 分子发生反应，最终将 TC 降解为无二次污染的无机物(主要为 H_2O 和 CO_2)。因光生载流子主要在不同的催化剂表面和内部聚集而很难重新复合，因此载流子分离和迁移效率得到很大程度上的提高，最终改善了复合光催化剂的性能。

参 考 文 献

[1] Li H, Shao Y D, Su Y T, et al. Vapor-phase atomic layer deposition of nickel sulfide and its application for efficient oxygen-evolution electrocatalysis[J]. Chemistry of Materials, 2016, 28: 1155-1164.

[2] Fu L, Sun Y Y, Wu N, et al. Direct growth of MoS_2/h-BN heterostructures via a sulfide-resistant alloy[J]. ACS Nano, 2016, 10: 2063-2070.

[3] Khanchandani S, Kundu S, Patra A, et al. Shell thickness dependent photocatalytic properties of ZnO/CdS core-shell nanorods[J]. Journal of Physical Chemistry C, 2017, 116: 23653-23662.

[4] Tian X X, Xu T, Wang Y J, et al. Hierarchical h-, m- and n-$BiPO_4$ microspheres: facile synthesis and application in the photocatalytic decomposition of refractory phenols and benzene[J]. RSC Advances, 2017, 7: 36705-36713.

[5] Yue S, Wei B W, Guo X D, et al. NovelAg_2S/ZnS/carbon nanofiber ternary nanocomposite for highly efficient photocatalytic hydrogen production[J]. Catalysis Communications, 2016, 76: 37-41.

[6] Zhang Y J, Thomas A, Antonietti M, et al. Activation of carbon nitride solids by protonation: morphology changes, enhanced ionic conductivity, and photoconduction experiments[J]. Journal of the American Chemical Society, 2009, 131: 50-51.

[7] Wang X, Blechert S, Antonietti M, et al. Polymeric graphitic carbon nitride for heterogeneous photocatalysis[J]. ACS Catalysis, 2012, 2: 1596-1606.

[8] Gillan E G. Synthesis of nitrogen-rich carbon nitride networks from an energetic molecular azide precursor[J]. Chemistry of Materials, 2000, 12: 3906-3912.

[9] Lin L S, Cong Z X, Li J, et al. Graphitic-phase C_3N_4 nanosheets as efficient photosensitizers and pH-responsive drug nanocarriers for cancer imaging and therapy[J]. Journal of Materials Chemistry B, 2014, 2: 1031-1037.

[10] Huang W Y, Liu N, Zhang X D, et al. Metal organic framework g-C_3N_4/MIL-53(Fe) heterojunctions with enhanced photocatalytic activity for Cr(VI) reduction under visible light[J]. Applied Surface Science, 2017, 425: 107-116.

[11] Wu X F, Zhao Z H, Sun Y, et al. Preparation and characterization of Ag_2CrO_4/few layer boron nitride hybrids for visible-light-driven photocatalysis[J]. Journal of Nanoparticle Research, 2017, 19: 193.

[12] Wu X F, Zhao Z H, Sun Y, et al. Few-layer boron nitride nanosheets: preparation, charac-

terization and application in epoxy resin[J]. Ceramics International, 2017, 43: 2274-2278.

[13] Zhang Q, Wang H, Shen S, et al. Three-dimensional TiO_2 nanotube arrays combined with $g-C_3N_4$ quantum dots for visible light-driven photocatalytic hydrogen production[J]. RSC Advances, 2017, 7: 13223-13227.

[14] Zhang H, Liu F, Wu H, et al. In situ synthesis of $g-C_3N_4/TiO_2$ heterostructures with enhanced photocatalytic hydrogen evolution under visible light[J]. RSC Advance, 2017, 7: 40327-40333.

[15] Wu X F, Li H, Sun Y, et al. One-step hydrothermal synthesis of $In_{2.77}S_4$ nanosheets with efficient photocatalytic activity under visible light[J]. Applied Physics A-Materials Science & Processing, 2017, 123: 426.

[16] Shang Y Y, Chen X, Liu W W, et al. Photocorrosion inhibition and high-efficiency photoactivity of porous $g-C_3N_4/Ag_2CrO_4$, composites by simple microemulsion-assisted co-precipitation method[J]. Applied Catalysis B: Environmental, 2017, 204: 78-88.

[17] Xu D F, Cheng B, Cao S W, et al. Enhanced photocatalytic activity and stability of Z-scheme Ag_2CrO_4-GO composite photocatalysts for organic pollutant degradation[J]. Applied Catalysis B: Environmental,2015, 164: 380-388.

[18] Shi Y, Yang D Z, Li Y, et al. Fabrication of PAN@ TiO_2/Ag nanofibrous membrane with high visible light response and satisfactory recyclability for dye photocatalytic degradation [J]. Applied Surface Science, 2017, 426: 622-629.

[19] Song L M, Li T T, Zhang S J. Synthesis and characterization of Ag/$AgBrO_3$ photocatalyst with high photocatalytic activity[J]. Materials Chemistry and Physics, 2016, 182: 119-124.

[20] Xu H Y, Wu L C, Jin L G, et al. Combination mechanism and enhanced visible-light photocatalytic activity and stability of CdS/$g-C_3N_4$ heterojunctions[J]. Journal of Materials Science & Technology, 2017, 33: 30-38.

[21] Chi H J, Li B B, Li Z Y, et al. Z-scheme based CdS/$CdWO_4$ heterojunction visible light photocatalyst for dye degradation and hydrogen evolution[J]. Applied Surface Science, 2018, 455: 831-840.

[22] 张琛旭. 石墨相氮化碳基复合光催化剂的制备及其光催化性能研究[D]. 石家庄: 石家庄铁道大学, 2019.

第 6 章　分子筛负载金属氧化物及其光催化性能研究

6.1　引言

通常，在光的参与下发生的化学反应过程都属于光化学反应过程。它的反应机理主要是在光的作用下，将吸附分子或反应物分子的电子状态加以激发，从而使原有光化学反应速率加快或者改变光化学反应的途径。而光催化作用也可以理解为光化学过程，但是光催化过程的突出特点就在于：这类光化学过程中要有催化剂的参加，在光催化的过程中光激发固体催化剂，从而使所进行的光催化反应加速，而催化剂本身的化学性质和催化剂本身特性一样，一般不发生改变。前面所说的催化剂就可以称为光催化剂，而以半导体材料制成的光催化剂称为半导体光催化材料。半导体纳米粒子在光的照射下，能够把光能转变成化学能，从而促进有机物的合成或降解，该过程被称为半导体光催化。

近来，以金属氧化物半导体材料为介导的光催化降解成功替代了传统的处理含有机污染物废水的处理方法。然而，普通的金属氧化物半导体材料通常存在易团聚、光生载流子复合率高、可见光响应差、光催化效率低，不适合直接应用在环境处理过程等问题。目前，众多研究已致力于合成不同形貌的金属氧化物半导体纳米颗粒，如纳米粒子、纳米管、纳米线、纳米片和纳米棒等。但是，纳米光催化剂分散在水中，会以纳米尺寸形式存在，固而难以分离或回收。为了解决上述问题，合适的惰性多孔材料被应用于负载型纳米光催化复合材料中，如二氧化硅、氧化铝、活性炭和分子筛等。分子筛由于拥有均匀的孔和通道尺寸，吸附能力高，疏水和亲水性好，从而在各种载体中脱颖而出，为半导体金属氧化物光催化材料提供了一个独特且有吸引力的载体。

本章着重讨论分子筛作为负载纳米半导体金属氧化物颗粒的载体，以试图解决纳米光催化剂团聚、难回收等问题，并将其利用于光催化降解有机染料废水。

6.2 分子筛负载 TiO_2 基复合材料的制备及其光催化性能研究

在各种半导体中，TiO_2 在多种污染物的光降解中应用广泛。然而，普通的 TiO_2 材料大多存在易团聚、光生载流子复合率高、可见光响应差、光催化效率低，且反应结束后难以直接分离等问题。为了解决上述问题，合适的惰性分子筛材料被应用于负载型纳米 TiO_2 复合材料，分子筛由于拥有均匀的孔和通道尺寸，吸附能力高，疏水和亲水性好，为 TiO_2 光催化材料提供了一个独特且有吸引力的载体。除此之外，研究人员还通过将 TiO_2 光催化剂和一些窄带隙半导体复合，以使其光响应范围扩展到可见光区，如 TiO_2/CdS、TiO_2/ZnO、TiO_2/WO_3、$TiO_2/CdSe$ 等。这样的复合不仅可以降低电子–空穴对的复合率，也可以使得单一半导体光催化材料的光响应范围发生变化。基于此，复合半导体越来越得到实验人员的青睐。

6.2.1 分子筛负载 TiO_2 基复合材料的制备

1. 分子筛的制备

将球磨过筛后的粉煤灰与氢氧化钠按一定质量比混合均匀，装入镍坩埚后，在箱式电炉中于一定温度下高温煅烧一段时间，随炉冷却至室温后得到合成粉煤灰与分子筛的前驱物；研磨至粉末状后，按照一定液固比加入水并搅拌陈化一定时间，然后在水热条件下晶化一段时间，最后固液混合反应物经过滤、洗涤、干燥后得到粉煤灰分子筛。

(1) 原料粉煤灰预处理。将蒸馏水与浓盐酸按 1∶1 的配比配得 50%浓度的盐酸溶液与粉煤灰原料按 10∶1 的比例混合，80℃水浴加热 2h，滤洗至中性后 100℃下烘干。然后粉煤灰原料∶球∶蒸馏水按 1∶2∶1 的比例混合球磨 3h，100℃下烘干后得颗粒细小均匀的粉煤灰原料初品。

(2) 分子筛的制备。分子筛的制备方法为：将粉煤灰初品与助溶剂按比例均匀混合之后放入箱式电阻炉中，以 5℃/min 的速度升温至不同温度下保温 2h，等炉内自然冷却至室温后，将混合物取出，得到粉煤灰熟料。用蒸馏水与粉煤灰熟料按液固比 10∶1 混合，室温下搅拌 24h，使其充分溶解。然后将混合物放入干燥箱内，调节不同的温度进行不同时间的晶化。晶化结束后过滤、洗涤至中性，在 100℃下烘干，得到分子筛粉末。

2. TiO_2 颗粒/分子筛复合材料的制备

采用溶胶凝胶法及粉体烧结两种方法，将 TiO_2 负载到分子筛上。

TiO_2 溶液的制备：用钛酸丁酯、无水乙醇与二乙醇胺按一定比例混合，室温下搅拌 2h。再将按 1∶10 比例混合的适量蒸馏水与无水乙醇加入其中，继续在室温下搅拌 2h，得到透明的浅黄色溶液。

TiO_2 颗粒/分子筛的制备：称取 1g 分子筛原料初品放入 50mL 的 TiO_2 溶液中，在 70℃水浴搅拌，成为溶胶即可。再将其放入干燥箱内，在 90℃下烘干，用玛瑙研钵研磨，得到的粉末放入箱式电阻炉内进行 500℃热处理保温 3h，升温速率为 2℃/min，自然冷却至室温后，将混合物取出，得到 TiO_2/分子筛粉末。

3. 一维 TiO_2 纳米线/分子筛复合材料的制备

将上述制备的 TiO_2/分子筛粉末分散于 10mol/L 的 NaOH 水溶液中，室温下搅拌 60min 后，将该悬浊液转移到聚四氟乙烯内胆的高压反应釜内，180℃热处理不同的时间。自然冷却至室温后，将混合物取出，用蒸馏水洗涤 3 次。然后将其浸渍在不同 pH 值的溶液中 8h，用蒸馏水洗至中性。再用无水乙醇洗涤 3 次。将得到的混合物放入干燥箱内，在 60℃下烘干，然后将其放入箱式电阻炉内进行热处理，500℃保温 3h，升温速率为 2℃/min，自然冷却至室温后，取出研磨制得一维 TiO_2/分子筛粉末。

4. 一维 TiO_2 纳米线/分子筛复合材料的制备

本实验采用天然沸石作为负载 TiO_2 的载体，需要对天然沸石分子筛进行预处理。首先，反复洗涤天然沸石分子筛；其次，将沸石分子筛加入 0.3mol/L 的盐酸溶液中，在 92~95℃的温度下水浴加热搅拌 4h；再次，对分子筛过滤、洗涤至中性，在 110℃烘干；最后，在电阻炉中以 500℃煅烧 4h。

参照步骤 3，合成一维 TiO_2 纳米线/分子筛复合材料。随后以硝酸镉[$Cd(NO_3)_2 \cdot 4H_2O$]作为镉源，硫代乙酰胺(CH_3CSNH_2)作为硫源，聚乙二醇-2000[$HO(CH_2CH_2O)_nH$]为活性剂，采用水热合成法得到 CdS 溶液来处理一维 TiO_2 纳米线/分子筛。

将 1.296mmol 硝酸镉[$Cd(NO_3)_2 \cdot 4H_2O$]、2.128mmol 硫代乙酰胺(CH_3CSNH_2)、0.24g 聚乙二醇-2000[$HO(CH_2CH_2O)_nH$]与不同量的蒸馏水按比例均匀混合，得到浓度不同的 CdS 溶液。分别取适量的一维 TiO_2 纳米线/分子筛复合材料分散在上述 CdS 溶液中。此后于恒温水浴锅内 80℃水热处理 5h。处理结束后在 80℃下烘干，即得 CdS/TiO_2/分子筛复合光催化材料。

6.2.2 分子筛负载 TiO_2 基复合材料的光催化性能研究

1. 分子筛负载 TiO_2 基复合材料的形貌及结构表征

1）分子筛

图 6-1(a)(b)分别为粉煤灰与粉煤灰合成分子筛的 XRD 分析图谱。从图 6-

1(a)中可以看出，在 2θ 为 16.4°、26.3°、31°、33.2°、40.9°和 60.7°处与莫来石的特征衍射峰相一致(PDF 15-0776)；在图 6-1(b)中可以观察到，分子筛的特征衍射峰对应着 2θ 为 10.2°、16.2°、24.1°、28.2°和 31.4°(PDF 39-0223)。图 6-1(c)(d)为分子筛的 SEM 分析照片。从图中可以看出，分子筛呈均匀的立方体形，从图 6-1(d)中可得出，粉煤灰合成的分子筛粒径在微米范围内。

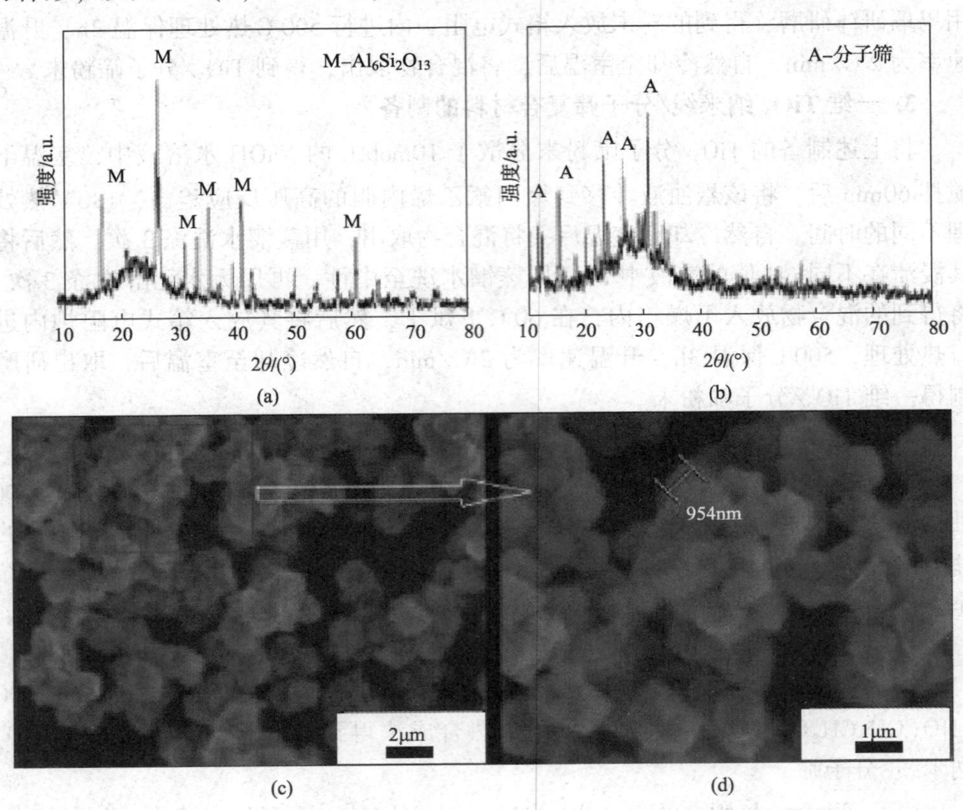

图 6-1　粉煤灰的 XRD 图、分子筛的 XRD 和 SEM 图

2）TiO_2 颗粒/分子筛和一维 TiO_2 纳米线/分子筛复合材料

本实验首先通过溶胶凝胶法使 TiO_2 颗粒负载在分子筛上，然后利用水热合成法将 TiO_2 颗粒按一定方向生长成线，即一维 TiO_2 纳米线/分子筛复合材料。图 6-2 为 TiO_2 颗粒/分子筛和一维 TiO_2 纳米线/分子筛的 XRD 分析图和 SEM 照片[(a)TiO_2 颗粒/分子筛；(b)一维 TiO_2 纳米线/分子筛；(c)(d)TiO_2 颗粒/分子筛；(e)(f)一维 TiO_2 纳米线/分子筛)]。

在图 6-2 中，在图 6-2(a)中分子筛的衍射峰出现在 2θ 为 24.1°、28.2°、31.4°，

同时在图 6-2(b) 中也可以观察到 2θ 为 10.2°、28.2°(PDF 39-0223)。同样地，TiO_2 的衍射峰出现在了 2θ 为 19°、29.1°、40.3°，如图 6-2(a)所示，而图 6-2(b)中的 TiO_2 的衍射峰也出现在这些位置。图 6-2(c)~(f)提供了 TiO_2 颗粒/分

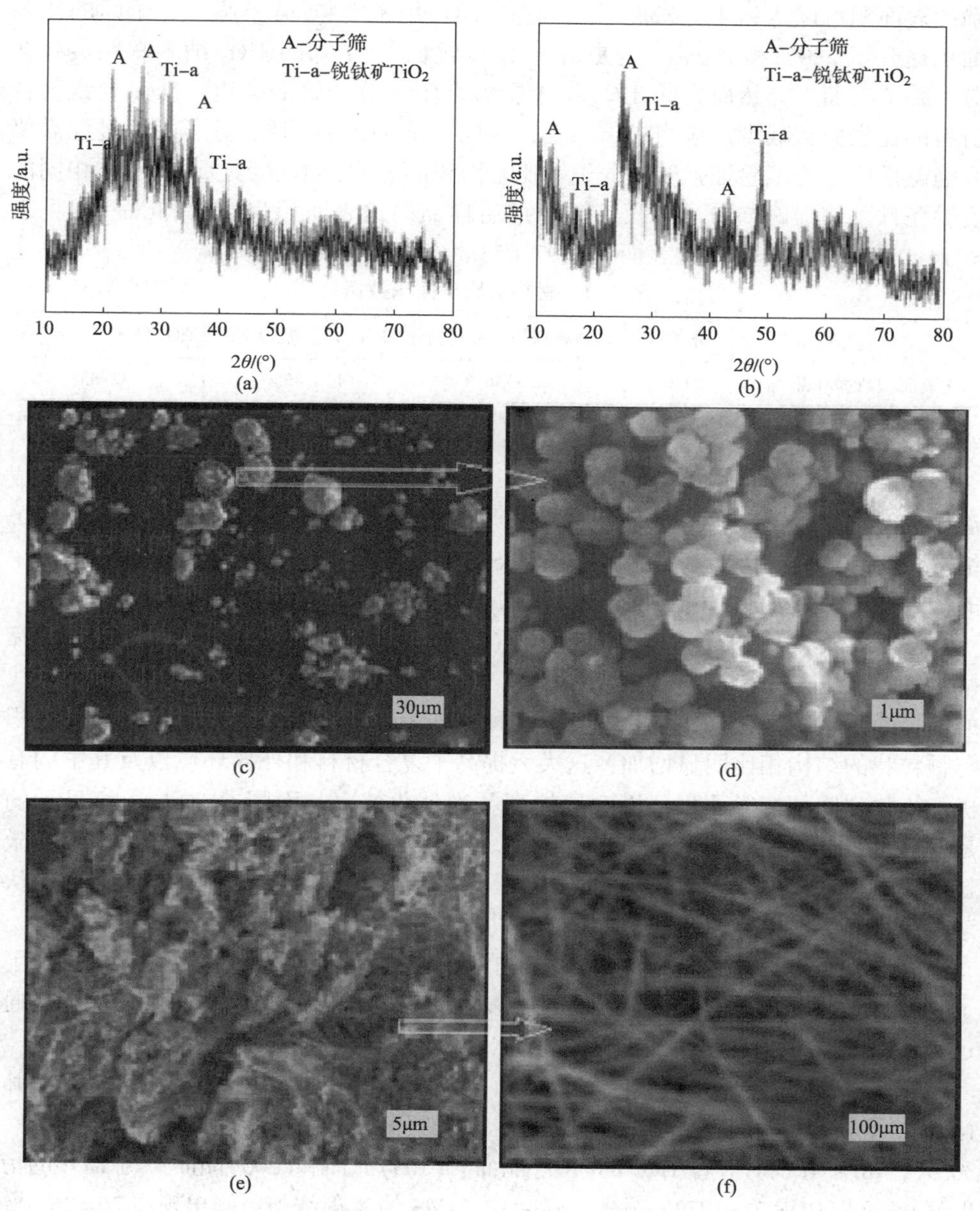

图 6-2　XRD 分析图和 SEM 照片

子筛和一维 TiO_2 纳米线/分子筛的 SEM 图片。由表 6-1 得，TiO_2 纳米颗粒/分子筛的比表面积是 113. 825m^2/g。而将 TiO_2 纳米颗粒沿着特定方向生长为纳米线，可以得到一维 TiO_2 纳米线/分子筛。表 6-1 的数据显示，一维 TiO_2 纳米线/分子筛的表面积可以达到 432. 838m^2/g，它比 TiO_2 纳米颗粒/分子筛、分子筛的比表面积提升了 280%和 120%。这是由于 TiO_2 颗粒/分子筛的 TiO_2 纳米颗粒负载在分子筛的表面上，然而有些 TiO_2 纳米颗粒会阻塞分子筛的孔道，从而导致复合材料的比表面积减少。应当指出的是，合成一维 TiO_2 纳米线/分子筛的过程需要和强碱反应。为了验证强碱对分子筛比表面积的影响，本章实验设计了在相同的实验条件下使强碱与分子筛反应。处理后样品的比表面积为 242. 136m^2/g(见表 6-1)，略高于分子筛的比表面积(197. 053m^2/g)。

表 6-1　材料的比表面积数据

材　　料	分子筛	强碱处理分子筛材料	TiO_2 颗粒/分子筛	TiO_2 纳米线/分子筛
比表面积数据/(m^2/g)	197. 053	242. 136	113. 825	432. 838

3）CdS 改性一维 TiO_2 纳米线/分子筛复合材料

在本实验中，利用溶胶凝胶法将 TiO_2 负载到分子筛上；接着利用水热合成法得到一维 TiO_2 纳米线/分子筛，然后利用自配的 CdS 溶液对所制得的一维 TiO_2 纳米线/分子筛样品进行改性，得到 CdS/TiO_2/分子筛复合材料，即本章实验中的仙人指状 CdS 改性一维 TiO_2 线性结构。其微观结构如图 6-3 所示。

图 6-3 是一维 TiO_2 纳米线/分子筛(a)和 CdS 改性一维 TiO_2 纳米线/分子筛(b)(c)的扫描电镜图片。从图 6-3(a)～(c)中可以很明显地观察到 TiO_2 纳米线的直径为几十纳米，甚至是几纳米。这种特殊的一维线性结构，由于其比表面积与颗粒状的结构相比明显增加，这大大提高了复合材料和外界环境以及其中的有机污染物之间的接触面积，极大地提高了光催化效率。而图 6-3(b)(c)显示的是 CdS 改性的一维 TiO_2 纳米线/分子筛。从图 6-3(c)中可以观察到，有 CdS 微粒附着在 TiO_2 纳米线上，这种结构保证了所制备的复合材料所需要的光能量从紫外光扩展到可见光，也能有效地防止电子-空穴对在光催化过程中复合。

我们已经知道 CdS 改性一维 TiO_2 纳米线/分子筛复合材料的微观形貌，为了了解 CdS 改性一维 TiO_2 纳米线/分子筛复合材料的结构组成等特点，本章实验通过 X 射线电子衍射(XRD)、能谱分析(EDS)等来讨论分析。

图 6-4 是一维 TiO_2 纳米线/分子筛(a)和 CdS 改性一维 TiO_2 纳米线/分子筛(b)的 X 射线衍射分析图谱。从图中可以观察到，样品的衍射峰在 $2\theta=25.3°$、36. 9°、48. 1°分别对应着 TiO_2 的(101)晶面、(103)晶面和(200)晶面，与 TiO_2 的衍射峰相一致(PDF 21-1272)。图 6-4(b)中，CdS 的 X 射线衍射峰出现在 $2\theta=26.1°$、31. 8°处，与之相对应的是 CdS 的(001)晶面、(011)(110)晶面(PDF 43-0985)。

图 6-3　一维 TiO_2/分子筛(a)和 CdS 改性一维 TiO_2/分子筛(b)(c)SEM 形貌照片

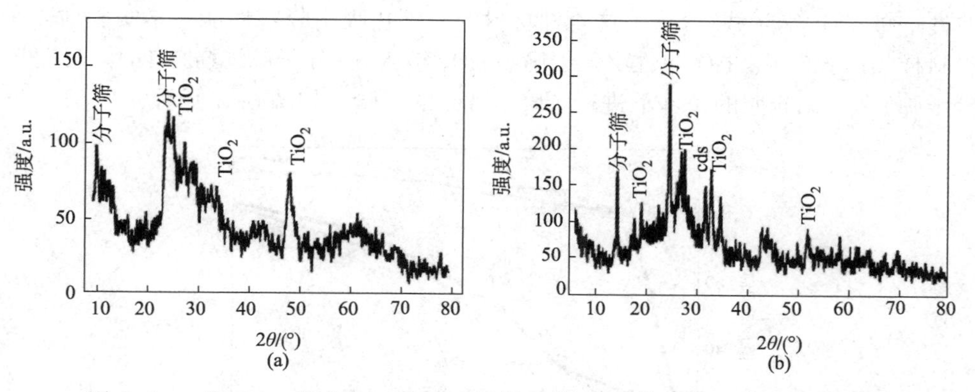

图 6-4　一维 TiO_2/分子筛(a)和 CdS 改性一维 TiO_2/分子筛(b)的 XRD 分析

为了验证本章实验所制得的 CdS 改性一维 TiO_2/分子筛复合材料的其他结构与组成等特性，我们对 CdS 改性一维 TiO_2/分子筛复合材料做了能谱分析的讨论。图 6-5 是 CdS 改性一维 TiO_2/分子筛复合材料能谱分析图。该图显示出了关于 CdS、TiO_2、Al_2O_3 和 SiO_2 这 4 种主要组成成分的正确的化学计量比。CdS 改性一维 TiO_2/分子筛复合材料结构中的 Cd、S、Ti、O、Al 和 Si 这几种主要组成元素的总质量百分比是 91.63%。同时，我们也计算出这几种主要组成元素的总原子百分比是 92.91%。这充分说明了本章实验所制备的 CdS 改性一维 TiO_2/分子筛复合材料几乎是纯物质。另外，从图 6-5 下表中可以看到，Cd 和 S 元素的元素比为 0.78∶0.81，几乎是 1∶1，符合 CdS 化学式的元素分配比例。

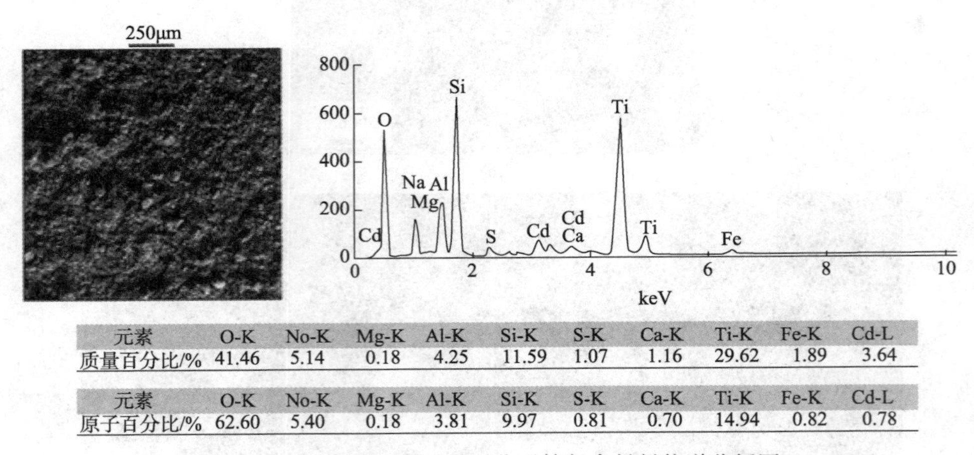

元素	O-K	No-K	Mg-K	Al-K	Si-K	S-K	Ca-K	Ti-K	Fe-K	Cd-L
质量百分比/%	41.46	5.14	0.18	4.25	11.59	1.07	1.16	29.62	1.89	3.64

元素	O-K	No-K	Mg-K	Al-K	Si-K	S-K	Ca-K	Ti-K	Fe-K	Cd-L
原子百分比/%	62.60	5.40	0.18	3.81	9.97	0.81	0.70	14.94	0.82	0.78

图 6-5　CdS 改性一维 TiO_2/分子筛复合材料能谱分析图

2. 不同分子筛负载 TiO_2 基复合材料的对比分析

为了研究分子筛、TiO_2 纳米颗粒/分子筛、一维 TiO_2 纳米线/分子筛和 CdS 改性一维 TiO_2 纳米线/分子筛这 4 种材料的光催化吸附降解性能，本实验对 4 种材料样品(分子筛、TiO_2 颗粒/分子筛、TiO_2 纳米线/分子筛、CdS/TiO_2 纳米线/分子筛)在可见光照的条件下进行了降解 MB 的实验，如图 6-6 所示。

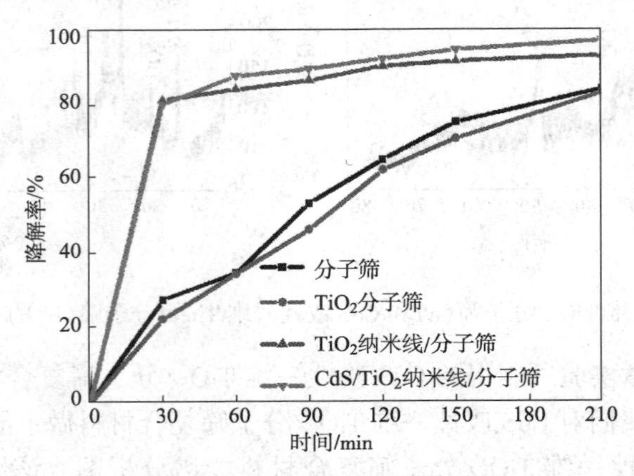

图 6-6　各种样品的吸附降解图

图 6-6 展示了分子筛、TiO_2 纳米颗粒/分子筛、一维 TiO_2 纳米线/分子筛和

CdS 改性一维 TiO_2 纳米线/分子筛的 MB 吸附降解曲线。如图所示，在可见光下吸附降解实验进行了 30min 后，一维 TiO_2 纳米线/分子筛和 CdS 改性一维 TiO_2 纳米线/分子筛都达到 81%左右，同时分子筛和 TiO_2 纳米颗粒/分子筛的 MB 吸附降解效率才刚刚达到 25%和 22%左右。而在吸附降解实验进行 3h 之后，CdS 改性一维 TiO_2 纳米线/分子筛复合材料对 MB 的吸附降解效率达到 100%，但是对于一维 TiO_2 纳米线/分子筛，它的降解效率只有 85%左右。分子筛具有高的热稳定性和较高的吸附能力，并且其拥有独特均匀尺寸的孔和通道。而对于 TiO_2 纳米颗粒/分子筛复合材料，TiO_2 在分子筛上的负载使得分子筛的孔道受到了较大的影响，因此 TiO_2 纳米颗粒/分子筛复合材料的吸附降解效果变弱。然而，对于光催化材料，首先是将要被降解的有机分子吸附到其表面附近，然后才进行光催化反应。因此在实验的初始阶段，一维 TiO_2 纳米线/分子筛的降解率接近于 CdS 改性一维 TiO_2 纳米线/分子筛复合材料的降解效率，这是由于分子筛和一维 TiO_2 的比表面积很大而使得这种复合材料的吸附能力很强。另外，通过观察各种光降解材料在 MB 吸附降解实验过程中的现象，我们可以发现，一维 TiO_2 纳米线/分子筛和 CdS 改性一维 TiO_2 纳米线/分子筛之间有非常大的差别，如图 6-7 所示。从图 6-7(b)中可得，CdS 改性一维 TiO_2 纳米线/分子筛复合材料可完全吸附降解 MB，而一维 TiO_2 纳米线/分子筛对 MB 的吸附降解仅仅是限于其吸附能力[图 6-7(a)]，这是因为：TiO_2 的禁带宽度很大，使得其并不能吸收可见光而产生光生电子-空穴对，即不能发生光催化反应；而 CdS 改性一维 TiO_2 纳米线/分子筛复合材料具有一维 TiO_2 纳米线/分子筛复合材料的吸附性能优异的特性；还由于 CdS 改性 TiO_2 使得这种复合材料能在可见光下降解有机物，这种复合材料的两大优势决定了它拥有广泛的应用前景。

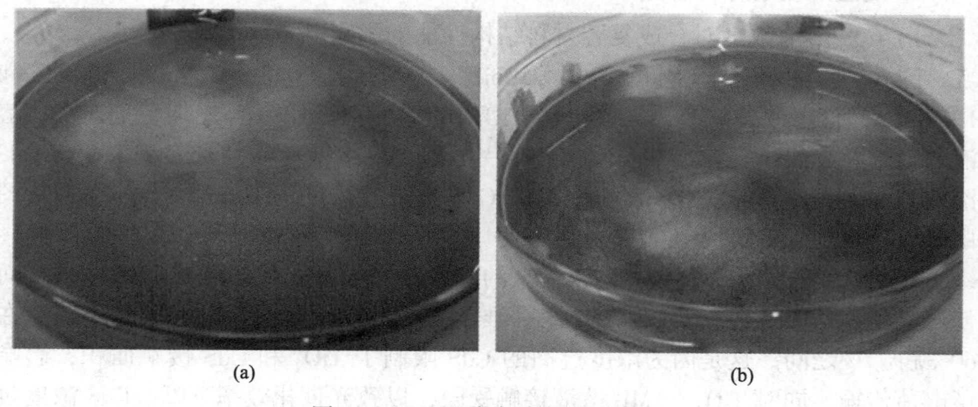

(a) (b)

图 6-7　MB 吸附实验实际过程图

为了验证本实验所制得的 CdS 改性一维 TiO_2 纳米线/分子筛复合材料可以吸

收可见光，我们对所制得的各种材料的紫外-可见光谱进行了分析讨论，如图 6-8 所示。

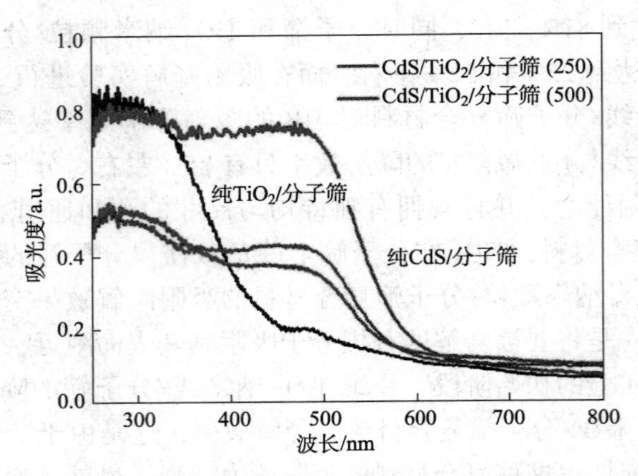

图 6-8　各种材料的紫外-可见吸收光谱曲线图

图 6-8 是 TiO_2/分子筛、CdS/分子筛复合光催化剂以及不同容积(250mL 和 500mL 蒸馏水)条件下制备的 CdS 改性一维 TiO_2 纳米线/分子筛复合光催化剂的紫外-可见吸收光谱。图中易得，TiO_2/分子筛吸收光谱波长在 400nm 左右，CdS/分子筛的吸收光谱波长在 550nm 左右。不同容积(250mL 和 500mL 蒸馏水)条件下制备的 CdS 改性一维 TiO_2 纳米线/分子筛复合光催化剂的光吸收波长在 500~580nm。这表明 CdS 改性的 TiO_2 已经使得 TiO_2 原来的吸收光波长发生了明显的红移。因此，耦合的半导体复合纳米材料(CdS/TiO_2/分子筛)可以利用可见光。

3. 反应过程条件对合成 CdS 改性一维 TiO_2 纳米线/分子筛结构性能的影响

1）CdS 溶液浓度对合成复合材料结构性能的影响

图 6-9 显示了不同的容积(50mL、100mL、200mL、250mL、500mL 和 1000mL)条件下制备的 CdS 改性一维 TiO_2 纳米线/分子筛复合光催化剂对 MB 溶液的吸附降解曲线。在本章实验中，采用配置 CdS 溶液所需的水容积来衡定 CdS 溶液的浓度，如 50mL 的水容积配备的 CdS 水溶液浓度为 2.6×10^{-3} mol/L。从图中可以观察到，在可见光的照射下，使用 500mL 的水容积下制备的 CdS 改性一维 TiO_2 纳米线/分子筛复合材料对 MB 的降解率在 60min 就达到了 85%左右。而使用其他水容积下制备的 CdS 改性一维 TiO_2 纳米线/分子筛对 MB 的降解率在 60%和 77%之间。这是因为浓度过高的 CdS 限制了 TiO_2 和 CdS 接触面积，影响了电荷传输，同时 TiO_2 与 MB 溶液接触受限，以致光催化效率下降。CdS 浓度过低时，光敏剂不足以改性复合样的光响应，单纯 TiO_2 可见光响应差，从而表现光催化降解效果不理想。只有当浓度适中时(配置 CdS 溶液所需的水容积为

500mL），制备的 CdS/TiO_2/分子筛复合材料的光催化性能最佳。

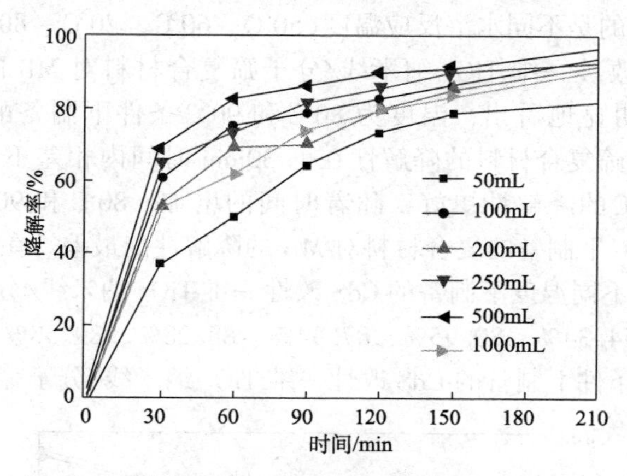

图 6-9　不同的容积条件对降解 MB 的效率图

2）反应时间对合成复合材料结构性能的影响

图 6-10 是不同的水浴反应时间（2h、3h、4h、5h 和 6h）条件下制备的 CdS 改性一维 TiO_2 纳米线/分子筛复合光催化剂对 MB 溶液的吸附降解曲线。从图中可以观察到，水浴反应时间为 5h 的条件下制备的 CdS 改性一维 TiO_2 纳米线/分子筛在可见光下 30min 内对 MB 的吸附降解效率已经达到 80%左右。而其他水浴反应时间的条件下制备的样品的降解率只是在 50%和 65%之间。这是由于时间的长短与附着在一维 TiO_2 纳米线上的 CdS 浓度有重要的影响。时间越长，附着的 CdS 浓度越高，这就与 CdS 浓度对降解效率的影响殊途同归了。因此，只有当反应时间（5h）是适中的，CdS 改性一维 TiO_2 纳米线/分子筛复合材料可以具有最高的效率。

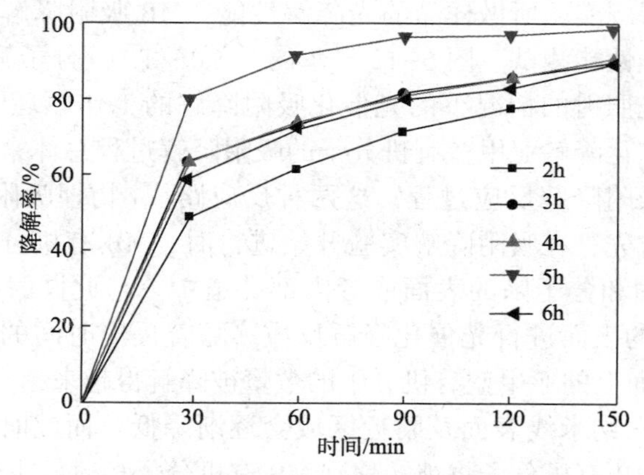

图 6-10　不同的水浴反应时间对 MB 的吸附降解效率图

3）反应温度对合成复合材料结构性能的影响

图 6-11 反映的是不同水浴反应温度（50℃、60℃、70℃、80℃和 90℃）的条件下制备的 CdS 改性一维 TiO_2 纳米线/分子筛复合材料对 MB 的吸附降解效率图。从图中可以明显地看出，温度为 80℃和 90℃条件下制备的 CdS 改性一维 TiO_2 纳米线/分子筛复合材料的降解性在前 30min 时间内相差不多，在 30min 和 120min 之间，90℃的降解性更好，随着时间的增加，80℃和 90℃又趋于相同。而在水浴温度 50℃下制备的复合材料对 MB 的降解性能最差。在吸附降解实验进行 150min 之后，不同温度下制备的 CdS 改性一维 TiO_2 纳米线/分子筛对 MB 的降解率分别达到了 74.34%、80.95%、87.34%、88.28%、89.58%。综上所述，水浴温度为 80℃的条件下制备的 CdS 改性一维 TiO_2 纳米线/分子筛性能最优。

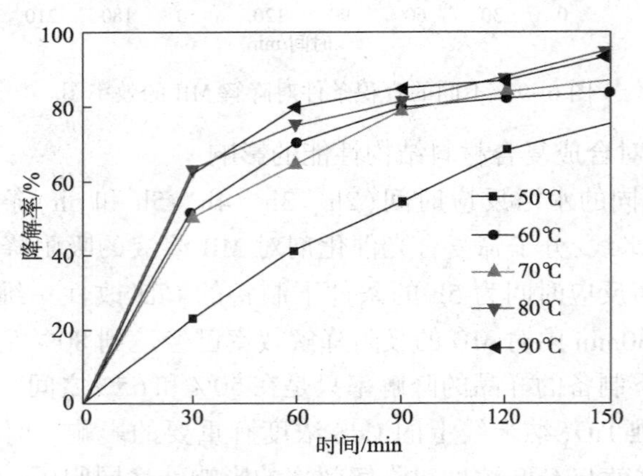

图 6-11　不同的水浴温度对 MB 的吸附降解效率图

4. CdS/TiO_2/分子筛复合材料对 MB 吸附降解的过程机理

为了检验本课题实验所做样品的光降解性能，MB 吸附降解实验被应用于测定所制备样品的光性能测试。图 6-12 显示的是 CdS/TiO_2/分子筛复合材料对 MB 有机分子在可见光照射的情况下的光催化吸附降解的工作原理图。CdS/TiO_2/分子筛复合材料对催化降解亚甲蓝有机分子的吸附降解过程总体来说有两种反应路线，但对于整个吸附降解反应过程，这两种反应路线（物理吸附和光催化降解）是互为补充的。首先，在吸附降解实验开始进行时，MB 有机分子被吸附在一维 TiO_2 纳米线的表面和分子筛的表面或者内部孔道中。与此同时，在 CdS 改性的一维 TiO_2 纳米线的表面进行光催化降解反应。随着反应时间的延长，吸附在一维 TiO_2 纳米线表面上的亚甲蓝有机分子的数量被降解得越来越少，导致 MB 溶液的浓度在一维 TiO_2 纳米线表面及附近区域会逐渐降低。而此时，分子筛的表面或内部孔道中的 MB 有机分子将被转移到 MB 有机分子相对较少的 CdS/TiO_2 一维纳米线的表面，这是基于浓度扩散原理。在这些吸附降解过程中，诸如物理吸附、光催化降解和MB有机分子的转移运动，都起到了一定作用，这样的良性循环直到吸附降解实验的结束。在MB吸附降解过程中，光催化降解过程将重点描述。TiO_2 被认为是具有宽带隙的半导体(E_g=3.2eV)，而CdS的带隙相对于 TiO_2 是较窄的(E_g=2.5eV)。CdS/TiO_2 复合半导体在可见光照射下，作为光敏剂的窄带隙CdS吸收光子能量而产生电子-空穴对。随后，CdS导带上的电子转移到更高能级的 TiO_2 导带上，而空穴留在CdS的价带中。TiO_2 的导带视为CdS/TiO_2 复合半导体的导带，而CdS的价带视为CdS/TiO_2 复合半导体的价带，该方式可有效抑制CdS光生载流子的重组。由于这种CdS/TiO_2 复合半导体可见光响应，可发生电荷分离，这大大提高了CdS/TiO_2/分子筛复合光催化材料的应用范围。

光催化反应过程的方程式如下：

$$CdS+TiO_2+h\nu(>420nm)\longrightarrow CdS(e^-+h^+)+TiO_2 \tag{6-1}$$

$$CdS(e^-+h^+)+TiO_2\longrightarrow CdS(h^+)+TiO_2(e^-) \tag{6-2}$$

$$TiO_2(e^-)+O_2\longrightarrow O_2^-\cdot \tag{6-3}$$

$$O_2^-\cdot+H^+\longrightarrow \cdot HO_2 \tag{6-4}$$

$$2\cdot HO_2\longrightarrow H_2O_2+O_2 \tag{6-5}$$

$$H_2O_2+h\nu\longrightarrow 2\cdot OH \tag{6-6}$$

$$OH^-+h^+\longrightarrow \cdot OH \tag{6-7}$$

$$OH\cdot+MB(dye)\longrightarrow CO_2+H_2O \tag{6-8}$$

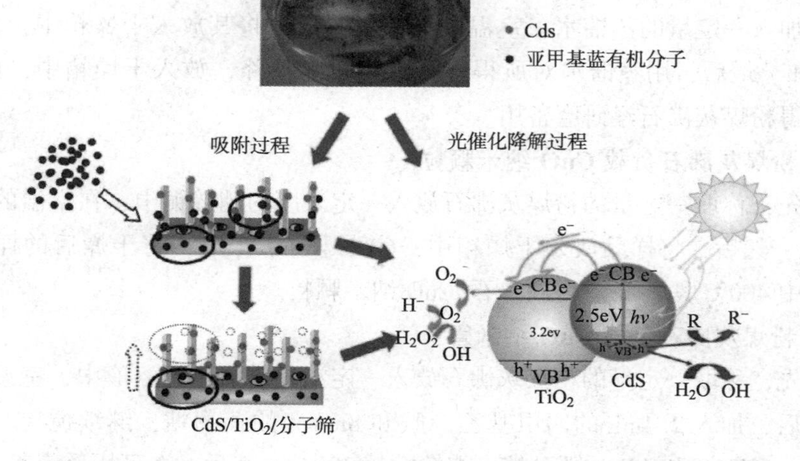

图6-12 CdS/TiO_2/分子筛复合材料对MB吸附降解的过程机理图

6.3 沸石负载 CuO 纳米材料的制备及其光催化性能研究

作为 IB 族的元素 Cu，其氧化物 CuO 是一种典型的 P 型半导体，它的禁带宽度为 1.2eV，在可见光区响应，具有较好的光催化活性。另外，CuO 还比 TiO_2 具有更高的电子迁移率，电子-空穴的复合率要低于 TiO_2。CuO 的这两个优点使其在光催化氧化处理废水方面有很大的应用潜力。因此，已经有较多的学者将目光从研究 n 型半导体的 TiO_2 上转移到 CuO 上，并将 CuO 应用于降解有机染料废水。但是，纳米 CuO 同样具有易团聚、难回收等缺点，科学家们想到将其负载到沸石、氧化铝、活性炭等载体上。由于沸石具有比较独特的孔道，且孔道分布较为均匀，同时沸石还具有较高的吸附性能以及良好的疏水性和亲水性，因此，沸石可以作为负载纳米 CuO 颗粒的最佳载体。

6.3.1 沸石负载 CuO 纳米材料的制备

1. 粉煤灰合成沸石

首先，将粉煤灰经球磨、过筛等进行预处理。然后，将处理后的粉煤灰放入浓度为 18%的稀盐酸溶液中，在 80℃下水浴 2h，用蒸馏水洗涤干燥后，与固体氢氧化钠按一定比例混合均匀，将其放入电阻炉中 600℃煅烧 2h。随后，向所得样品中加入一定量的蒸馏水，室温下搅拌 24h 后，将其放入干燥箱中，100℃下陈化 12h。最后，用蒸馏水对所得样品进行过滤洗涤，放入干燥箱中，100℃干燥。所得粉煤灰沸石经研磨备用。

2. 粉煤灰沸石负载 CuO 纳米颗粒

首先，称取一定量的粉煤灰沸石放入一定浓度的硝酸铜中，在室温的条件下搅拌 2h。然后，将样品放入干燥箱中，60℃干燥。最后，将干燥后的样品放入电阻炉中 400℃煅烧 4h。得到沸石/CuO 纳米颗粒。

3. 粉煤灰沸石负载 CuO 纳米管

首先，称取一定量的粉煤灰沸石放入一定浓度的氯化铜溶液中，室温下搅拌 2h。随后，加入 2.4mL 的四甲基乙二胺和 8mmol 的葡萄糖，继续搅拌 5min 后，加入 1.6g CTAB 和 40mL 环己烷，继续搅拌 30min。然后，在高压反应釜中 180℃水热 24h。样品用无水乙醇和蒸馏水进行过滤洗涤，放入干燥箱 60℃干燥。最后，将样品 400℃煅烧 5h。得到沸石/CuO 纳米管。

6.3.2 沸石负载 CuO 纳米材料的光催化性能研究

1. 沸石负载 CuO 纳米材料的形貌及结构表征

图 6-13 所示为沸石、沸石/CuO 纳米颗粒以及沸石/CuO 纳米管的 XRD 图。在图 6-13(a)中，2θ 为 15.42°、20.12°、23.39°、26.83°、29.35°、31.03°处出现的峰均为 ZSM-3 型沸石的特征峰(pdf No. 48-0730)。对比图 6-13(b)可以发现，在 2θ 为 35.24°、38.47°、48.59°、53.32°、58.04°、61.34°、65.89°、67.85°、72.18°、74.94°处出现的峰为 CuO 的特征峰(pdf No. 44-0706)，在 2θ=29.35°处的峰为沸石的特征峰。由图可以推出，将沸石浸渍到 $Cu(NO_3)_2$ 中，经过煅烧，可将 CuO 纳米颗粒负载到沸石上，并且不改变沸石之前的晶型。

图 6-13(c)为沸石/CuO 纳米管的 XRD 谱图，从中可以看出，合成过程的中间产物为 Cu 纳米线，而最终产物样品在 2θ=35°、39°、49°出现的特征峰与 CuO 的特征峰相一致(JCPDS 48-1548)，因此，可以认为经煅烧沸石/Cu 纳米线转化为沸石/CuO 纳米管。图 6-13(d)为沸石/CuO 纳米管的 EDS 谱图，从中可以看出，沸石/CuO 纳米管中 Cu、O、Al、Si 的元素质量分数分别为 13.12%、36.05%、15.82%、24.37%。

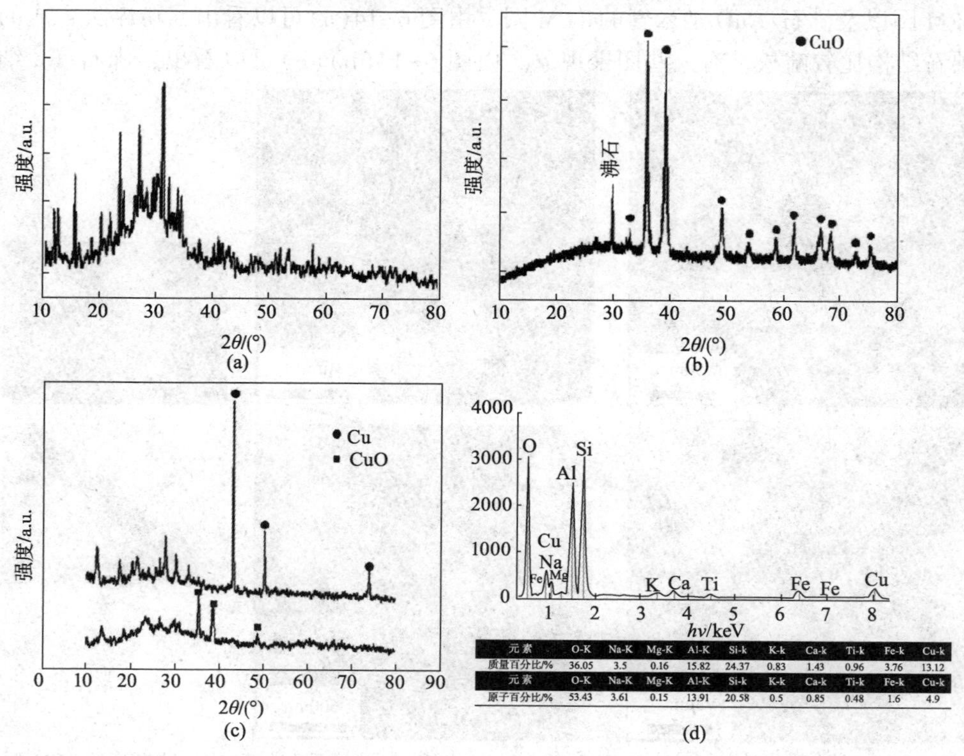

元素	O-K	Na-K	Mg-K	Al-K	Si-k	K-k	Ca-k	Ti-k	Fe-k	Cu-k
质量百分比/%	36.05	3.5	0.16	15.82	24.37	0.83	1.43	0.96	3.76	13.12
元素	O-K	Na-K	Mg-K	Al-K	Si-k	K-k	Ca-k	Ti-k	Fe-k	Cu-k
原子百分比/%	53.43	3.61	0.15	13.91	20.58	0.5	0.85	0.48	1.6	4.9

图 6-13 沸石、沸石/CuO 纳米颗粒以及沸石/CuO 纳米管的 XRD 谱图

图 6-14 所示为沸石、沸石/CuO 纳米颗粒的扫描电镜图。图 6-14(a)为沸石的 SEM 图。从中可以看到，粉煤灰合成的沸石结构比较疏松，并且伴有一些团聚现象，颗粒间存在孔隙，有利于沸石充分发挥对有机染料的吸附脱色作用。图 6-14(b)为沸石/CuO 纳米颗粒的 SEM 图。从中可以看到，一簇 CuO 颗粒被负载到了沸石上，CuO 颗粒的平均粒径为 50nm×100nm。

图 6-14　沸石和沸石/CuO 纳米颗粒的 SEM 图

图 6-15 则给出了沸石、中间产物沸石/Cu 纳米线以及沸石/CuO 纳米管的 SEM 图以及沸石/CuO 纳米管的 TEM 图。由图 6-14(a)可以看出，粉煤灰合成的沸石结构比较疏松，有一些团聚现象。由图 6-14(b)(c)可以看出，沸石/Cu 纳

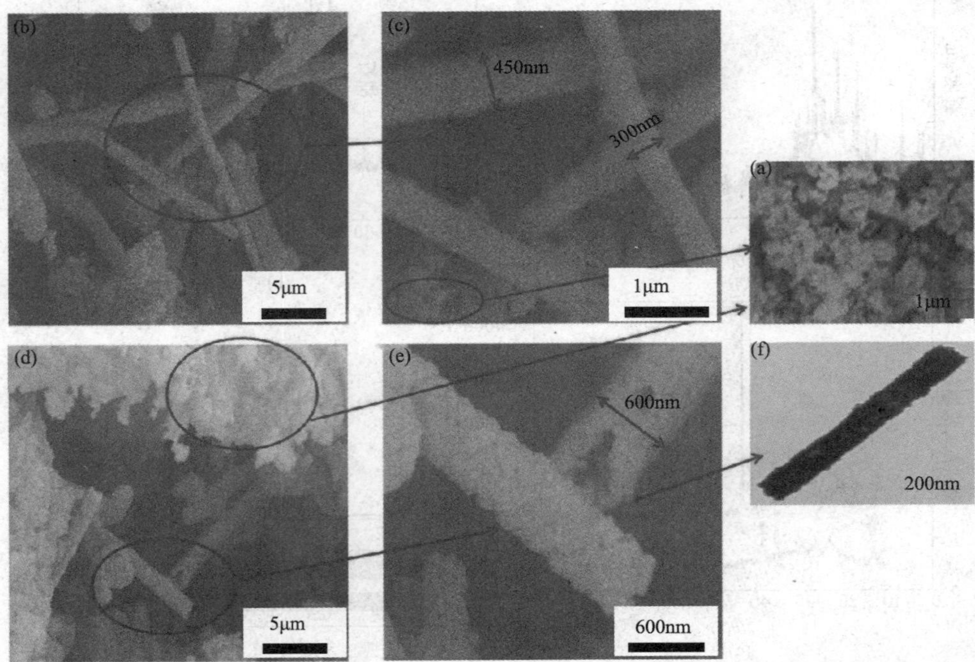

图 6-15　沸石纳米线、沸石/Cu 和沸石/CuO 纳米管的 SEM 图及沸石/CuO 纳米管的 TEM 图

米线的表面光滑，Cu 纳米线的直径为 300~450nm。经过对沸石/Cu 纳米线热处理，生成沸石/CuO 纳米管。由图 6-14(d)、图 6-14(e)可看出，CuO 纳米管表面变的粗糙，这可能是由于在煅烧过程中，O_2 由表面进入内部，Cu 蒸汽由内部扩散至表面所导致的，CuO 纳米管的直径大约为 600nm。图 6-14(f)给出了沸石/CuO 纳米管的 TEM 图，由图中可以看出 CuO 的空心结构，证明是纳米管结构。

2. 沸石负载 CuO 纳米材料的光催化性能研究

1) Cu^{2+}浓度对 MB 溶液脱色率的影响

图 6-16 为沸石/CuO 颗粒催化体系中，不同 Cu^{2+}浓度对 MB 溶液脱色率的影响。实验条件为 MB 溶液的初始浓度为 20mg/L，光照为日光灯，光照时间为 180min，H_2O_2 加入量为 2mL。从图中可以看出，在反应开始的前 30min，Cu^{2+}浓度为 0mol/L 和 0.2mol/L 时的脱色效率高于 Cu^{2+}浓度为 0.5mol/L 和 0.75mol/L 时，发生这样情况的原因可能是因为 Cu^{2+}浓度过低，在 CuO 与 H_2O_2 还未起到明显的光催化氧化作用时，主要是沸石的吸附性能在起作用，而 Cu^{2+}浓度越高，堵塞的沸石孔道会越多，因而此时 Cu^{2+}浓度沸石的吸附性能会越差。这一点可以从图 6-17 中看出。图 6-17 所示为 Cu^{2+}浓度为 0.2mol/L、0.5mol/L 和 0.75mol/L 时沸石/CuO 纳米颗粒的 SEM 图。从图中可以看出，Cu^{2+}浓度为 0.2mol/L 时没有像浓度为 0.5mol/L 时出现 CuO 纳米颗粒簇；而当浓度为 0.75mol/L 时，CuO 颗粒的粒径增大，从而导致沸石/CuO 纳米颗粒的比表面积变小，脱色效率降低。随着时间的延长，Cu^{2+}浓度的增加，沸石/CuO 纳米颗粒对 MB 溶液脱色率迅速增加。从图中可以看出，当反应 180min 时，Cu^{2+}浓度为 0.2mol/L、0.5mol/L、0.75mol/L 时，沸石/CuO 纳米颗粒对 MB 溶液的脱色率均接近 100%。综合沸石的吸附性能以及 CuO 的光催化氧化性能来看，当 Cu^{2+}浓度为 0.5mol/L 时，沸石/CuO 纳米颗粒对 MB 溶液的脱色性能为最优。

同时，我们也考察了沸石/CuO 纳米管催化体系中 Cu^{2+}浓度对 MB 溶液脱色率的影响。图 6-18 为 Cu^{2+}浓度对 MB 溶液脱色率的影响。实验条件：MB 溶液的初始浓度为 20mg/L，光照为日光灯，光照时间为 60min。从图中可以看出，光照 30min 中内，随 Cu^{2+}浓度的增加，沸石/CuO 纳米管对 MB 溶液脱色率迅速增加，当 Cu^{2+}浓度达到 0.1mol/L 时，脱色率达到最大。继续增大 Cu^{2+}浓度，大于 0.1mol/L 时，沸石/CuO 纳米管对 MB 溶液脱色率反而降低。当没有 Cu^{2+}时，即没有负载 CuO，这时主要是沸石对 MB 溶液起的吸附作用。随着 Cu^{2+}浓度的增加，CuO 负载量增加，CuO 的光催化降解作用逐渐起主导作用。Cu^{2+}浓度为 0.05mol/L 时，CuO 的负载量较少，仍旧是沸石的吸附作用起主导地位，所以

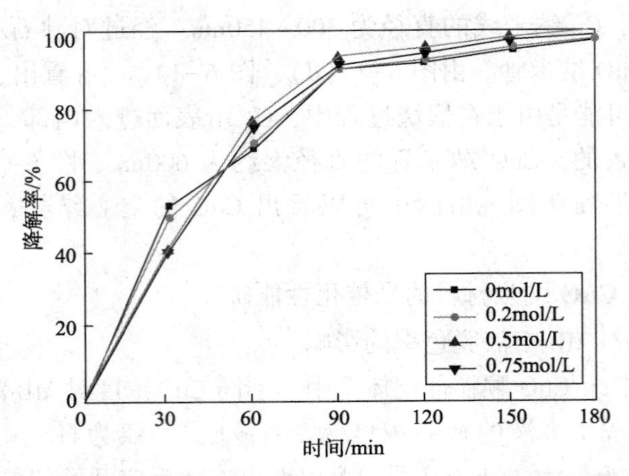

图 6-16　沸石/CuO 颗粒催化体系 Cu^{2+} 浓度对 MB 溶液脱色率的影响

(a)　(b)　(c)

图 6-17　沸石/CuO 颗粒催化体系 Cu^{2+} 浓度为 0. 2mol/L、0. 5mol/L、0. 75mol/L 的沸石/CuO 纳米颗粒的 SEM 图

Cu^{2+} 浓度为 0. 05mol/L 与 0mol/L 时对 MB 溶液的脱色率是相近的。但是，当 Cu^{2+} 浓度为 0. 2mol/L 时，CuO 纳米管的负载量较高，沸石/CuO 纳米管的比表面积降低以及一部分 CuO 可能堵塞了沸石的孔道，不仅导致光量子吸收效率降低，而且沸石的吸附能力也有所减弱。但是，随着光照时间的延长，当光照 60min 时，这些催化剂对 MB 溶液的脱色率都接近 100%。综合考虑，Cu^{2+} 浓度为 0. 1mol/L 时，沸石/CuO 纳米管对 MB 溶液脱色能力最好。

2）煅烧温度对 MB 溶液脱色率的影响

图 6-19 为合成沸石/CuO 纳米颗粒阶段，煅烧温度所得材料光催化性能的影响。实验条件：MB 溶液的初始浓度为 20mg/L，以为日光灯为模拟光照，光照时长为 180min，加入量 $2mLH_2O_2$。煅烧温度为 400℃、500℃、600℃时，沸石/CuO 纳米颗粒对 MB 溶液的脱色率为 100%、97. 86%、95. 89%。据文献报道，在 300℃的煅烧温度下生成 Cu_2O，而升温为 400℃时才生成 CuO。图 6-20 为 400℃、500℃、600℃的煅烧温度时沸石/CuO 纳米颗粒的 SEM 图，随着煅烧温

度的增加，沸石/CuO纳米颗粒的表面离子聚积，使其粒径逐渐增大，比表面积变小，从而导致其对MB溶液的脱色效率的降低。

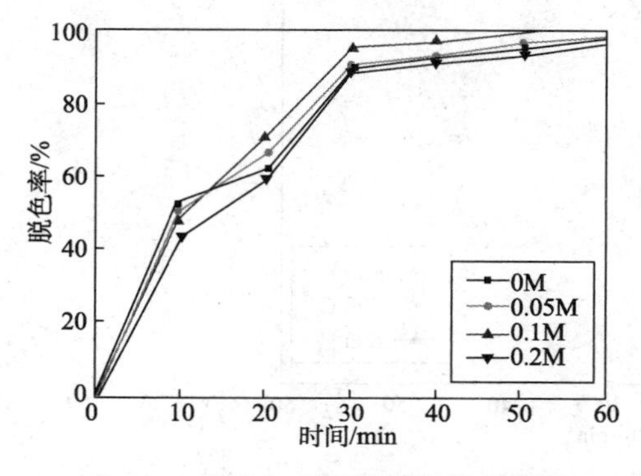

图6-18　沸石/CuO纳米管催化体系Cu^{2+}浓度对MB溶液脱色率的影响

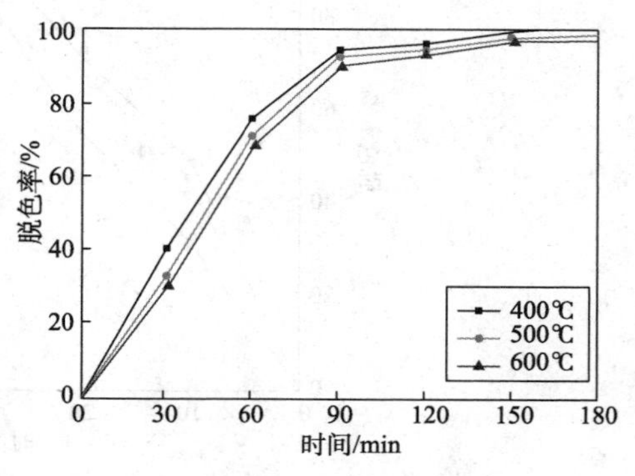

图6-19　沸石/CuO纳米颗粒催化体系煅烧温度对MB溶液脱色率的影响

图6-20　沸石/CuO纳米颗粒催化体系煅烧温度为400℃、500℃、600℃的沸石/CuO纳米颗粒的SEM图

同时，我们也考察了沸石/CuO纳米管催化体系中Cu^{2+}浓度对MB溶液脱色率的影响。图6-21为煅烧温度对MB溶液脱色率的影响。实验条件：MB溶液的初始浓度为20mg/L，光照为日光灯，光照时间为60min。从图中可以看出，光照30min中内，煅烧温度为400℃、500℃、600℃时所得沸石/CuO纳米管的光催化性能提高，即对MB溶液分别为95.37%、90.52%、87.32%的脱色率。煅烧温度继续增加，材料表面离子聚积，比表面积减小，致使其光催化活性降低，但延长光照时间至60min，不同煅烧温度下所得的光催化剂对MB溶液的脱色率都接近100%。综合考虑，煅烧温度为400℃时，沸石/CuO纳米管对MB溶液脱色能力最好。

3）不同催化剂对MB溶液脱色率的影响比较

图6-22为不同催化剂对MB溶液脱色率的影响。实验条件：MB溶液的初始

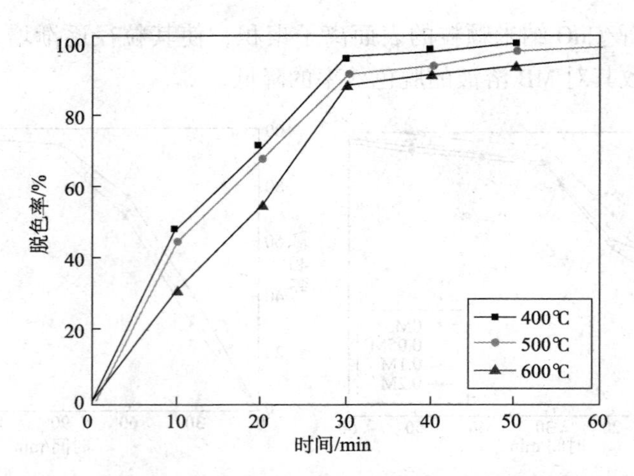

图 6-21　沸石/CuO 纳米管催化体系煅烧温度对 MB 溶液脱色率的影响

浓度为 20mg/L，光照为日光灯，光照时间为 60min。从图中可以看出，光照 30min 中内，沸石、沸石/CuO 纳米颗粒和沸石/CuO 纳米管对 MB 溶液脱色率分别为 90.67%、40.82%、95.37%。一开始，可能是沸石的吸附作用起主导作用，所以没有负载的沸石的降解效率是最好的；随着光照时间的延长，CuO 的光催化降解开始起作用，沸石/CuO 纳米管的效率逐渐超越沸石的。然而，沸石/CuO 纳米颗粒对 MB 溶液的脱色率一直低于沸石本身，这是因为 p 型 CuO 在没有 H_2O_2 的激活作用下降解 MB 溶液的效率很低，将 CuO 负载到沸石上，反而堵住了沸石的孔道，因此，降低了沸石的吸附效率。然而，沸石/CuO 纳米颗粒在有 H_2O_2 的激活作用下，在 60min 内，对 MB 溶液的脱色效率也没有超过沸石，而是在第 90min 时其脱色效率超过沸石，并在第 180min 时，脱色效率达到 100%，详见图 6-22。

那么，为什么沸石/CuO 纳米管在没有 H_2O_2 的激活作用下仍然表现出较高的光催化活性呢？依据文献表述，可能是由于在制备沸石/CuO 纳米管的过程中所产生的新的 Cu—O—Si 和 Cu—O—Al 价键，作为电子捕捉器，从而代替 H_2O_2 激活了 CuO 的光催化性能。然而，根据对沸石/CuO 纳米颗粒的 FT-IR 分析（图 6-23）可知，在 2359cm^{-1}处也有一个特殊的吸收峰，说明沸石/CuO 纳米颗粒中同样产生了 Cu—O—Si 和 Cu—O—Al 价键。在 1384cm^{-1}处出现的吸收峰说明，将 CuO 纳米颗粒负载到沸石的过程中，Cu^{2+}与沸石进行了离子交换。而根据第二章实验证明沸石/CuO 纳米颗粒需在 H_2O_2 的激活下，CuO 才能表现出较高的光催化活性。经查阅大量文献，我们推测，在利用水热合成法制备沸石/CuO 纳米管过程中 CuO 纳米管表面产生缺陷，而这些缺陷则是光催化反应的活性位点。Henrich 等人在有轻微缺陷的 TiO_2(110)晶面上检测到表面羟基的存在，Pan 等也发现在 TiO_2(110)晶面的表面氧空位上发生 O_2 分子的吸附作用。在 TiO_2 表面的

O_2 和 H_2O 都以羟基自由基和氧自由基的形式存在，从而利于光催化反应的进行。针对 CuO 纳米管是如何被羟基化的，还需对其进行进一步研究。

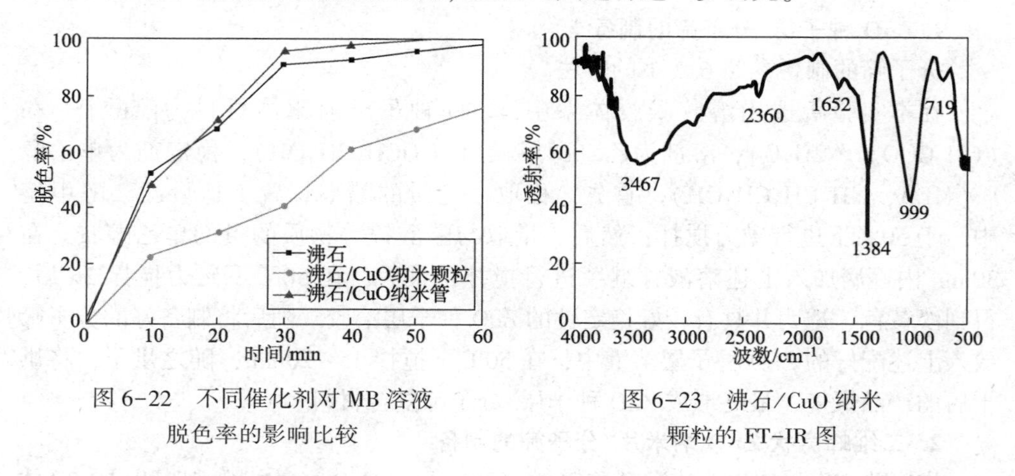

图 6-22　不同催化剂对 MB 溶液脱色率的影响比较

图 6-23　沸石/CuO 纳米颗粒的 FT-IR 图

6.4　分子筛负载 ZnO 纳米材料的制备及其光催化性能研究

作为禁带较宽的半导体材料之一的 ZnO 是一种 n 型的 II-VI 族直接带隙半导体材料，它在室温下的禁带宽度为 3.37eV。它具有优良的介电、压电和光电等半导体性能，并在压电、光电、激光器、传感器、声波器件以及声光器件等方面具有广阔的应用前景。特别在光催化降解污染物方面，ZnO 纳米材料更是被认为是继 TiO_2 后最理想的吸附降解材料。首先，两种材料的禁带宽度相似(TiO_2：3.2eV)；其次，与 TiO_2 相比，电子在 ZnO 中具有更大的迁移率，减少了光生载流子的复合；TiO_2 是间接带隙半导体材料，而 ZnO 是一种直接带隙半导体材料；此外，ZnO 的成本更低。然而，单一 ZnO 的光电性能并不理想：①ZnO 带隙较宽(3.37eV)，只对紫外光区响应使其太阳光利用率低(约 4%)；②ZnO 颗粒在光降解的过程中容易发生团聚，且不易分散；③单一 ZnO 材料的比表面积小，从而限制了 ZnO 材料与有机分子的接触，因此制约了该技术的广泛应用。

为了提高 ZnO 的光催化效率，人们针对以上问题做了大量深入研究工作，而研究的重点主要集中在单一 ZnO 材料的形貌控制上。本小结实验首先提出了制备二维蜂窝状 ZnO 纳米片/分子筛复合材料的制备方法，这样不仅解决了在光降解过程中易团聚的问题，而且由于合成过程中控制 ZnO 形貌为二维蜂窝状结构，使得合成的复合材料的比表面积有了很大的提高，这大大提高了与有机分子的接触面积。

6.4.1 分子筛负载 ZnO 纳米材料的制备

1. ZnO 种子层/分子筛的制备

分子筛的制备参照 6.2.1 的方法。

在本实验所选用溶胶凝胶体系中，ZnO 种子层前驱体材料为醋酸锌[$Zn(CH_3COO)_2 \cdot 2H_2O$]，溶剂为乙二醇甲醚($CH_3OCH_2CH_2OH$)，稳定剂为单乙醇胺(MEA，$NH_2CH_2CH_2OH$)。首先，称取一定量的醋酸锌置于适量乙二醇甲醚中，于 50℃下进行磁力搅拌；然后，量取与醋酸锌等物质的量的单乙醇胺，在 30min 内逐滴加入上述溶液，继续进行搅拌；最后，在 50℃下磁力搅拌 2h 后，得到淡黄色、透明并具有较好稳定性的 ZnO 种子层溶胶。随后将制备好的分子筛放入上述配好的 ZnO 种子层溶液中，在 50℃下搅拌 15~20min，随之烘干，将烘干后的产品煅烧，最终形成 ZnO 种子层/分子筛复合材料。

2. 二维蜂窝状 ZnO 纳米片/分子筛的制备

本实验方案采取水热法在硝酸锌[$Zn(NO_3)_2 \cdot 6H_2O$]/六次甲基四胺(HMT)体系生长溶液中制备 ZnO 纳米片结构。首先，按摩尔比为 1∶1 分别称取相同物质的量的硝酸锌和六次甲基四胺溶于一定量的蒸馏水中，室温下搅拌 15min，得到 ZnO 的生长溶液。随后，将覆有 ZnO 种子层的分子筛浸入生长溶液中并将烧杯密封；然后，将烧杯放入恒温水浴锅进行水浴加热，水浴温度为 90℃，水浴时间为 4h；最后，水浴过程完成后，将样品取出洗净，于 100℃下烘干后，自然冷却至室温。

6.4.2 分子筛负载 ZnO 纳米材料的光催化性能研究

1. 沸石负载 CuO 纳米材料的形貌及结构表征

本小结实验利用溶胶凝胶法将 ZnO 种子层负载到分子筛上，接着利用 ZnO 生长溶液使得 ZnO 微观结构得到很好的控制和拓展，即本章实验中的二维蜂窝状的 ZnO 纳米片状结构，如图 6-24 所示。

图 6-24 是分子筛(a)、ZnO 种子层/分子筛(b)、二维 ZnO 纳米片/分子筛复合材料(c)、(d)的 SEM 分析照片。与图 6-24(a)(b)相比，从图 6-24(c)(d)中可以看到，二维蜂窝状 ZnO 片状结构已经完美地负载在分子筛上。而二维 ZnO 纳米片/分子筛复合材料的微观粒子的粒径与纯分子筛的粒子粒径相差不大。与 ZnO 种子层/分子筛材料相比，二维 ZnO 纳米片/分子筛复合材料粒子分布更均匀。通过 BET 分析可以明显地看到二维 ZnO 纳米片/分子筛复合材料的比表面积大于其他两种材料(分子筛、ZnO 种子层/分子筛复合材料)，如表 6-2 所示：ZnO 种子层/分子筛复合材料的比表面积为 $102m^2/g$，而分子筛和二维 ZnO 纳米片/分子筛复合材料的比表面积分别为 $197m^2/g$ 和 $395m^2/g$。

图 6-24 分子筛、ZnO 种子层/分子筛、二维 ZnO 纳米片/分子筛复合材料的 SEM 分析图

表 6-2 各种材料的比表面积数据表

材料种类	分子筛	ZnO 种子层/分子筛	二维 ZnO 纳米片/分子筛
BET 数据[比表面积/(m^2/g)]	197	102	395

我们对二维蜂窝状 ZnO 纳米片/分子筛复合材料进行了孔隙大小分布和氮吸附/脱附等温曲线的分析讨论。从图 6-25(a)中可以看出，所合成的二维蜂窝状 ZnO 纳米片/分子筛样品的孔径大多分布在约 5nm 尺寸，这证明了二维蜂窝状 ZnO 纳米片/分子筛复合材料是介孔材料(2~50nm)。图 6-25(b)是二维蜂窝状 ZnO 纳米片/分子筛的氮吸附/脱附等温曲线。该曲线是 H3 型(IUPAC)的氮吸附/脱附等温线的迟滞回线。而 H3 型迟滞回线只有裂孔材料或片状颗粒材料才能形成，并且关键的增长趋势出现在了相对高的压力值处。因此，这也支持了二维蜂窝状 ZnO 纳米片/分子筛复合材料的片状颗粒的结构特点。

我们已经知道二维蜂窝状 ZnO 纳米片/分子筛复合材料的微观形貌。为了了解二维蜂窝状 ZnO 纳米片/分子筛复合材料以及 ZnO 种子层/分子筛复合材料的结构组成等特点，本章实验通过 X 射线电子衍射(XRD)、透射电镜(TEM)、能谱分析(EDS)等来讨论分析。

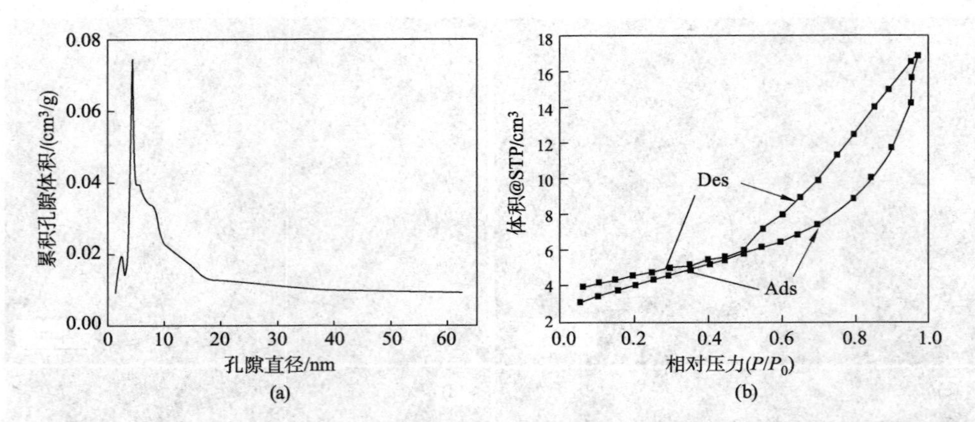

图 6-25　二维蜂窝状 ZnO 纳米片/分子筛复合材料的孔隙大小分布图和氮吸附/脱附等温曲线

图 6-26 是不同结构形式的 ZnO/分子筛的 XRD 分析图。其中，(a)为分子筛；(b)为 ZnO 种子层/分子筛；(c)为二维 ZnO 纳米片/分子筛；(d)为 ZnO 微观形貌图 TEM 分析。从图 6-26(a)可以看到，在 2θ 为 10.2°、16.2°、28.2°和 31.4°(PDF 39-0223)可以很明显地看到分子筛的衍射峰，当然这些分子筛的衍射峰也可以在图 6-25(b)和图 6-25(c)中看到，这充分说明了不论是 ZnO 纳米片/分子筛还是 ZnO 种子层/分子筛，在分子筛上有 ZnO 半导体材料的存在。从图 6-25(b)和图 6-25(c)中还可以观察到，ZnO 的衍射峰出现在 2θ 为 31.8°、34.4°、36.3°(PDF 36-1451)，分别对应着 ZnO 的(100)(002)和(101)晶面。其中(100)和(002)晶面的衍射峰的峰强度远远要强于其他衍射峰。更多的结构分析可以从图 6-26(d)中可以得到，高分辨率的透射电镜分析可以观察到 ZnO 是个单晶的正六棱柱形，这样的微观结构使得 ZnO 的微观结构不论怎么改变，其晶面都不会有太大的变动。这也从侧面证明了 ZnO 种子层/分子筛和二维 ZnO 纳米片/分子筛复合材料的 X 射线电子衍射图谱是类似的。通过计算透射电镜分析图中的晶面间距，我们可以看到 ZnO 的(100)和(002)面，这就给二维 ZnO 纳米片/分子筛生长趋向一个明确的解释。

为了验证本小结实验所制得的二维 ZnO 纳米片/分子筛是否为纯物质，我们对二维蜂窝状 ZnO 纳米片/分子筛复合材料做能谱分析(EDS)的讨论。

图 6-27 给出了二维蜂窝状 ZnO 纳米片/分子筛复合材料的能谱分析图，该图显示出了关于 ZnO、Al_2O_3 和 $SiO_2$3 种主要组成成分的正确的化学计量比。二维蜂窝状 ZnO 纳米片/分子筛复合材料结构中的 Zn、O、Al 和 Si 这 4 种主要组成元素的质量百分比分别为 18.49%、42.91%、13.31%和 17.99%。这 4 种主要组成元素的总质量百分比是 92.7%。同时，我们也计算出这四种主要组成元素的总原子百分比是 94.73%。这一结果可以证明，本章实验所制得的二维 ZnO 纳米

片/分子筛复合材料样品几乎是纯的。

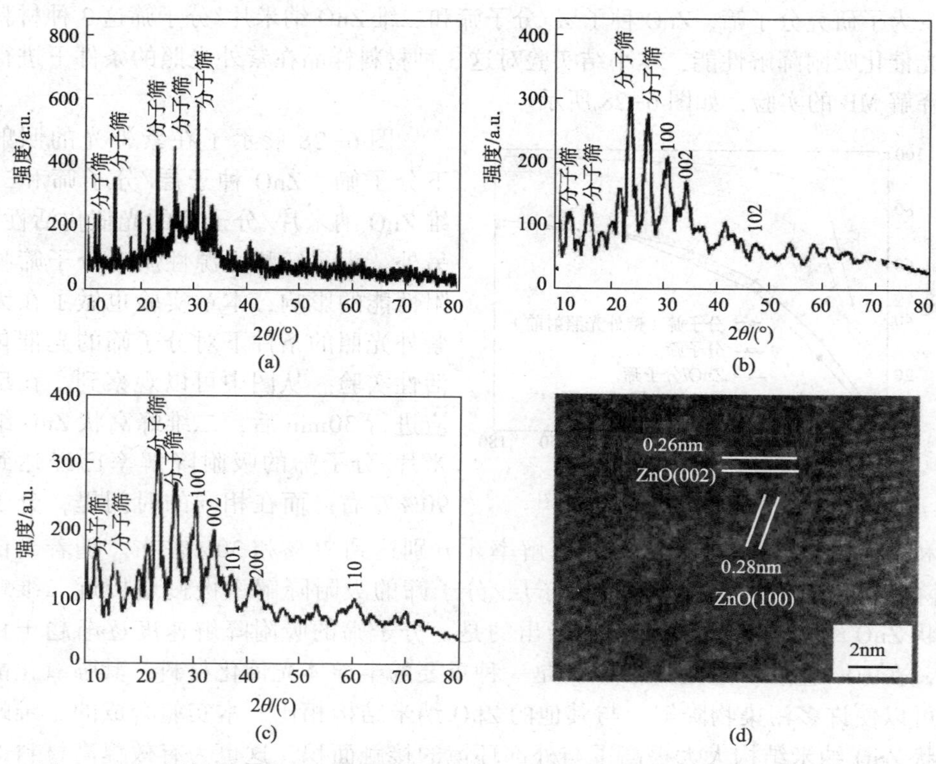

图 6-26　不同结构形式的 ZnO/分子筛的 XRD 分析图和 ZnO 微观形貌图 TEM 分析

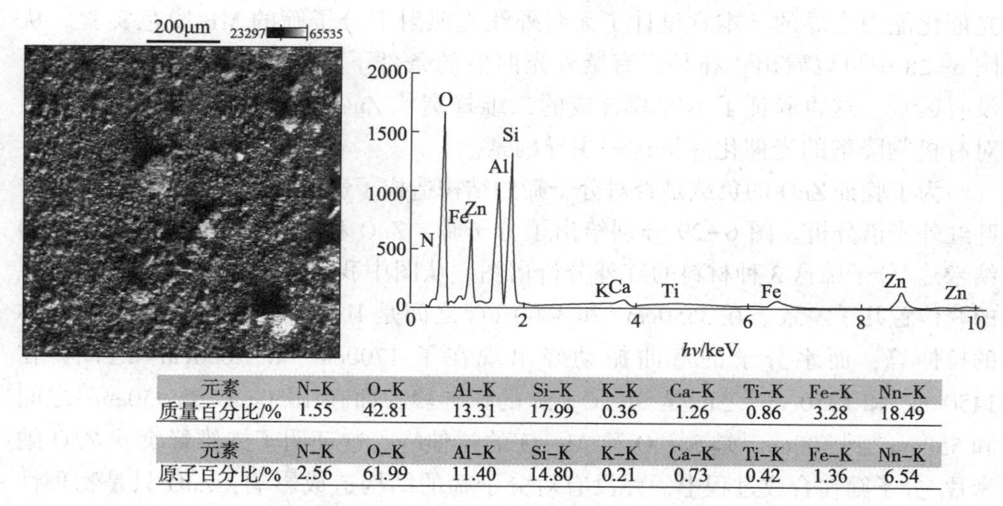

元素	N-K	O-K	Al-K	Si-K	K-K	Ca-K	Ti-K	Fe-K	Nn-K
质量百分比/%	1.55	42.81	13.31	17.99	0.36	1.26	0.86	3.28	18.49

元素	N-K	O-K	Al-K	Si-K	K-K	Ca-K	Ti-K	Fe-K	Nn-K
原子百分比/%	2.56	61.99	11.40	14.80	0.21	0.73	0.42	1.36	6.54

图 6-27　二维蜂窝状 ZnO 纳米片/分子筛复合材料的能谱分析图

2. ZnO 种子层/分子筛和二维 ZnO 纳米片/分子筛对比分析

为了研究分子筛、ZnO 种子层/分子筛和二维 ZnO 纳米片/分子筛这 3 种材料的光催化吸附降解性能，本小结实验对这 3 种材料样品在紫外光照的条件下进行了降解 MB 的实验，如图 6-28 所示。

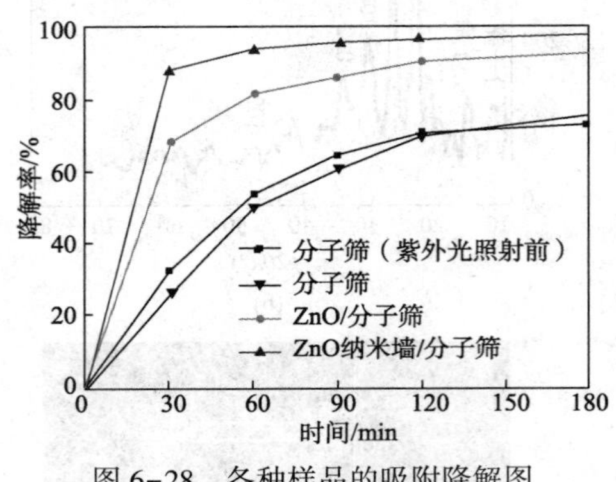

图 6-28　各种样品的吸附降解图

图 6-28 展示了在紫外光的照射下分子筛、ZnO 种子层/分子筛和二维 ZnO 纳米片/分子筛的光催化活性。另外，为了解释光源性质对分子筛吸附性能的影响，本章实验也做了在无紫外光照的条件下对分子筛的光催化活性实验。从图中可以观察到，在反应进行 30min 后，二维蜂窝状 ZnO 纳米片/分子筛的吸附降解率已经达到 90%左右。而在相同的时间里，分子筛和 ZnO 种子层/分子筛的吸附降解率才分别达到 70%和 30%左右。随着光催化降解实验的深入进行，ZnO 种子层/分子筛的吸附降解率慢慢地接近二维蜂窝状 ZnO 纳米片/分子筛。应该指出的是，分子筛的吸附降解速度逐渐趋于稳定，在 80%左右。这是由于 ZnO 是一种重要的半导体光催化材料，其强氧化能力可以使许多污染物降解。与其他的 ZnO 纳米结构相比，本实验合成的二维蜂窝状 ZnO 纳米结构大大提高了与外部环境的接触面积，这也为有效提高材料的光催化活性提供了有力的保障。为了验证材料的光催化降解是由吸附能力还是光催化能力主导的，本章设计了无紫外线光照射下分子筛的 MB 脱色实验。从图 6-28 中可以看出，在是否有紫外光照射的条件下，分子筛的吸收效率几乎没有区别。这也验证了本实验合成的二维蜂窝状 ZnO 纳米片/分子筛复合材料对有机物降解的光催化降解这一主导因素。

为了验证 ZnO 的负载是否对分子筛的结构造成了影响，本实验还设计了傅立叶红外光谱分析。图 6-29 分别给出了分子筛、ZnO 种子层/分子筛和二维 ZnO 纳米片/分子筛这 3 种材料的红外分析谱图。从图中我们可以看到，这 3 种材料的峰位置几乎一致。在 3550cm^{-1}和 3400cm^{-1}之间是 H—O—H 和 O—H 的非对称的拉伸峰；而水分子的弯曲振动峰出现在了 1700cm^{-1}和 1600cm^{-1}之间；在 1450cm^{-1}和 1350cm^{-1}之间是 Si—O—Si 的拉伸峰，而在 1050cm^{-1}到 950cm^{-1}之间和 550cm^{-1}到 400cm^{-1}是 Si—O 和 Al—O 的拉伸峰。这证明了二维蜂窝状 ZnO 纳米片/分子筛在合成过程中，并没有对分子筛的结构造成影响，ZnO 只是物理性地吸附负载在分子筛表面。

3. 反应过程条件对合成二维蜂窝状 ZnO 纳米片/分子筛结构性能的影响

为了探讨在反应过程中各种条件对合成二维蜂窝状 ZnO 纳米片/分子筛复合材料结构性能的影响，本节实验将着重于这些反应条件对合成二维蜂窝状 ZnO 纳米片/分子筛复合材料结构性能影响的讨论。

1）煅烧温度对合成复合材料结构性能的影响

图 6-30 是在不同煅烧温度下(280℃、320℃和400℃)合成的二维蜂窝状 ZnO 纳米片/分子筛样品对 MB 的吸附降解性能曲线。在合成 ZnO 种子层/分子筛的过程中，为了使 ZnO 的晶型发生转变，本节实验采用高温煅烧的手段。从图 6-30的各种样品的吸附降解效率曲线可以看出，在煅烧温度为 320℃的条件下，二维蜂窝状氧化锌纳米片/分子筛对 MB 的吸附降解效率强于在煅烧温度为 280℃和 400℃的条件下合成样品的吸附降解效率。然而，在对 MB 的吸附降解实验进行 30min 之后，在不同的煅烧温度(280℃、320℃和 400℃)条件下合成的二维氧化锌纳米片/分子筛的降解率都达到 80%以上。其他的研究已经表明，ZnO 的晶体结构转变温度在 300℃和 400℃。上述结果表明，煅烧温度可以改变装载在分子筛上 ZnO 的晶体结构。

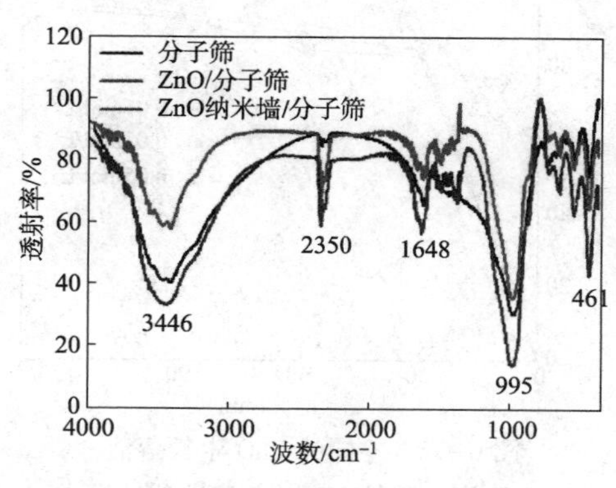

图 6-29　各种制备材料的红外谱图分析

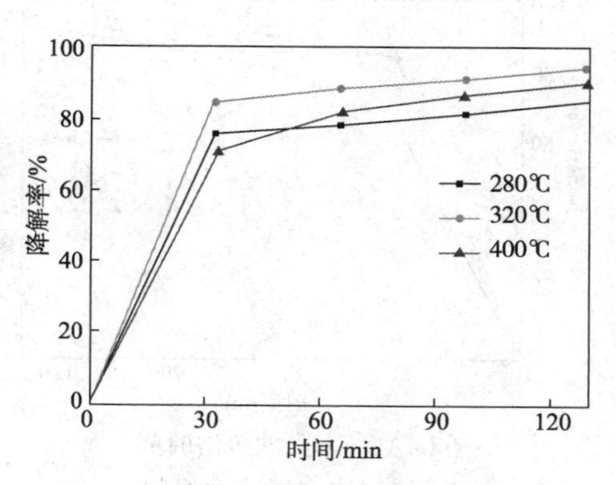

图 6-30　不同的煅烧温度对降解 MB 的效率曲线图

2）水浴时间对合成复合材料结构性能的影响

图 6-31 给出了在不同的水浴反应时间(2h、6h、12h)的条件下合成的二维蜂窝状氧化锌纳米片/分子筛复合光催化剂对 MB 吸附降解效率曲线图。在二维蜂窝状 ZnO 纳米片/分子筛的合成过程中，ZnO 种子层在 ZnO 生长溶液中水浴加热的时间对二维蜂窝状 ZnO 纳米片状结构有很大的影响。从图中可以观察到，二维蜂窝状 ZnO 纳米片/分子筛的吸附降解效率随生长时间的增加而增大。ZnO 纳米结构的形态会受在生长溶液中的水浴反应时间的影响。ZnO 成核通常显示在两个活跃面，即(100)晶面和(002)晶面，其中的(002)晶面垂直于(100)晶面。

ZnO 的生长可以沿着这两个晶面，但是沿着这两个晶面具有不同的生长速度。这是由 ZnO 生长动力学决定的。在二维蜂窝状 ZnO 纳米片的生长中，(100)晶面方向的率先从 ZnO 种子层开始生长。随着时间的推移，ZnO 也沿着(002)方向开始生长。因此，随着水浴时间的增加，二维蜂窝状 ZnO 纳米片状结构的比表面积也越来越大，这种结构下的二维蜂窝状 ZnO 纳米片/分子筛复合材料的光降解效率要高于其他光催化材料。

3) ZnO 生长溶液浓度对合成复合材料结构性能的影响

图 6-32 展示了在不同的 ZnO 生长溶液浓度(0.01mol/L、0.02mol/L 和 0.05mol/L)条件下，二维蜂窝状 ZnO 纳米片/分子筛复合光催化剂对 MB 的光催化降解曲线图。从图中可以看到，在不同浓度的 ZnO 生长溶液中合成的二维蜂窝状 ZnO 纳米片/分子筛对 MB 的光催化降解效率没有很大的差别。但是。从 ZnO 生长溶液浓度和动力学来考虑，本章实验所需要的 ZnO 生长溶液浓度应该是温和的。综合各方面的因素，本实验选择 0.02mol/L 作为最佳的 ZnO 生长溶液浓度。

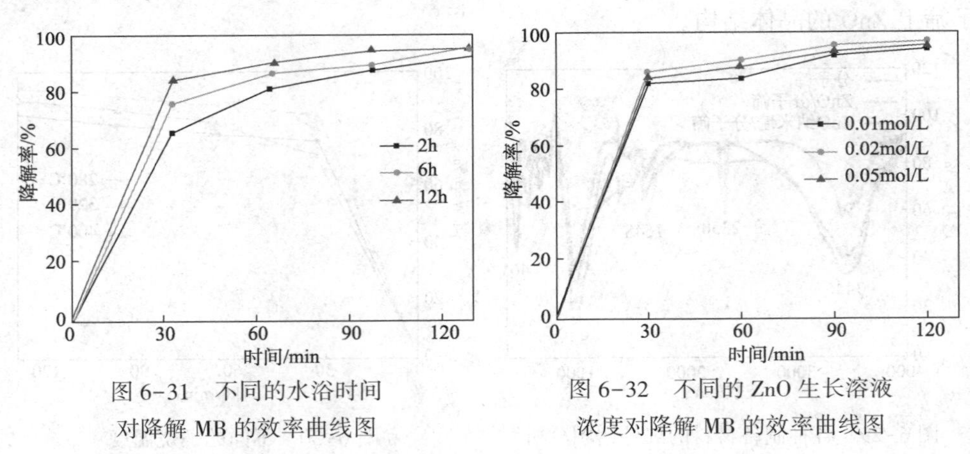

图 6-31　不同的水浴时间对降解 MB 的效率曲线图

图 6-32　不同的 ZnO 生长溶液浓度对降解 MB 的效率曲线图

参 考 文 献

[1] Ehsan A, Shahrara A. Photodegradation of acetophenone and toluene in water by nano-TiO_2 powder supported on NaX zeolite[J]. Materials Chemistry and Physics, 2010, 120: 356-360.

[2] Tsai C C, Teng H. Structural features of nanotubes synthesized from NaOH treatment on TiO_2 with different post-treatments[J]. Journal of Materials Chemistry, 2006, 18: 367-373.

[3] Kasuga T, Hiramatsu M, Hoson A, et al. Titania nanotubes prepared by chemical processing [J]. Advanced Materials, 1999, 11: 1307-1311.

[4] Liu B, Ankur K, Eray S, et al. TiO_2-B/Anatase core-shell heterojunction nanowires for photocatalysis[J]. ACS Applied Materials & Interfaces, 2011, 3: 4444-4450.

[5] Jung H S, Lee J K, Lee J, et al. Mobility enhanced photoactivity in sol-gel grown epitaxial anatase TiO_2 films[J]. Langmuir, 2008, 24: 2695-2698.

[6] Nian J N, Teng H. Hydrothermal synthesis of single-crystalline anatase TiO_2 nanorods with nanotubes as the precursor[J]. Journal of Physical Chemistry B, 2006, 110: 4193-4198.

[7] Choi W, Ko J Y, Park H, et al. Investigation on TiO_2-coated optical fibers for gas-phase photocatalytic oxidation of acetone[J]. Applied Catalysis B: Environmental, 2001, 31: 209-220.

[8] Vinodgopal K, Hotchandani S, Kamat P V, et al. Electrochemically assisted photocatalysis: TiO_2 particulate film electrodes for photocatalytic degradation of 4-chlorophenol[J]. Journal of Physical Chemistry, 1993, 97: 9040-9044.

[9] Yoneyama H, Haga S, Yamanaka S. Photocatalytic activities of microcrystalline TiO_2 incorporated in sheet silicates of clay[J]. Journal of Physical Chemistry, 1989, 93: 4833-4837.

[10] Chen J, Eberlein L, Langford C. H. Pathways of phenol and benzene photooxidation using TiO_2 supported on a zeolite[J]. Journal of Photochemistry and Photobiology A, 2002, 148: 183-189.

[11] Dutta K, Michael P S. Photoelectron transfer in zeolite cages and its relevance to solar energy conversion[J]. Journal of Physical Chemistry Letters, 2011, 2: 467-476.

[12] Mahalakshmi M, Priya S V, Arabindoo B, et al. Photocatalytic degradation of aqueous propoxur solution using TiO_2 and H - zeolite - supported TiO_2 [J]. Journal of Hazardous materials, 2009, 161: 336-343.

[13] Nakahira A, Kubo T, Numako C. Formation mechanism of TiO_2-derived titanate nanotubes prepared by the hydrothermal process[J]. Journal of Inorganic Chemistry, 2010, 49: 5845-5852.

[14] Wang H, Zhang X T, Zhang Y L, et al. Hydrothermal growth of layered titanate nanosheet arrays on titanium foil and their topotactic transformation to heterostructured TiO_2 photocatalysts [J]. Journal of Physical Chemistry C, 2011, 115: 22276-22285.

[15] Yanagisawa M, Uchida S, Yin S, et al. Synthesis of titania-pillared hydrogen tetratitanate nanocomposites and control of slit width[J]. Chemistry of Materials, 2001, 13: 174-178.

[16] Andrey N E, Alexander L I. Nanotubes of polytitanic acids H_2TinO_{2n+1} ($n=2$, 3, and 4): Structural and electronic properties[J]. Journal of Physical Chemistry C, 2009, 113: 20837-20840.

[17] Casarin M, Vittadini A, Selloni A, et al. First principles study of hydrated/hydroxylated TiO_2 nanolayers: From isolated sheets to stacks and tubes[J]. ACS Nano, 2009, 3: 317-324.

[18] Rimeh D, Patrick D, Didier R. Modified TiO_2 for environmental photocatalytic applications: A review[J]. Industrial & Engineering Chemistry Research, 2013, 52: 3581-3599.

[19] Sesha S S, Jeremy W, Elias K S. Visible light photocatalysis via CdS/TiO_2 nanocomposite materials[J]. Journal of Nanomaterials, 2006, 2006: 1-7.

[20] Wang J Y, Liu Z H, Zheng Q, et al. Preparation of photosensitized nanocrystalline TiO_2 hydrosol by nanosized CdS at low temperature[J]. Nanotechnology, 2006, 17: 4561-4566.

[21] Molina A, Poole C. A comparative study using two methods to produce zeolites from fly ash[J]. Minerals Engineering. 2004, 17: 167-173.
[22] Liu Y, Liao L, Li J, et al. From copper nanocrys - talline to CuO nanoneedle arrays: Synthesis, growth mechanism, and properties[J]. Journal of Physical Chemistry C. 2007, 111: 5050-5056.
[23] Wang C, Fu XQ, Xue XY, et al. Surface accumulation conduction controlled sensing characteristic of p-type CuO nanorods induced by oxygen adsorption[J]. Nanotechnology. 2007, 18: 776-789.
[24] Duan XF, Huang Y, Agarwal R, et al. Single-nanowire electrically driven lasers[J]. Nature. 2003, 421: 241-245.
[25] 周凌云，郭伟. $CuO-H_2O_2$ 非均相催化氧化染料废水[J]. 工业水处理，2013，33: 61-64.
[26] 崔婷. 沸石负载金属氧化物的制备、表征及光催化性能研究[D]. 天津：天津城建大学，2015.
[27] 刘志超. 粉煤灰合成分子筛负载 TiO_2(ZnO)及其性能研究[D]. 天津：天津城建大学，2013.
[28] Brazlauskas M, Kitrys S. Synthesis andproperties of CuO/zeolite sandwich type adsorbent-catalysts[J]. Chinese Journal of Catalysis, 2008, 29: 25-30.
[29] Bo L, Liao J, Zhang Y, et al. CuO/zeolite catalyzed oxidation of gaseous toluene under microwave heating[J]. Frontiers of Environmental Science and Engineering, 2013, 7: 395-402.
[30] Luo M, Fang P, He M, et al. In situ XRD, Raman, and TPR studies of CuO/Al_2O_3 catalysts for CO oxidation[J]. Journal of Molecular Catalysis A Chemical, 2005, 239: 243-248.
[31] Macken CKH, Paparatto G. Testing of the CuO/Al_2O_3 catalyst-sorbent in extended operation for the simultaneous removal of NO_x and SO_2 from flue gases [J]. Industrial and Engineering Chemistry Research, 2000, 39: 3868-3874.
[32] Bao Q, Li C M, Liao L, et al. Electrical transport and photovoltaic effects of core-shell CuO/C_{60} nanowire heterostructure[J]. Nanotechnology, 2009, 20: 2643-2646.
[33] Wang H, Pan Q, Zhao J, et al. Fabrication of CuO/C films with sisal-like hierarchical microstructures and its application in lithium ion batteries[J]. Journal of Alloys and Compounds, 2009, 476: 408-413.
[34] Fanta G F, Burr R C, Russell R C, et al. Graft copolymers of starch and poly(2-hydroxy-3-methacryloyloxypropyltrimethyl - ammonium chloride. Preparation and testing as flocculating agents[J]. Journal of Applied Polymer Science, 1970, 14: 2601-2609.
[35] 张西旺，王怡中. 无机氧化剂在光催化氧化技术中的应用[J]. 化学通报，2005，68: 807-813.
[36] Cho Y S, Huh Y D. Synthesis of ultralong copper nanowires by reduction of copper-amine complexes[J]. Materials Letters, 2008, 63: 227-229.
[37] Wantala K, Tipayarom D, Laokiat L, et al. Sonophotocatalytic activity of methyl orange over

Fe(III)/TiO_2[J]. Reaction Kinetics and Catalysis Letters, 2009, 97: 249-254.

[38] Sathish M, Viswanath R P, Gopinath C S. N, S-Co-doped TiO_2 nanophotocatalyst: Synthesis, electronic structure and photocatalysis[J]. Journal of Nanoscience and Nanotechnology, 2009, 9: 423-432(10).

[39] Chen L, Tsai F, Huang C. Photocatalytic decolorization of methyl orange in aqueous medium of TiO_2 andAg-TiO_2 immobilized on γ-Al_2O_3[J]. Journal of Photochemistry and Photobiology A: Chemistry, 2005, 170: 7-14.

[40] Hufschmidt D, Bahnemann D, Testa J J, et al. Enhancement of the photocatalytic activity of various TiO_2 materials by platinisation[J]. Journal of Photochemistry and Photobiology A: Chemistry, 2002, 148: 223-231.

[41] Li F B, Li X Z. The enhancement of photodegradation efficiency using Pt-TiO_2 catalyst[J]. Chemosphere, 2002, 48: 1103-1111.

[42] 于艳辉，哈日巴拉，徐传友. 纳米二氧化钛表面改性技术进展[J]. 无机盐工业，2008，40：11-13.

[43] Bokhimi X, Morales A, Novaro O, et al. Effect of copper precursor on the stabilization of Titania phases, and the optical properties of Cu/TiO_2 prepared with the sol-gel technique[C]. Chemistry of Materials, 1997, 9: 2616-2620.

[44] 孟军平. 电气石、稀土、二氧化钛复合材料的制备及光催化性能研究[D]. 河北工业大学，2005.

[45] Zeng J, Wang H, Zhang Y C, et al. Hydrothermal synthesis and photocatalytic properties of pyrochlore $La_2Sn_2O_7$ nanocubes[J]. Journal of Physical Chemistry C, 2007, 111: 11879-11887.

[46] Bowker M, James D, Stone P, et al. Catalysis at the metal-support interface: Exemplified by the photocatalytic reforming of methanol on Pd/TiO_2[J]. Journal of Catalysis, 2003, 217: 427-433.

[47] 王保伟，孙启梅，李艳平，等. 简单浸渍法制备纳米 CuO/TiO_2 及其光催化剂活性[J]. 燃料化学学报，2013，41：741-747.

[48] 王洋，康春莉，全玉莲. 工业 TiO_2 粉末光催化降解乙酸的特性研究[J]. 长春工业大学学报，2006，27：293-297.

[49] 潘纲，刘媛媛. 吸附模式对有机物光催化降解的影响 3. MEA-Langmuir-Hinshelwood 光催化降解动力学方 [J]. 环境化学，2006，25：11-15.

[50] 祁巧艳，孙剑辉. 负载型纳米 TiO_2 光催化降解罗丹明 B 动力学与机理研究[J]. 水资源保护，2006，22：56-58.

[51] Li M L, Chen G F. Revisiting catalytic model reaction p-nitrophenol/$NaBH_4$ using metallic nanoparticles coated on polymeric spheres[J]. Nanoscale, 2013, 5: 11919-11927.

[52] Tsai S, Wang T, Wei Y, et al. Kinetics of Cs adsorption/desorption on granite by a pseudo first order reaction model[J]. Journal of Radioanalytical and Nuclear Chemistry, 2008, 275: 555-562.

[53] 于洪涛，全燮. 纳米异质结光催化材料在环境污染控制领域的研究进展[J]. 化学进展，

2009, 21: 406-419.

[54] 曹霄峰，张雷，李兆乾，等. 微波辅助水热法制备花状氧化铜[J]. 无机化学学报，2012，28：2373-2378.

[55] 白波，陈兰，党昱，等. 酵母模板合成CuO空心微球及其催化性能研究[J]. 化学研究与应用，2012，24：1484-1490.

[56] 王澍，陈国平，胡月华. 湿化学法制备氧化铜纳米棒[J]. 化工时刊，2005，19：42-43.

[57] 刘丽来，李学铭，李哲. 水热法制备花状和球状微纳米CuO[J]. 黑龙江科技学院学报，2010，20：280-283.

[58] 周倩，伏文，陈春年. 聚吡咯/氧化铜纳米管的制备及其催化性能研究[J]. 金属功能材料，2012，19：27-31.

[59] Mayousse C, Celle C, Carella A, et al. Synthesis and purification of long copper nanowires. Application to high performance flexible transparent electrodes with and without PEDOT: PSS [J]. Nano Research, 2014, 7: 315-324.

[60] Yin Y, Erdonmez C, Cabot A, et al. Colloidal synthesis of hollow cobalt sulfide nanocrystals[J]. Colloidal Synthesis of Hollow Cobalt Sulfide Nanocrystals Researchgate, 2006, 16: 1389-1399.

[61] Nezamzadeh-Ejhieh A, Karimi-Shamsabadi M. Comparison of photocatalytic efficiency of supported CuO onto micro and nano particles of zeolite X in photodecolorization of methylene blue and methyl orange aqueous mixture[J]. Applied Catalysis A: General, 2014, 477: 83-92.

[62] Lu G, Linsebigler A, Yates J T. Photooxidation of CH_3Cl on TiO_2(110): A mechanism not involving H_2O[J]. Journal of Chemical Physics, 1995, 99: 7626-7631.

[63] Nezamzadeh-Ejhieh A, Hushmandrad S, Nezamzadeh-Ejhieh A, et al. Solar photodecolorization of methylene blue by CuO/X zeolite as a heterogeneous catalyst[J]. Applied Catalysis A: General, 2010, 388: 149-159.

[64] Nezamzadeh-Ejhieh A, Salimi Z, Nezamzadeh-Ejhieh A, et al. Heterogeneous photodegradation catalysis of o-phenylenediamine using CuO/X zeolite[J]. Applied Catalysis A: General, 2010, 390: 110-118.

[65] Henrich V E, Dresselhaus G, Zeiger H J. Chemisorbed phases of H_2O on TiO_2 and $SrTiO_3$[J]. Solid State Communications, 1977, 24: 623-626.

[66] Liu Z C, Liu Z F, Cui T, et al. Photocatalysis of two-dimensional honeycomb-like ZnO nanowalls on zeolite[J]. Chemical Engineering Journal, 2014, 235: 257-263.

[67] Liu Z C, Liu Z F, Cui T, et al. Preparation and photocatalysis of schlumbergera bridgesii-like CdS modified one-dimensional TiO_2 nanowires on zeolite[J]. Journal of Materials Engineering and Performance, 2015, 24: 700-708.

[68] Cui T, Liu Z F, Zheng X R, et al. Zeolite-based CuO nanotubes catalysts: investigating the characterization, mechanism and decolouration process of methylene blue[J]. Journal of Nanoparticle Research, 2014, 16: 2608-2618.

[69] Zhao L, Cui T, Li Y J, et al. Efficient visible light photocatalytic activity of p-n junction CuO/TiO_2 loaded on natural zeolite[J]. RSC Advances, 2015, 5: 64495-64502.

第7章 展　望

虽然光催化材料在对有机污染物处理方面有着潜在的优势，但在实际应用中仍存在一些问题，主要体现在以下几个方面：①由于光催化降解的机理研究仍不够深入，新型光催化材料的开发缺少成熟理论指导，还存在一定盲目性；②光催化作用体系涉及多相表面/界面的作用行为，而当前对光催化体系界面研究还未引起研究者的足够重视；③已有报道的光催化材料大部分稳定性差且再生困难，这就大大限制了生产上的应用；④目前已开发出的光催化材料大部分光量子效率较低，对光尤其是对可见光的吸收不太理想，多得采用人工光源，增加了成本，限制了其实际工程应用；⑤部分新型光催化剂的开发过程与制备条件苛刻，工艺复杂，导致制造成本高。

基于上述问题，今后以污染物降解为导向的光催化材料研究应趋向以下几个方面：①进一步深化光催化的理论研究，尤其是对光催化反应的定量、微观方面和界面动力学过程的研究，以及降解过程中中间产物和活性物质的鉴定，此外还应不断引入先进的表征手段，作为深入研究光催化机理的有力支撑；②进一步开发高量子转换效率的新型光催化材料，提高对太阳能的转换效率，这是光催化领域的核心任务；③为催化剂寻找优质的载体和负载方法，深入载体与光催化剂作用机理研究，扩大载体材料的范围，在提高催化速率的同时大幅降低成本，提高经济性；④在环境净化领域中促使光催化向复杂体系和高选择性方向发展；⑤积极开发环境友好型光催化材料，如黏土、活性炭、分子筛、壳聚糖、纤维素等天然产物负载型光催化材料，其成本低、无毒等特点对解决环境污染意义重大，并且有益于自然界的良性循环。总而言之，理想的光催化材料应具有价格低廉、可持续性、稳定性高和高效的可见光驱动能力等特性。

因此，今后光催化材料研究工作的重点应更趋向于合理地选取反应体系，对光催化材料性能进行有效控制，提高光催化效率，深入研究光催化的动力学行为，为材料光催化的实用化提供理论依据和实验数据等方面。随着新的合成方法与表征手段的不断出现，更多的新型光催化材料将会得到开发和应用，新型光催化材料在环境净化领域的研究和应用中将不断取得新进展。